U0168569

国家科学技术学术著作出版基金资助出版

"十三五"国家重点出版物出版规划项目
智能机器人技术丛书

服务机器人与信息无障碍技术

Service Robot and Information Accessibility Technology

张 毅 刘想德 徐晓东 郑 凯 杨德伟 编著

国防工业出版社

·北京·

图书在版编目(CIP)数据

服务机器人与信息无障碍技术 / 张毅等编著． — 北
京：国防工业出版社，2021.8
（智能机器人技术丛书）
ISBN 978 – 7 – 118 – 12339 – 5

Ⅰ. ①服… Ⅱ. ①张… Ⅲ. ①服务用机器人 – 高等学
校 – 教材 Ⅳ. ①TP242.3

中国版本图书馆 CIP 数据核字（2021）第 139292 号

※

国防工业出版社出版发行
（北京市海淀区紫竹院南路 23 号　邮政编码 100048）
北京龙世杰印刷有限公司印刷
新华书店经售
*
开本 710×1000　1/16　印张 21¾　字数 375 千字
2021 年 8 月第 1 版第 1 次印刷　印数 1—2000 册　定价 99.00 元

（本书如有印装错误，我社负责调换）

国防书店：(010)88540777　　书店传真：(010)88540776
发行业务：(010)88540717　　发行传真：(010)88540762

丛书编委会

主　任　李德毅

副主任　韩力群　黄心汉

委　员(按姓氏笔画排序)

马宏绪　王　敏　王田苗　王京涛　王耀南

付宜利　刘　宏　刘云辉　刘成良　刘景泰

孙立宁　孙富春　李贻斌　张　毅　陈卫东

陈　洁　赵　杰　贺汉根　徐　辉　黄　强

葛运建　葛树志　韩建达　谭　民　熊　蓉

丛 书 序

人类走过了农耕社会、工业社会、信息社会,已经进入智能社会,进入在动力工具基础上发展智能工具的新阶段。在农耕社会和工业社会,人类的生产主要基于物质和能量的动力工具,并得到了极大的发展。今天,劳动工具转向了基于数据、信息、知识、价值和智能的智力工具,人口红利、劳动力红利不那么灵了,智能的红利来了!

智能机器人作为人工智能技术的综合载体,是智力工具的典型代表,是人工智能技术得以施展其强大威力的最佳用武之地。智能机器人有三个基本要素:感知、认知和行动。这三个要素正是目前的机器人向智能机器人进化的关键所在。

智能机器人涉及大量的人工智能技术:模式识别、自然语言理解、机器学习、数据挖掘与知识发现、交互认知、记忆认知、知识工程、人工心理与人工情感……。可以预见,这些技术的应用,将提升机器人的感知能力、自主决策能力,以及通过学习获取知识的能力,尤其是通过自学习提升智能的能力。智能机器人将不再是冷冰冰的钢铁侠,它们将善解人意、情感丰富、个性鲜明、行为举止得体。我们期待,随同"智能机器人技术丛书"的出版,更多的人将投入到智能机器人的研发、制造、运用、普及和发展中来!

在我们这个星球上,智能机器人给人类带来的影响将远远超过计算机和互联网在过去几十年间给世界带来的改变。人类的发展史,就是人类学会运用工具、制造工具和发明机器的历史,机器使人类变得更强大。科技从不停步,人类永不满足。今天,人类正在发明越来越多的机器人,智能手机可以成为你的忠实助手,轮式机器人也会比一般人开车开得更好,曾经的很多工作岗位将会被智能机器人替代,但同时又自然会涌现出更新的工作,人类将更加优雅、智慧地生活!

人类智能始终善于更好地调教和帮助机器人和人工智能,善于利用机器人和人工智能的优势并弥补机器人和人工智能的不足,或者用新的机器人淘汰旧的机器人;反过来,机器人也一定会让人类自身更智能。

现在,各式各样人机协同的机器人,为我们迎来了人与机器人共舞的新时代,伴随优雅的舞曲,毋庸置疑人类始终是领舞者!

李德毅　　2019.4

李德毅,中国工程院院士,中国人工智能学会理事长。

前　　言

服务机器人与信息无障碍技术包含服务机器人技术和信息无障碍技术两部分内容,这两部分内容都属于当前信息技术领域的研究热点。

服务机器人与信息无障碍技术以机械技术为基础,涵盖了控制理论、计算机技术、微电子技术、电力电子技术、电机学、信号检测与处理等多门学科,知识面非常广,实践性很强。由于国内市场上目前还没有专门介绍服务机器人与信息无障碍相结合的书籍,作者认为十分有必要编写一本特色鲜明的服务机器人与信息无障碍技术参考书来引领该领域的发展。

本书是作者在长期从事服务机器人、信息无障碍技术科研工作的基础上完成的,具体内容如下:

第1章,绪论。讲述了服务机器人与信息无障碍技术及其发展、典型的服务机器人与信息无障碍系统。

第2章,服务机器人的基础知识。讲述了服务机器人的主要功能及服务机器人的组成模块。

第3章,服务机器人的运动学与动力学。讲述了机械系统的运动约束、移动平台运动学模型、移动平台动力学模型及操作手臂的运动学模型。

第4章,服务机器人的感知系统。讲述了服务机器人内部传感器、外部传感器,服务机器人传感器的性能指标及多传感器信息融合技术。

第5章,服务机器人的控制技术。讲述了服务机器人经典控制技术、服务机器人现代控制技术及智能控制技术。

第6章,服务机器人视觉与导航技术。讲述了服务机器人视觉系统、摄像机标定、图像处理、服务机器人视觉导航理论与方法、服务机器人视觉SLAM的理论研究及服务机器人同步定位与地图构建。

第7章,信息无障碍数字化交互技术。讲述了无障碍人机交互技术、服务器端语音推送技术、手语理解与转换技术、文语转换技术及公共场所听力补偿技术。

第8章,信息无障碍网站。讲述了信息无障碍网站建设标准、信息无障碍网站建设的设计、信息无障碍网站设计中的关键技术、信息无障碍网站测评工具及信息无障碍网络交互方法。

第9章,信息无障碍家居与社区。讲述了信息无障碍家居与社区的关键技术、信息无障碍家居及信息无障碍社区。

本书由张毅、刘想德、徐晓东、郑凯、杨德伟编著,张毅教授负责全书统稿和第1~3章的撰写,第4、5章由刘想德撰写,第6、7章由徐晓东撰写,第8、9章由郑凯和杨德伟撰写。同时感谢本书所列参考文献的各位作者,感谢出版社编辑们的辛勤劳动和大力支持。

由于作者学识不足、积淀不够,加之编写时间仓促,书中难免有疏漏之处,欢迎使用本书的师生和科研人员提出宝贵意见。

目　录

第1章　绪　　论

第2章　服务机器人的基础知识

第3章　服务机器人的运动学与动力学

第4章 服务机器人的感知系统

第5章　服务机器人的控制技术

第6章　服务机器人视觉与导航技术

第7章　信息无障碍数字化交互技术

第8章　信息无障碍网站

第9章 信息无障碍家居与社区

Contents

Chapter 1　Introduction

Chapter 2　Basic knowledge of service robot

Chapter 3　Kinematics and dynamics of service robot

Chapter 4   Sensory system of service robot

Chapter 5   Control technology of service robot

Chapter 6　Service robot vision technology and navigation

Chapter 7　Information accessible digital
interactive technology

Chapter 8　Information accessibility website

Chapter 9　Information accessible home and community

第1章 绪 论

本章介绍了服务机器人与信息无障碍技术的基本概念与发展趋势,列举了几类典型的服务机器人与信息无障碍服务系统,并对服务机器人与信息无障碍服务系统的发展趋势进行了分析。

1.1 服务机器人与信息无障碍技术及其发展

1.1.1 服务机器人与信息无障碍技术的概念

1)服务机器人的定义

从20世纪80年代开始,服务机器人已经应用于医院、军队、科研院所等机构。国际机器人联合会(IFR)对服务机器人的定义:服务机器人是一种半自主或全自主工作的机器人,它能完成有益于人类的服务工作。常见的服务机器人包括博物馆中的导览服务机器人、银行大厅里的迎宾取号机器人、餐厅里的点餐机器人、家庭中的扫地机器人和护理机器人等。

2)信息无障碍技术的定义

随着信息科技和信息化社会的高速发展,人类社会进入了信息化、数字化的全新时代,信息平等是信息社会中人人享有的基本权利之一,然而,由于个体的差异可能导致残障人士在信息交流、获取、利用等方面,存在着各种各样的障碍,这种障碍在一定程度上加剧了人群之间的不平等,损害着他们平等获取信息的权利。

信息无障碍(information accessibility)指任何人(无论健全人还是残障人士、无论年轻人还是老年人、无论何种文化或语言的人、无论低收入人群还是高收入人群)在任何情况下都能以相近的成本,便利地获取基本信息或使用通常的信息沟通手段,强调不同人群对于信息的获取和利用都应该有平等的机会和差异不大的成本。

1.1.2 服务机器人与信息无障碍技术的研究意义

1)服务机器人的研究意义

服务机器人技术是机械、信息、材料、生物医学等多学科交叉的战略性技术,

1

对相关技术与产业的发展起着重要的支撑和引领作用。

近年来,世界各国都相当重视服务机器人的发展,试图抢占这一前沿科技的制高点。服务机器人专项研究的重要方向包括替代抢险救援人员进入消防、煤矿、地震、电力、核工业等危险环境中进行作业,辅助医生开展微创手术等。智能服务机器人将在未来智能生活中发挥着不可替代的作用。

2) 信息无障碍技术的研究意义

信息无障碍技术的目的是保障所有人平等获取信息的权利,实现信息获取机会的公平,人人都可以无障碍地获取其所需信息。信息获取机会的公平,其内涵是指信息主体在信息获取活动中的起点和资格的平等,即信息主体不因种族、民族、信仰、性别、年龄、职业、收入水平、身体条件、生活环境、家庭背景等的不同而受到不同的待遇。自由且平等的信息获取权利,是构成人的生存权利的重要方面。

在我国,残疾人群和老年人群数字庞大,据统计我国目前各类残疾人总数为8000多万,60岁以上的老年人总数为1.34亿,占全国人口的10%左右。信息无障碍运动的开展就是为了促进残疾人群和老年人群能够融入社会的主流当中,促进和谐社会的构建。

1.1.3 服务机器人与信息无障碍技术的关键技术

1) 服务机器人的关键技术

服务机器人分类广泛,有清洁机器人、医用服务机器人、护理和康复机器人、家用机器人、消防机器人、监测和勘探机器人等。

一个完整的服务机器人系统通常都由3个基本部分组成:移动机构、感知系统和控制系统。与之相应的自主移动技术(包括地图创建、路径规划、自主导航)、人机交互技术、感知技术是各类服务机器人的关键技术基础。

(1) 室内自主导航技术

实现在室内环境中的自主导航,是家用服务机器人最基本的能力之一。室内移动机器人的自主导航通常涉及三方面的问题:地图表示与创建、自主定位和路径规划。

① 地图表示与创建。以绝对坐标系或拓扑关系描述环境特征,可以将机器人地图的表示方法分为三大类:度量表示法、拓扑表示法及混合表示法。度量表示法使用绝对坐标系来描述环境特征,又可以进一步分为栅格法和几何表示法等。拓扑表示法使用抽象出来的拓扑关系来描述环境特征,将环境表示为一系列节点以及连接节点的边。每个节点对应于环境中一个特征位置或区域,而连接节点的边表示相应位置间的连通关系。混合表示法将度量表示法和拓扑表示

法相结合。例如,可采用二级分层结构,第一层为使用拓扑表示法的全局地图,第二层为使用度量表示法的以拓扑节点为核心的局部地图,这样既发挥了拓扑表示法简洁、有利于维护全局地图一致性的优点,又发挥了度量表示法容易实现局部精确定位的优势。

② 自主定位。定位指通过融合先验环境信息、机器人位姿的当前估计和传感器测量值等信息,来获取更准确的对机器人当前位姿的估计。家用服务机器人的定位方法,可分为相对定位和绝对定位。相对定位是指以初始位置为先验条件,在行进的过程中根据每一步的运动状态确定当前家用服务机器人在局部环境中的位置。绝对定位也称为全局定位,指根据预先确定好的环境地图或者传感器信息获取机器人在全局坐标系中位姿。定位和地图创建这两个问题具有高度的相互依赖性:机器人的定位需要依赖准确的环境地图,而为了创建地图机器人又要实现准确的定位,这就需要使用同步定位与地图构建(simultaneous localization and mapping,SLAM)技术。SLAM 技术指机器人从未知位置出发,在运动的过程中利用自身定位信息估计观测到的环境路标位置,建立环境地图,然后利用已经建立的地图来校正机器人的定位。SLAM 技术同时考虑机器人的定位和地图创建问题,它的基本原理是基于概率统计的方法,通过多特征匹配来实现机器人定位与地图创建并减少误差。

③ 路径规划。传统的机器人路径规划算法研究的是从起始点运动到目标点的类型,期望输出是一条在某种意义上最优或者较优的路径。常用的方法主要包括路线图法、单元分解法、势场法、萤火虫算法和遗传算法等。

传统的起始点 - 目标点型的路径规划并不适用于清扫地面、割草等任务。这些任务需要进行覆盖路径规划,即要求机器人必须通过环境中的每个不被障碍物占领的点,并且要避开障碍物和尽量避免重复遍历。常用的覆盖算法有启发式算法、基于模板的方法、单元分解法等。

(2)人机交互技术

机器人与人的良好交互性是家用服务机器人的显著特征。为了实现自然、高效的人机交互,家用服务机器人的设计者引入了多种新型的人机交互方式。根据所采用的交互通道的不同,可以把目前应用到家用服务机器人上的人机交互方式分为四大类:基于视觉、基于听觉、基于力触觉及其他。同时,家用服务机器人与用户之间的交互正呈现出多模化的趋势,即机器人与用户同时利用多种而不是单一的交互通道进行交互,如 Pepper 机器人可以根据用户的面部表情、肢体语言及措辞来综合分析用户的情感。

(3)物体识别技术

为了完成服务任务,家用服务机器人需要识别的对象主要包括三类:服务对

象(用户)、操作对象(垃圾、碟子、水杯等)和环境对象(墙、桌子等)。这些对象
往往具有相对固定的形状或者结构,因此基于模型的物体识别方法是目前家用
服务机器人物体识别技术中比较常用的方法。在基于模型的物体识别算法中,
特征的提取和选择对识别结果有着至关重要的影响。传统的识别算法中,特征
的选择往往是基于经验知识的。近年来,通过深度学习等自主特征提取算法,机
器人可以对海量样本进行学习来自主提取出有效的分类特征,为了识别物体,机
器人需要获取跟识别对象相关的多方面信息。现在的家用服务机器人除了装备
有相机外,还可能装有测距仪、红外传感器、声音传感器和力触觉传感器等多种
类型的传感设备。通过对不同传感器采集的信息进行融合,借助于多种传感设
备,机器人能更准确地获取操作对象的状态,有效提高物体识别的鲁棒性和准
确率。

2)信息无障碍技术的关键技术

信息无障碍技术主要包括信息技术相关的软硬件本身的无障碍设计及辅助
产品和技术,以及应用无障碍及它们与辅助产品和技术的兼容性。信息无障碍
涉及面非常广,牵涉到计算机软件、硬件、网络等诸多技术领域。目前主要考虑
视觉障碍者、听力障碍者、肢体残疾人的需求,关注重点在于对语音处理、语音应
用的标注语言、语音浏览器和手语识别及合成等几项技术的发展。

(1)语音处理技术

语音处理技术是使用户能够用自然语言的方式与 Web 对话的关键技术之
一。其中,ASR(自动语音识别)技术可以让机器理解人类口述的声音。这里理
解有两种含义,第一种是将口述语言逐词逐句地转换为相应的书面语言(即文
字),第二种是对口述语言中所包含的要求或询问做出正确的响应。在人机交
互系统中主要是第二种,可以使应用系统能够识别电话用户的语音输入,将这些
声音以波形的形式缓存起来,然后用专用的切割算法将波形切割为单个音素,再
将这些音素的特征值提取出来,与系统中存放的经过训练标准参数进行比较,如
果相似则识别成功,否则失败。目前,ASR 系统能够在一定范围内达到自然语
言的识别。虽然由于技术的局限和中国多方言、多口音的特征,使得 ASR 系统
的应用受到了一定的限制,但是 ASR 技术仍然在逐渐走进人们的日常生活。

TTS 技术则和 ASR 技术相反,TTS 是先将要求输出的文本进行规范化,然后
进行基于规则的文本标注,将文本解析为基于匹配基元的程序可识别的标准文
本,再根据这些标注检索这些基元的发音,按照一定的拼接算法将一个个基元进
行拼接,对韵律进行修饰后达到一定的自然度,然后输出合成语音。TTS 技术相
对于 ASR 技术在实际应用中显得更成熟。而 ASR 技术和 TTS 技术结合就可以
将双手解放出来,使人和机器可以像人与人交流那样流畅和自然。

（2）语音应用的标记语言

Voice XML 于 2000 年提出,是语音浏览技术的核心,因为它是一种 XML 描述语言,与数据库、HTML、WML 及其他文档处理和发布系统的资料交换几乎没有障碍。Voice XML 已经成为研制交互语音应用最受欢迎的工具,Voice XML 可以显著简化交互应用系统的研制、修改和维护过程。

（3）语音浏览器

在语音应用标记语言应用程序顺利提供语音标记语言文档之后,语音网关就可以为用户提供语音交互访问 Web 的功能。其中最重要的一个模块就是语音浏览器。有些语音浏览器驻留在客户端,也可以托管在服务器端的语音网关里。第二种方式方便应用部署,但会增大服务器端的负担。

（4）手语识别及合成技术

手语识别是将听力障碍者的手语转换成正常人能够理解的语音或文字的技术。从手语输入设备来看,手语识别系统主要分为基于数据手套的识别和基于视觉(图像)的手语识别系统。基于数据手套的手语识别系统,是利用数据手套和位置跟踪测量手势在空间运动的轨迹和时序信息。这种方法的优点是系统的识别率高;缺点是打手语的人要穿戴复杂的数据手套和位置跟踪器,并且输入设备比较昂贵。基于视觉的手势识别是利用摄像机采集手势信息,并进行识别。该方法的优点是输入设备比较便宜,但识别率比较低,实时性较差,特别是很难用于大词汇量的手语录的识别。从识别技术来看,以往手语识别系统主要采用基于人工神经网络(ANN)及基于隐马尔可夫模型(HMM)等方法。神经网络方法具有分类特性及抗干扰性,然而由于其处理时间序列的能力不强,目前广泛用于静态手势的识别。而对于分析区间内的手语信号,通常采取 HMM 方法进行模型化。

手语合成是听说障碍者会话系统的重要组成部分,目的是将正常人话语自动转换成他们可以理解的手语。在手语合成中涉及以下几个方面的问题:文本输入部分、文本切分部分、文本的分析与手语码转换、手语词库的建立与基于手语词的手语合成与显示。

文本输入部分的功能是编辑输入汉语句子。文本的切分将句子分成词,标点符号单独成词。系统的分词过程首先采用最大匹配法切分,然后利用第一步分词结果通过查找词条的歧义标志位调用词规则,进行歧义校正。

手语词库记录了每个手语词的手语运动信息,是手语合成的重要基础。目前建立手语词库的方法有两种:运动跟踪法和手工编辑法。运动跟踪法是对腕关节及各手指关节的运动由数据手套获取,肩关节与肘关节的运动由位置跟踪传感器获取。而手工编辑法是通过手工实验来获取手势的参数。

5

手语合成与显示的实现方法是:在 VRML 中有专门用于描述三维人体模型 H – Anim 标准,此标准对虚拟人进行定义,一个虚拟人有 47 个关节、96 个自由度,只要确定这 96 个自由度的角度值,根据应用运动学的方法和计算机图形学的方法,就可以计算出虚拟人每个肢体的位置和方向,由此确定虚拟人的一个姿态。一个手语运动是一个人体手势的序列,按照预定的时间间隔连续显示一个手语运动中的每一个手势,即可以生成对应的手语运动。

1.1.4 服务机器人与信息无障碍的发展

1)服务机器人的发展

机器人技术作为战略性技术,无论在推动国防军事、智能制造装备、资源开发方面,还是在发展未来服务机器人产业方面,都受到世界各国的重视。中国工业生产型机器人需求强劲,有望形成一定规模的产业,但服务机器人产品形态与产业规模还不清晰,需要结合行业地方经济与产业需求试点培育。

服务机器人在服务国家安全、重大民生科技等工程化产品应用,以及与此相适应的模块化标准和前沿科技创新研究发展上有着迫切需要。

(1)人机交互多层次化、人性化

新一代家用服务机器人与用户之间的交互,呈现出多层次化的趋势。用户可以给机器人下达相对高层的指令,机器人可以自动检测到用户的需求。用户也可以给机器人下达相对底层的指令,让机器人完全跟随用户的动作。用户可以跟机器人进行近距离的交流,也可以通过互联网等信息传输技术实现远程交互。用户与家用服务机器人的交互将会越来越人性化,用户可以通过语音、手势等自然、直观的方式与机器人进行交互,机器人对用户的反馈也将更多元化。

(2)与环境的交互智能化

新一代的家用服务机器人将会配备更多样、先进的传感设备,以实现对环境中物体更鲁棒性的识别和对环境状态更精确的判断。家用服务机器人将可以对环境中物体进行更精细的操作,从而为用户提供更多的服务。机器人进入家庭,不仅仅只是机器人本身的发展,家庭环境同样也在不断完善。通过对环境进行一些智能化改造,能强化其环境中机器人的功能。在未来,家用服务机器人与家庭环境将会形成一个紧密的有机智能体。

(3)资源利用网络化

互联网与机器人相结合,是家用服务机器人一个重要的发展方向。互联网是一个巨大的资源库,包含了大量的计算资源和信息资源,跟网络相结合的机器人则是一种有效利用这些资源的工具和手段。家用服务机器人作为一个智能终端和操作载体,本身具备移动、感知、决策和操作功能。互联网平台借助云计算、大数据、物联网等技术,为机器人提供一个潜力巨大的信息收集和处理平台。家用服务机器人与互联网相结合,在很大程度上延伸了其感知、决策和操作能力。

（4）设计与生产标准化、模块化、体系化

建立广泛认可的家用服务机器人标准,设计并构建家用服务机器人模块化体系结构,已成为发展家用服务机器人亟待解决的课题。推进家用服务机器人设计生产的标准化、模块化和体系化,有利于减少重复性劳动,加快先进技术转化为产品的进程,提高产品质量,降低成本,推动家用服务机器人的产业化发展。

进入 21 世纪以来,家用服务机器人的研发迅速成为一个热点,具有巨大潜在市场的家庭、个人服务机器人产业也逐渐发展壮大起来。

2）信息无障碍技术的发展

信息无障碍技术已经引起了人们的关注,各国政府研究制定了相对完善的法律法规和标准。企业在政策引导下不断开发新产品、研究新技术,信息无障碍也发展成一大产业。

在一系列法律法规的引导下,各国政府制定了与法律法规相适应的技术要求,企业、协会和国际标准化组织纷纷制定了相关的技术标准。在法规的引导和标准的指导下,针对不同类型的残疾人,开发了许多软硬件产品帮助他们进行数字化信息交互。对于视觉障碍者,主要从盲文、语音技术、屏幕字体放大技术、导航技术等方面开发电脑软件、手机软硬件等产品,如盲文翻译机、屏幕阅读器、盲人搜索引擎、带 GPS 定位导航的设备等,覆盖他们生活的许多方面,帮助他们进行信息的交互等。对于听说障碍者,主要开发语音、文字、手语之间互译的技术,帮助他们与正常人交流。对于行为障碍者,主要开发了鼠标、键盘等输入设备的软硬件替代品,方便他们进行信息交流。

在公共信息服务方面,在发达国家,政府网站必须满足网站无障碍要求,政府业已建立了完善的残疾人信息基础库,作为各种信息无障碍服务的支撑。此外,不少发达国家已经建立了完善的社会保障体系。对于社会中的弱势群体,它们更是投入大量的人力和物力,收集并维护残疾人的基础信息库及丰富的扩展库,在提供基本的社会保障的基础上,为残疾人提供各式各样的个性化服务。

我国在残疾人事业的信息化建设方面也进行了大量工作,不少发达省份开始着手建设并已初步形成一些针对特定应用领域的残疾人基础信息库。浙江、上海等沿海发达省市已经在残疾人管理和服务信息化方面做了较多的积累,初步形成了面向全省或全市的残疾人基础信息库。当然,我国残疾人的基础信息库建设同发达国家相比还存在着很大差距。一方面,基础信息库还很不完善,内容不够丰富,对面向残疾人的各种信息化服务缺乏有效的支持;另一方面,各省市的信息库建设缺乏有效的协同,没有形成统一的标准,不利于残疾人事业信息化服务的推广和应用。

目前,我国的信息无障碍事业还刚起步,水平与国外相比存在很大差距。但随着我国经济的迅速发展、社会体制的逐步完善和社会环境的日益改善,信息无障碍建设也逐渐受到政府和社会各界的重视,加强信息无障碍建设的时机已经成熟。

在残疾人信息无障碍数字化交互方面,国内也有不少厂商致力于信息无障碍数字化交互技术的研究与开发,熊猫电子集团研发盲用信息终端技术,解决视觉障碍和弱视者使用移动信息终端的问题。浙江省残联为视觉障碍者提供阅读报纸的一键阅读器,该阅读器可以扫描一份报纸,并在屏幕上显示盲文,帮助视觉障碍者阅读。杭州昂特科技有限公司正在与运营商合作研发针对视觉障碍者的电话机,为视觉障碍者提供语音"一键服务",通过这种电话机视觉障碍者可以呼叫、享受省残联提供的各种服务。

信息无障碍研究的发展路径是按照"用户研究—设计—实施—推广"的顺序演进的,其发展过程近似于信息技术开发及推广流程。对信息无障碍群体的关注,近年已从关注残障人士扩展到弱势群体。因此,对信息无障碍的推广研究以及对有障碍人群的界定可能是该领域未来的热点。

1.2 典型的服务机器人与信息无障碍系统

1.2.1 典型的服务机器人

服务机器人的分类方式有很多种,按其用途大致可以分为 3 类:家用型服务机器人、专业型服务机器人和娱乐型服务机器人。

家用型服务机器人主要工作是承担家庭生活中的各类家务劳动,例如打扫卫生、清洗衣物、端茶送水等简单的家务劳动;更高端的家用服务机器人具备自动提醒以及自动检测功能,能实时地检测家庭的用电安全、室内防盗监控等,有异常情况时可以通过远程设备及时提醒主人,起到很好的保护家庭安全的作用。

专业型服务机器人主要作用是代替人类从事某一项或多项特定的工作,比如完成管道搬运工作的管道机器人、专为卖场销售宣传的模特机器人、在加油站为车辆进行加油并进行收款找零的加油机器人等。这些机器人的功能大多比较单一,代替人们进行枯燥乏味的工作,避免了由于人为因素所带来的错误,并解放了劳动力,降低了劳动成本,为企业和社会带来了很大的经济效益。

娱乐型服务机器人,顾名思义,即以供人类观赏和娱乐作为设计理念而制造出来的服务机器人,如央视春晚节目中进行集体舞蹈表演的 540 台 Alpha 1S 机器人。另外,此类机器人的代表还有在韩国首尔市举行的围棋"人机大战"中的 Alpha Go 围棋机器人,其杰出的表现就是现代机器人娱乐化发展的一个重大突破,它在模仿人的基础之上,又对人的思维方式进行吸收并系统地深化,这种智能化水平的进步为以后娱乐型机器人的良好发展奠定了坚实基础。

1.2.2 典型的信息无障碍系统

1)图书馆信息无障碍系统

信息无障碍的理论研究,最早源于对图书馆的无障碍研究。从1992年王波发表《图书馆无障碍设计初探》开始,陆续出现了一系列有关图书馆无障碍建设的学术论文。其研究的内容主要表现为以下两个方面:一是各类(主要包括高校图书馆、公共图书馆和数字图书馆)图书馆的信息无障碍建设。张宽福认为,"高校图书馆作为为教学科研提供信息服务的学术性机构,面对数字鸿沟应主动将'数字鸿沟'变为'数字机遇',真正承担起维护社会信息公平的职能。"赵林静和郑宏也从高校图书馆开展信息无障碍的充分必要性和可行性的角度阐述了"高校图书馆应当通过网站、信息资源、规章制度、服务人员队伍的建设来消除校园'信息鸿沟'。"

公共图书馆担负着为整个社会提供信息资源服务的职责,对社会弱势群体自然不能忽视。公共图书馆应当从建筑设施无障碍、信息交流和获取无障碍、心理无障碍和网络服务无障碍四个方面开展服务,为残疾人创造一个包括物质无障碍、信息和交流无障碍的无障碍大环境。此外,应当建立"残疾人信息分析数据库和残疾人定位导航数据库",通过馆藏语音化、网站建设无障碍和运用语音识别技术为视觉障碍者、听觉障碍者及肢体残疾人提供全方位服务。信息无障碍建设是提升图书馆核心竞争力的有效方法。

总之,图书馆的信息无障碍建设是加快我国信息无障碍化发展进程的一个重要部分,无论从社会需求的角度,还是从自身建设的角度,它的作用都极为重大。

2)网络教育无障碍系统

① 教学网站无障碍建设。教学网站的设立是为了给人们提供学习上的方便,让其充分享受到网络上的教育信息资源。部分信息弱势群体(残疾人群、老年人群、使用非主流设备的人群等)并不能平等地接受网络教育。所以教育网站的易访问性导航设计应当遵循简洁性、稳定性、通用性、层次性四项原则。

② 网络课程无障碍。网络课程的兴起离不开网络技术的发展,由于其方便快捷的特点,目前已经成为人们普遍接受的一种学习方式。但是对于不能正常

获取网络信息的弱势群体而言,接受起来则相对困难。针对这个问题有学者建立了"使用 B/S 模型结构开发基于 Web 的无障碍网络课程管理系统"的模型,从无障碍网络课程的基本架构、模块设计、页面安排、导航设计和学习资源建设等方面进行了设计。

3）政府服务网站无障碍系统

我国大部分省市的政府信息门户网站信息无障碍建设的总体特征是起步较晚、覆盖面窄、地区发展不平衡。但是,随着政府信息公开的进程不断加快,政府门户网站无障碍建设也将逐渐纳入到政府的日常工作中。电子政务网站的建设是推动信息无障碍建设的一个重要契机,政府部门将给予更多的重视及出台相应政策;各个省市的行政机关也应当把建设无障碍政府信息门户网站提上重要日程,并制定相应规范确保各个部门积极配合无障碍网站的建设。

信息无障碍获取问题已经引起社会的关注和重视,我国政府网站的信息无障碍系统定会随着社会意识的加强、标准的实施,以及产品和技术的完善而得到改善。

第 2 章　服务机器人的基础知识

本章首先对移动式服务机器人的工作原理及其工作特点进行介绍,然后介绍移动式服务机器人的各种需求及其功能设计,最后阐述移动式服务机器人的总体功能结构设计。

2.1　服务机器人的主要功能

服务机器人实际上是多种技术的融合和实现,包括语音交互、导航定位、运动控制、后台调度管理、多传感技术、通信等多领域技术。行业领先的服务机器人企业,多数采用 SLAM 技术实现机器人自主移动。SLAM 技术是指机器人在未知环境中,完成定位、建图、路径规划的整套流程。通过开源的机器人操作平台 ROS,可以集成各种导航所需算法,通过模块化开发,加快并整合最新的研究成果来实现机器人服务功能。

SLAM 算法经过近 30 年的发展,已经取得丰富的成果,目前主要分为基于概率的滤波器算法及基于非概率的图优化算法。两种算法各有优劣,目前都已经应用在机器人的导航中。

随着谷歌无人驾驶车的使用,基于激光雷达技术的雷达 SLAM 算法也变成了科研界的热门话题。雷达 SLAM 算法成本较高,但却是目前最稳定、最可靠、高性能的同步定位与地图构建方式。这种技术定位精度控制在 ±10mm 内,能够确保机器人在完全未知的环境中创造地图,同时根据地图进行定位、导航、自主规划路线。SLAM 技术目前已广泛应用于 AR、机器人、无人驾驶等新兴领域,其中雷达 SLAM 算法因良好的指向性与高度聚焦性,成为行业主流定位导航方式。

机器人通过传感器获取外界信息,以满足探测和数据采集的需要。系统通过综合、互补、修正、分析所得信息,从而完成决策,快速做出反应。未来的机器人要实现拟人化,多传感器融合技术至关重要。例如,日本 Pepper 机器人就配有 1 个 3D 传感器、5 个触摸传感器、2 个陀螺仪、2 个声波定位仪、3 个缓冲传感器、6 个激光传感器。通过传感器数据融合,Pepper 能识别人的表情、语气、周围环境,并根据人的情绪做出更丰富的、更人性化的反应。

目前我国主流服务机器人主要配有红外传感器、超声波传感器、触觉传感器、视觉传感器等。实际上,如果服务机器人想要完成更多、更复杂的任务,还需配备更多的传感器。多传感器融合技术的成熟与否,将直接体现在服务机器人的差异化功能上。

近年来,得益于计算机运算速度的提升和大数据技术,人工智能技术得以快速发展,其中备受关注的研究热点就有深度学习算法。深度学习算法是指机器人模仿人脑构建神经网络,通过信息收集、建立模型的方式来解释数据,以达到机器学习的功能。机器人通过解析、学习数据,更易理解人类的语言、行动,并做出更精准的回应。

传统机器人无法理解语义、环境,深度学习算法的出现则改变了这种现状。获取的复杂数据模型越多,机器人就越智能,就不再是机械性地完成任务,而是通过计算、决策模仿人类做出相应的举动。

智能语音、通信技术和后台管理技术等都是提升服务机器人智能化的关键技术。因篇幅限制,这里不再展开讨论。

垂直应用场景与产业标准两大现实因素也是服务机器人企业需要考量的重点。垂直应用场景的选择决定了机器人深耕的领域、方向,而能否符合标准规范则决定了机器人能否进入市场销售。

2.2　服务机器人的组成模块

2.2.1　服务机器人的功能模块

图 2-1 给出了服务机器人为完成多个用户任务所需要具备的功能模块。由图 2-1 可以看出,机器人若需要在某个环境中有效地完成用户交给的任务,通常需要进行三方面的工作,即环境理解、任务信息处理和任务执行。

1) 环境理解

同人类一样,机器人必须对自己的工作环境有所了解后才能进一步执行用户任务。为此,机器人一旦进入某个陌生的环境中,必须获取相应的环境知识,即环境的地图信息。这种地图的作用是指导机器人进行有目的的运动,并帮助机器人确定自己当前所在的位置。地图的表达形式可以采用由重要节点和连线所构成的拓扑结构,也可采用对环境进行分割的栅格方法,另外还可以利用环境特征或者传感器的原始信息直接对环境地图进行描述。无论采用哪种方式,都必须遵循以下几个原则:①机器人易于理解;②据此实现的定位导

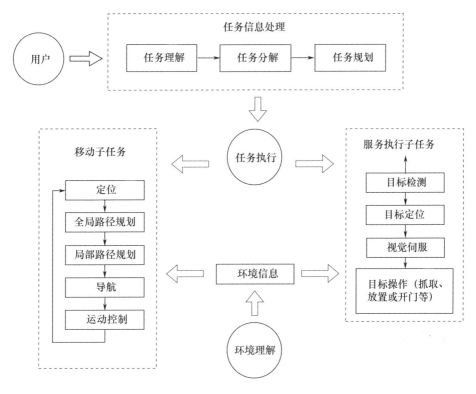

图 2 - 1　服务机器人的功能模块

航算法应具有较高的实时性;③能够较为准确地反映出机器人的工作环境布局。

　　地图构建过程可以借助两种方式实现:一种是人工赋予方式,另一种是机器人自学习方式。前者由用户将环境信息表达为机器人所能理解的形式,机器人在地图构建过程中不需要任何操作。这种方法的缺点是灵活性差,智能程度低,对于环境的变化不能及时进行地图修正,而且往往需要用户付出大量的劳动。后者通过为机器人建立相应的自学习机制,实现其在运动过程中的环境地图构建,这种方式不但具有拟人化的高度智能化,而且能够根据运动过程中的感知信息对环境地图进行实时更新。然而,机器人自学习机制的建立是个非常复杂的问题,至今尚未得到完美解决。目前,环境地图的构建往往综合采用上述两种方式,首先利用人工方式提供环境地图的粗轮廓信息,然后机器人在运动过程中通过较为简单的学习机制对这种地图做出修正和完善。

　　通常情况下,机器人的环境理解过程是不依赖于用户的某个特定任务的,构建的地图适用于在此环境下所能完成的任何任务。

2）任务信息处理

用户通常以自己最为熟悉的自然语言方式向机器人发布任务,如语音、手势等,因此,机器人必须具备翻译和理解这些用户命令的能力。另外,机器人还需要根据环境地图信息和自己当前的位置信息将接收到的任务分解成若干个移动子任务和服务执行子任务,并对这些子任务的执行过程进行合理规划。

3）任务执行

机器人通过执行一系列的移动子任务和服务执行子任务完成任务所分配的总任务。移动子任务的执行过程就是机器人从任务起始位置移动到终止位置的导航过程。机器人在移动过程中需要适时地根据所感知到的周围环境信息以及记忆中的地图信息确定自己的当前位置,判断出周围障碍物情况,然后利用全局路径规划和局部路径规划技术对前期的行走路径进行修正。

服务执行子任务通常需要操作机械手完成,如开门、关门及物体抓取等。这类子任务首先需要利用视觉或者其他传感器检测目标,一旦发现目标,机器人则对其进行趋近操作。在趋近过程中,机器人需要实时确定出目标与机械手之间的相对位置,并据此对自身和机械手的姿态进行调整,直到目标进入机械手的工作空间内。最后机器人借助于视觉伺服技术完成对目标的操作过程。

2.2.2　服务机器人的总体结构

通常情况下,一个功能完备的移动服务机器人在总体结构上应包括图 2-2 所示的七个功能模块:上位机子系统、感知子系统、控制子系统、人机交互子系统、电源子系统、移动平台和服务执行机构。现实场景中,并非所有这些模块全部都得用上,而且某个模块内的某项子功能也并不一定就体现在某台机器人中,这通常需要根据机器人的工作环境和任务要求而定。例如,利用移动平台、控制系统、人机交互系统和电源系统就可实现一台具有简单移动功能的机器人,附加以服务执行机构及其控制系统则可进一步实现服务功能。然而,采用这种方式实现的机器人往往功能单一、智能程度低、实用性差,因此很难在服务机器人领域得到广泛的应用。在机器人的移动和服务功能基础上,增加其他模块的相应功能,可以在很大程度上提高机器人的人机交互能力和环境适应能力,从而实现具有较强自主性和智能性的移动服务机器人系统。

14

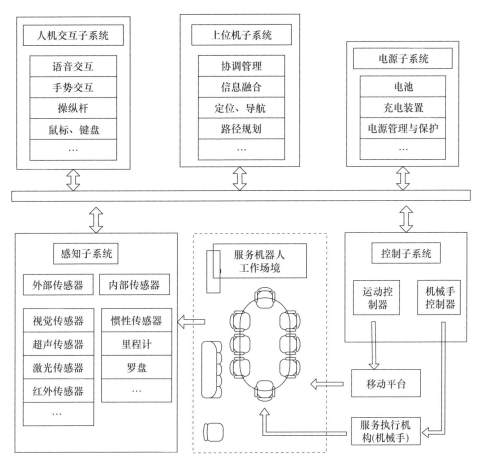

图 2-2 移动式服务机器人系统总体结构图

2.2.3 服务机器人的人机交互子系统

在移动式服务机器人中,人机交互子系统为用户和机器人提供了一个能够进行信息交流的平台,是两者相互沟通的桥梁,同时也是用户与机器人能够和谐相处的保障。人机交互子系统的主要作用体现在:不仅要能将机器人自身的状态、执行命令的情况、求助信号等信息都准确、及时地传递给人;同时也要能完整、快速、高效地将人的意图表达给机器人。通常情况下,采用单一模式的命令输入或状态输出手段很难满足人机和谐相处的目的,因此在移动服务机器人系统中往往采用多通道的人机交互系统。

通道是指人或系统用来实现交流的交互手段、方法、器官或设备,人与外界的交互通道可分为感知通道和效应通道。其中感知通道包括人的眼、耳、皮肤等各种感觉器官,可接受光、声、力等形式的信息输出而形成视觉、听觉、触觉等感觉;效应通道包括人的手、足、口、头、身体等人体器官,可用于手势、控制、语言表达等形式的信息输入。在通信活动中,人总是并行地、互补地同时利用多种感知和效应通道,进行多种类型的通信任务,因此具有较高的通信效率。针对人类交互方式的这些特点,采用多通道方式实现移动机器人的人机交互子系统,不但能够通过信息冗余消除信息的多义性及噪声,而且还会使人和机器人之间的相互交流更为自然和高效。

典型的人机交互子系统如图2-3所示。一方面,机器人可以利用多种输入设备同时接受操作者多个效应通道的输入,例如:利用姿态识别装置跟踪操作者的手势、姿势,利用声音识别装置识别操作者的语音命令,利用视线跟踪设备检测人的注意力状态等;另一方面,机器人也可利用多种输出设备同时向操作者提供机器人当前所处环境的状态,利用声音装置向用户提供机器人的工作状态和报警信息,利用图像设备向用户提供机器人的环境地图信息,利用图像设备向用户提供机器人触摸物体的感觉信息等。

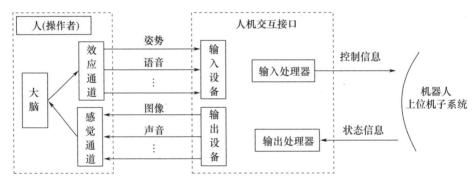

图2-3 人机交互子系统示意图

2.2.4 服务机器人的执行机构

移动平台和服务执行机构在机器人中起到"躯干"与"四肢"的作用,是移动服务机器人的机械基础,并在控制系统的作用下完成机器人的运动功能和任务执行功能。

移动平台主要有机械平台和移动机构两部分组成,其中机械平台作为载体用以支撑机器人中的其他各子系统及其相关装置和设备;移动机构在控制子系统的作用下实现机器人的运动功能。机械平台的外形和尺寸不但同移动机构的实现方式、所需支撑的负载大小密切相关,而且还需要充分考虑到机器人的工作环境、任务要求及美观程度。在设计时需遵循三个主要原则:降低转动惯量;增强稳定性和机械鲁棒性;加强抗碰撞能力。移动驱动机构是移动平台实现其运动功能的关键,通常采用轮子、履带或者足式结构实现。不同的实现方式在不同的工作环境下具有不同的优点和缺点。

服务执行结构是机器人完成特定任务的执行设备,与机器人所需完成的任务密切相关。在一台机器人上实现所有类似于人类的、具有复杂功能的执行机构是不现实的。通常情况下,室内服务机器人的典型任务通常与手部动作相关,如抓放某个物体、开关门等,而机械手的设计和控制又是机器人领域较为复杂和困难的课题之一。

2.2.5　服务机器人的电源子系统

电源子系统是机器人的能量来源,是其他各子系统能够正常工作的保障。移动服务机器人的运动特性决定其不可能采用线缆方式进行供电,只能使用电池。电池的选用通常需要考虑以下几个因素:

① 电池容量,决定了机器人的工作时间和续航能力;

② 可充电性,决定电池是否能够二次使用;

③ 尺寸和重量,在某种程度下决定了机器人本体的尺寸和重量。

表 2 - 1 简要列举了一些常见的电池类型及其性能,每个电池单元所能提供的标准电压(在能量全满时),以及其他一些重要的选择参考标准。在移动服务机器人中,经常采用密封铅酸电池和镍氢电池等具有可充电性的高容量电池。

表 2 - 1　各种电池及其性能

电池型号	电压	应用范围	可充电性	备注
碳锌电池	1.5V	小电流需求,如手电筒等	不可	便宜,但不适用于机器人和其他大电流应用
碱性电池	1.5V	小容量电器、电动机和电路等	不可	容易得到,但在如机器人这样的大电流应用中价格相对较高
可充电碱性电池	1.5V	小容量电器、电动机和电路等	可以	是充电碱性电池的替代品
镍镉电池	1.2V	中、大电流需求,包括电动机	可以	由于有毒性而被逐步淘汰
镍氢电池	1.2V	大电流需求,包括电动机	可以	容量大,但价格较高
锂离子电池	3.6V	大电流需求,包括电动机	可以	价格较高,相对于其他所提供的电流容量来说质量很轻

（续）

电池型号	电压	应用范围	可充电性	备注
锂电池	3.0V	长寿命、非常小的电流	不可	主要用于记忆电路
密封铅酸电池	2.0V	非常大的电流需求	可以	尺寸较大，可得到很大的电流容量
聚合物电池	3.8V	长寿命、中电流需求的电子电路	可以	电池可被制作成各种尺寸和形状；价格高，在放电过程中电压变化较大

高性能的电源子系统还应具备断电保护、过电流保护等功能。理想的移动服务机器人还应能够实时监测电池容量，一旦发现系统欠压，则能够借助于传感器信息找到充电位置，实现自动充电。

2.2.6　服务机器人的移动机构

移动机器人对外界环境能够做出良好反应的基础是要有一个具备优异运动特性的移动平台。机器人平台的移动机构是机器人的一个关键组成部分，它直接影响到整个机器人的运动精度、灵活性乃至整个系统的可靠性。移动机器人在地面上运动，常采用的移动机构有轮式、履带式和腿足式移动机构。

1）轮式移动机构

在轮式移动机器人中，车轮的形状或结构取决于地面的性质和机器人的承载需求。在轨道上运行的多采用实心钢轮，室外路面行驶的采用充气轮胎，室内平坦地面的可采用实心轮胎。在特殊需求的情况下，还可采用全方位移动轮构建能够向任意方向移动的机器人平台。轮式移动机器人控制简单，运动单位距离所消耗的能量最小，通常比履带式和腿式移动机构速度快，反应灵敏，因此在移动机器人领域应用最为广泛。

在驱动方式上，轮式移动机构大体上可以分为两种：

① 导向驱动式。机器人的运动方向和运动速度由不同的轮子和驱动器进行控制。

② 差分驱动式。采用相同的轮子和驱动器实现机器人的运动速度和运动方向控制，运动方向的改变通过有比例地控制每个轮子的旋转速度来实现。

上述两种驱动方式可以在多种轮式移动机构中得以实现。轮式移动机构根据车轮数量和种类可以分为独轮、双轮、三轮、四轮、多轮等，图2-4为各种类型的轮式移动结构。

2）履带式移动机构

履带式移动机构是轮式移动机构的扩展，其最大特征是将圆环状的无限

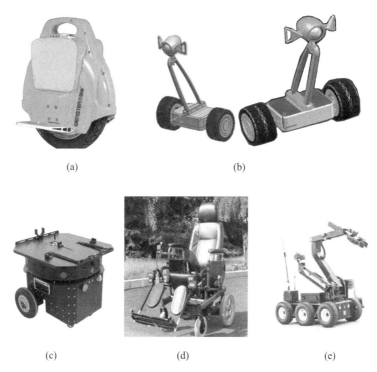

(a)　　　　　　　　　　(b)

(c)　　　　　　　(d)　　　　　　　(e)

图 2 - 4　多种类型的轮式移动机构

(a)独轮移动机构;(b)双轮移动机构;(c)三轮移动机构;

(d)四轮移动机构;(e)六轮移动机构。

轨道履带卷绕在多个车轮上,使车轮不直接同地面接触,利用履带可以缓和地面的凹凸不平。因此,与轮式移动机构相比,履带式移动机构不但具有稳定性好、越野能力和地面适应力强、牵引力大等优点;而且能够原地转向,同时具有一定的爬坡能力。缺点是结构复杂、重量大、能量消耗大、减振性能差、零件易损坏。接下来介绍两种履带机器人:形状可变履带机器人和位置可变履带机器人。

（1）形状可变履带机器人

形状可变履带机器人是指该机器人所用履带的构形可以根据地形条件和作业要求进行适当变化。图 2 - 5 所示为一种形状可变履带机器人的外形示意图。该机器人的主体部分是两条形状可变的履带,分别由两个主电动机驱动。当两条履带的速度相同时,机器人实现前进或后退移动;当两条履带的速度不同时,机器人实现转向运动。当主臂杆绕履带架上的轴旋转时,带动行星轮转动,从而实现履带的不同构形,以适应不同的运动和作业环境(见图 2 - 6)。

图 2 - 7 所示为变形履带传动机构示意图。主电动机带动驱动轮运动,使履

19

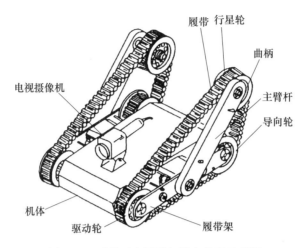

图 2 – 5　形状可变履带机器人外形示意图

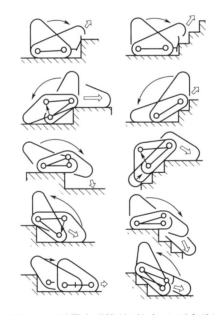

图 2 – 6　履带变形情况(越障、上下台阶)

带转动。主臂电动机通过与电动机同轴的小齿轮与齿轮 1 啮合,一方面带动主臂杆转动;另一方面通过齿轮 2、齿轮 3 和齿轮 4 的啮合,带动链轮旋转;链轮通过链条进一步使安装行星轮的曲柄回转。因为齿轮 1 和齿轮 4,齿轮 2 和齿轮 3 的齿数分别相同,因此齿轮 1 和齿轮 4 的转速一致,而方向相反。加上链条两端的链轮齿数相等,使得主臂电动机工作时,主臂杆转过的角度与曲柄的绝对转角大小相等、方向相反。

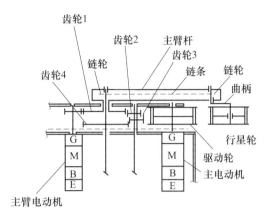

图2-7 变形履带传动机构示意图

图2-8为行星轮轮心轨迹计算图,由图可以导出该行星轮轮心 P 点的运动轨迹满足

$$\frac{x^2}{(R+r)^2} + \frac{y^2}{(R-r)^2} = 1 \tag{2-1}$$

显然,式(2-1)是一个标准椭圆方程,这说明该机器人的履带在任何形状时都能保持松紧程度不发生变化。

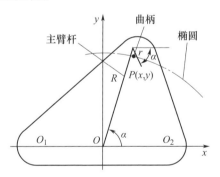

图2-8 行星轮轮心轨迹计算图

（2）位置可变履带机器人

位置可变履带机器人,是指履带相对于车体的位置可以发生变化的履带式机器人。这种位置的改变既可以是一个自由度的,也可以是两个自由度的。图2-9所示为一种二自由度变位履带机器人,各履带能够绕车体的水平轴线和垂直轴线偏转,从而改变机器人的整体构形。

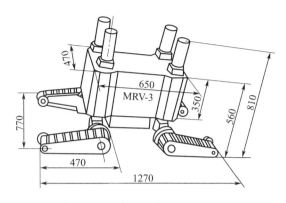

图 2 - 9　二自由度变位履带机器人

图 2 - 10 为上述变位履带机器人传动机构示意图。由图 2 - 10(a)结构示意图可知,当轴 A 转动时,通过一对锥齿轮的啮合,将运动传递给驱动轮,从而带动履带运动;当轴 B 转动时,通过另一对锥齿轮的啮合,带动与履带架相连的曲柄,使履带绕主动轴轴线回转变位;当轴 C 转动时,履带连同其安装架一起绕轴 C 相对于车体转动,改变其位置。A、B、C 三轴由一台电动机带动,通过切换 A、B、C 三个离合器,使之实现不同的传动路线,具体情况如图 2 - 10(b)所示。

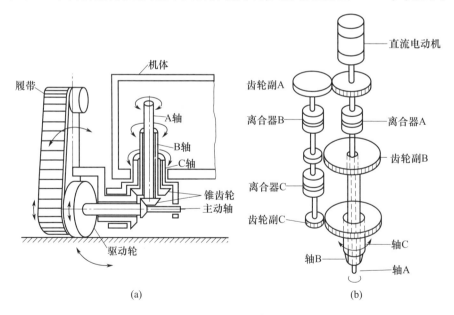

图 2 - 10　变位履带机器人传动机构示意图

(a) 结构示意图;(b) 不同的传动路线。

变位履带机器人集履带式机器人和全方位轮式机器人的优点于一身。当其履带沿一个自由度方向变位时,可用于攀爬阶梯和跨越沟渠(见图 2 – 11);当其履带沿另一个自由度方向变位时,可实现车体的全方位行走方式(见图 2 – 12)。

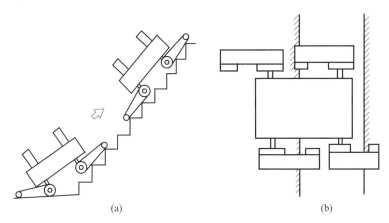

图 2 – 11　变位履带机器人爬梯、越沟功能示意图
(a)爬梯功能示意图;(b)越沟功能示意图。

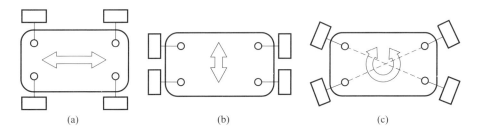

图 2 – 12　变位履带机器人移动方式示意图

3)足式移动机构

足式移动机器人具有独特的优势和更高的灵活性,能够轻松地融入人类生活,与人类协同工作。足式移动机器人优点在于机动性高、穿越能力强;但同时也存在开发难度大、成本高及稳定性不强等缺点。但从长远来看,足式移动机器人在诸如大众服务行业、教育、医疗、无人工厂、宇宙探索等方面都有着潜在而又广阔的应用前景。

足式移动机器人按照其"足部"的数量不同可以分为单足式移动机器人、双足式移动机器人和多足式移动机器人(包括四足式移动机器人、六足式移动机器人和八足式移动机器人等)。

（1）单足式移动机器人

单足式移动机器人一般做成弹跳式。1980年世界上最早的弹跳机器人在麻省理工学院机器人实验室研制成功,该机器人采用连续跳跃机构,可实现连续弹跳。单足机器人结构简单,做成弹跳式可以越过数倍自身尺寸的障碍物,比其他足式机器人更加适应多障碍物的环境,在考古探测、地形勘察等领域得到了大量的应用。

（2）双足式移动机器人

双足式移动机器人几乎可以适应各种复杂地形,对步行环境要求很低,有较高的跨越障碍能力,不仅可以在平面上行走,而且能够方便地上下台阶及通过不平整、不规则或较窄的路面,它是足式移动机器人中应用最多的。

双足步行机器人能突显出科技水平个性化,可担当导游、服务、咨询、信息查询等角色,提高服务水平。这不仅仅是一个服务和节省人力的问题,更重要的是它可以提供各种全面特殊的服务,一人可在不同的场合充当不同的角色,可以自动识别行走过程中碰到的障碍物,并做语音提示。图2-13所示为一种双足式移动机器人。

图2-13　双足式移动机器人

（3）多足式移动机器人

多足式移动机器人是一种具有冗余驱动、多支链、时变拓扑运动机构足式机器人,多足式移动机器人具有较强的机动性和更好适应不平地面的能力,能完成多种机器人工作。常见多足式移动机器人包括四足步行机器人、六足步行机器人、八足步行机器人等。图 2 - 14 所示为仿犬的四足步行机器人。

图 2 - 14　仿犬的四足步行机器人

2.2.7　服务机器人的服务机械手

服务执行机构是机器人完成服务任务的主要装置之一,通常情况下依据不同的任务要求采用不同的服务执行机构。然而,由于大部分的服务任务通常都需要借助于手臂动作才能完成,因此机械手成为移动式服务机器人的主要服务执行机构之一。

机械手是一种具有传动执行装置的机械设备,通常由基座、刚性连杆、关节和末端执行装置(工具等)所组合而成的一个相互连接和互相依赖的运动机构。机械手用于执行用户指定的特定任务。根据所执行任务的不同,所需的机械手通常具有不同的结构类型。图 2 - 15 所示为一种机械手基本结构示意图。

图 2 - 15　机械手基本构成示意图

基座可用于支撑整个机械手,并且利用基座可以将机械手固定在机器人移动平台上。相邻连杆由可做一定相对运动的运动副连接,构成所谓的机械手关节。

第 3 章　服务机器人的运动学与动力学

运动学模型是服务机器人运动分析、动力学计算、运行轨迹规划和控制实现的主要依据；动力学模型则用来描述作用于服务机器人移动机构上的力或力矩与服务机器人运行状态之间的关系，通过服务机器人动力学模型，能够实现服务机器人的力或力矩控制。

3.1　机械系统的运动约束

3.1.1　完整约束与非完整约束

对于由 N 个质点组成的机械系统，每个质点的位置可用其在某个惯性参考系中的直角坐标 (x,y,z) 确定。当所有质点的位置确定后，整个系统的位置和形状（简称系统的位形，在机器人领域常称为位姿）也就完全确定，因此将所有这些质点的 $3N$ 个坐标 $x_1,x_2,\cdots,x_{3N}$，称为用以确定系统位形的坐标，其中第 i 个指点的坐标为 $(x_{3i-2},x_{3i-1},x_{3i})$。系统运动时，如果各个质点的位置、速度等受到一定程度的限制，则称这种限制为约束。例如，用一根无质量的刚性杆连接两个小球（质点），运动时由于刚性杆的存在使得两个球球心之间的距离保持不变；又如，圆盘在粗糙平面上进行纯滚动时，粗糙平面使得圆盘与平面接触点相对于平面的速度恒等于零等。约束的形式和机理千差万别，但它们的共同本质是使系统的位置、速度等运动学要素必须满足一定的条件。对于由 N 个质点组成的系统，这种条件可以用以下具有一般形式的方程表示：

$$f_s(x_1,x_2,\cdots,x_{3N};\dot{x}_1,\dot{x}_2,\cdots,\dot{x}_{3N};t)=0 \qquad (s=1,2,\cdots,l) \qquad (3-1)$$

式中：$\dot{x}_i$ 表示 x_i 对于时间的导数，即速度；l 为系统所受的约束数目。

式（3-1）成为系统的约束方程。在式（3-1）中，如果只包含系统质点的位置而不包含速度，则该约束成为完整约束。完整约束的约束方程可表达为

$$f(x_1,x_2,\cdots,x_{3N};t)=0 \qquad (3-2)$$

如果式（3-1）中含有速度项，且无法通过积分转换为式（3-2）的形式，那么该约束称为非完整约束。例如，式（3-3）和式（3-4）所示的约束为非完整

约束：

$$\dot{z}\,e^{x} - \dot{y} = 0 \qquad\qquad (3-3)$$

$$\dot{x}^{2} + \dot{y}^{2} + \dot{z}^{2} = 常数 \qquad\qquad (3-4)$$

与完整约束不同，非完整约束方程无法表达为代数形式。在非完整约束方程中可以任意指定坐标，而速度只能在指定坐标及约束的情况下变化，即在约束方程

$$\sum_{i=1}^{3N+1} A_i(x_1, x_2, \cdots, x_{3N+1})\,\mathrm{d}x_i = 0 \qquad\qquad (3-5)$$

中坐标可以任意给定，而速度则不可能任意给定。其中，第 $3N+1$ 个变量为时间变量，即 $x_{3N+1} = t$。

如果约束方程可表达为式（3-5）所示形式，那么该约束称为微分约束，也称为 Pfaffian 型约束。如果微分约束式（3-5）对于时间可积，那么它总能通过积分转换为式（3-2）的形式，因此，这种约束仍是完整约束。如果式（3-5）对于时间不可积，那么该约束即为 Pfaffian 型非完整约束。

如果某个系统所受约束均为完整约束，则该系统为完整系统；否则，如果至少包含一个不可积的微分约束，那么该系统称为非完整系统。完整系统不能任意占据空间位置，这是因为完整约束对系统各点的位置施加了限制。如果系统为仅含有非完整约束的非完整系统，则系统可以占据空间中的任何位置，但在这些位置上的速度都要受到非完整约束的限制。

3.1.2　广义坐标

设由 N 个质点组成的完整系统，其约束方程为

$$f_s(x_1, x_2, \cdots, x_{3N}; t) = 0 \qquad (s = 1, 2, \cdots, l; l < 3N) \qquad\qquad (3-6)$$

这 l 个方程的左端，每个都是 $3N$ 个变量 $x_1, x_2, \cdots, x_{3N}$ 的函数（将 t 看成参数）。如果它们是独立的，即雅可比矩阵

$$\frac{\partial(f_1, f_2, \cdots, f_l)}{\partial(x_1, x_2, \cdots, x_{3N})} = \begin{bmatrix} \dfrac{\partial f_1}{\partial x_1} & \dfrac{\partial f_1}{\partial x_2} & \cdots & \dfrac{\partial f_1}{\partial x_{3N}} \\[2mm] \dfrac{\partial f_2}{\partial x_1} & \dfrac{\partial f_2}{\partial x_2} & \cdots & \dfrac{\partial f_2}{\partial x_{3N}} \\[2mm] \vdots & \vdots & & \vdots \\[2mm] \dfrac{\partial f_l}{\partial x_1} & \dfrac{\partial f_l}{\partial x_2} & \cdots & \dfrac{\partial f_l}{\partial x_{3N}} \end{bmatrix} \qquad\qquad (3-7)$$

的秩为 l,则根据隐函数存在定律,总可以利用式(3-4)将 $3N$ 个坐标中的 l 个坐标表达为其他 $3N-l$ 个坐标和时间参数 t 的函数。不失一般性,假设求解出的为前 l 个坐标,则有

$$
\begin{cases}
x_1 = g_1(x_{l+1}, x_{l+2}, \cdots, x_{3N}; t) \\
x_2 = g_2(x_{l+1}, x_{l+2}, \cdots, x_{3N}; t) \\
\qquad\qquad \vdots \\
x_t = g_l(x_{l+1}, x_{l+2}, \cdots, x_{3N}, t)
\end{cases}
\tag{3-8}
$$

式(3-8)表明在确定系统 t 时刻位形的 $3N$ 个坐标中,只有 $3N-l$ 个是独立的,因此可用 $3N-l$ 个坐标来确定系统的位形,系统的自由度为 $3N-l$。由于笛卡儿坐标的这种不平等性(有的独立,有的不独立),使其在对具体问题进行分析时,取笛卡儿坐标作为确定系统位形的独立参数往往不是很方便。因此,通常需要根据系统的具体结构选取另外一组相互独立的参数 $q_1, q_2, \cdots, q_n (n = 3N-l)$ 来确定系统的位形。通常情况下,这组独立变量可借助于约束方程对 $3N$ 个笛卡儿坐标进行相应变换得到,只要给定 $q_1, q_2, \cdots, q_n$ 一组值,便决定了在 t 时刻被约束所允许的一个位形,因而 $q_1, q_2, \cdots, q_n$ 就是能够确定系统位形的独立参数,成为系统的广义坐标,它们是决定系统位形所必需的独立参数,也是最少参数。对于三维空间问题,广义坐标数为 $n = 3N-l$;对于平面问题,广义坐标数为 $n = 2N-l$,其中 l 是系统所受的完整约束个数。在非完整系统中,除具有非完整约束外,一般还有完整约束同时存在。在这种情况下,首先根据完整约束取广义坐标确定系统位形,这就表明已考虑了完整约束。至于非完整约束,则需以广义坐标及其导数(即广义速度)对其进行表示。通常情况下,Pfaffian 型非完整约束可表示为

$$
\boldsymbol{J}(\boldsymbol{q})\hat{\boldsymbol{q}} = 0
\tag{3-9}
$$

其中,$\boldsymbol{q} = [q_1, q_2, \cdots, q_n]^{\mathrm{T}}$ 为系统的 n 维广义坐标向量,$\boldsymbol{J}(\boldsymbol{q})$ 为 $k \times n$ 满秩矩阵,k 为非完整约束数目。借助于广义坐标,可以方便地确定出受约束系统的自由度数目:完整系统的自由度就是广义坐标的数目;而非完整系统的自由度则等于广义坐标数目减去非完整约束方程的数目。

3.1.3　位形空间

对于由 N 个质点组成的系统,以 $x_1, x_2, \cdots, x_{3N}$ 为正交坐标的 $3N$ 维空间称为系统的直角坐标位形空间,简称 x 空间。对于不受任何约束的自由系统,x 空间中的任意一点都是系统的可达位形;但对于非自由系统,由于约束的存在,并非空间中的任意一点都是系统的可达位形。对于单质点系统而言,其 x 空间就是

三维几何空间。如果质点受到一个完整约束的限制,约束方程为

$$f(x,y,z;t)=0 \qquad (3-10)$$

即质点被限制在由式(3-10)所确定的曲面上运动。曲面上的任意一条连续曲线都代表质点的一种可能运动。假设系统的广义坐标选择为 $q_1 = g(x,y,z;t)$ 和 $q_2 = h(x,y,z;t)$,它们与约束曲面 $f(x,y,z;t)=0$ 的交线构成了曲面上的坐标网,q_1 和 q_2 就是约束曲面上的曲线坐标,质点在曲面上的位置由 q_1、q_2 决定,如图 3-1 所示。此外,也可以用平面上的两个垂直坐标表示 q_1 和 q_2,该平面称为广义坐标位形平面,简称 q 空间,如图 3-2 所示。在二维 q 空间内,系统运动是自由的,任何一条连续曲线都代表系统的一个可能运动。若质点还受到非完整约束

$$\alpha_1(q_1,q_2,t)q_1 + \alpha_2(q_1,q_2,t)q_2 = 0 \qquad (3-11)$$

的限制,系统位形虽然仍可以处于 q 空间的任何位置(如 M_1 和 M_2),但从 M_1 到 M_2 的可能路径不能任意给定,必须满足非完整约束方程(3-11),因此,广义坐标位形空间中的任意连续曲线不一定是系统的可能位形轨迹。

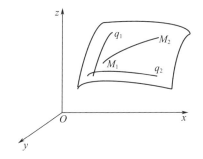

图 3-1　单质点系统 x 空间

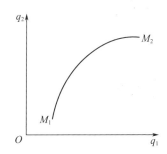

图 3-2　单质点系统 q 空间

对于有 N 个质点组成的系统,如果其位形受到一个完整约束

$$f_s(x_1,x_2,\cdots,x_{3N};t)=0 \qquad (3-12)$$

的限制,则其广义坐标为 $3N-1$ 个。因而系统位形在 $3N$ 维 x 空间内的可达区域为 $3N-1$ 维子空间,亦即一个 $3N-1$ 维超曲面(曲面的形状和位置都可以随时间 T 改变),系统位形的代表点被限制在此曲面上运动。如果有 l 个完整约束,则可取 $3N-l$ 个广义坐标,系统位形可达区域为 $3N-l$ 维。如果认为每个完整约束规定了一个超曲面,那么系统位形代表点则被限制在这 l 个超曲面的交集内运动,该交集为一个 $3N-l$ 超曲面,广义坐标 $q_1,q_2,\cdots,q_{3N-l}$ 是该超曲面上的坐标线。若以 $q_1,q_2,\cdots,q_{3N-l}$ 为正坐标建立 $3N-l$ 维广义坐标位形空间,则在

此 q 空间内,代表点的运动是完全自由的,其中任意一条连续曲线都代表系统的一个可能运动。如果系统还受到非完整约束的限制,那么和单质点系统一样,系统位形代表点虽然能够到达 q 空间一定区域内的任何点,但连接 q 空间两点的任意连续曲线却不一定是系统的可能运动轨迹,因为其上点的速度不一定能够满足非完整约束。

3.1.4 Pfaffian 型非完整约束系统的可控性判据

定义 3-1 设 $U \subset \mathbf{R}^n$,$\boldsymbol{x} = [x_1, x_2, \cdots, x_n] \in U$,则在 U 上的 n 维向量解析函数成为一个向量场。

定义 3-2 对于 $k \times n$ 维矩阵 $\boldsymbol{A}(k \leq n)$,所有满足 $\boldsymbol{Ax} = 0$ 的向量 $\boldsymbol{x}$ 的集合称为矩阵 $\boldsymbol{A}$ 的零空间。

定义 3-3 设 $f(x)$、$g(x)$ 是两个向量场,$\dfrac{\partial f}{\partial x}$ 和 $\dfrac{\partial g}{\partial x}$ 分别为它们的雅可比矩阵,则

$$[f, g](x) = \frac{\partial g}{\partial x} f(x) - \frac{\partial f}{\partial x} g(x) \tag{3-13}$$

称为 $f(x)$ 和 $g(x)$ 的李括号。

定义 3-4 给定 U 上的 k 个向量场 $\{f_1, \cdots, f_k\}$,式(3-14)的一个记号称为一个分部

$$\boldsymbol{\Delta} = \mathrm{span}\{f_1, \cdots, f_k\} \tag{3-14}$$

即对于每个 $x \in U$,$\boldsymbol{\Delta}(x)$ 是由 $\{f_1, \cdots, f_k(x)\}$ 所张成的一个 $\mathbf{R}^n$ 子空间。

假设系统受 Pfaffian 型非完整约束,约束方程如式(3-9)所示。矩阵 $\boldsymbol{J}(\boldsymbol{q})$ 的零空间维数为 $n-k$,则在零空间内存在 $n-k$ 个线性无关的基向量 $\dot{\boldsymbol{q}}_i(\boldsymbol{q})$ $(1 \leq i \leq n-k)$,则零空间内的任意广义速度均可表达为

$$\dot{\boldsymbol{q}} = \sum_{i=1}^{n-k} \dot{\boldsymbol{q}}_i(\boldsymbol{q}) v_i \tag{3-15}$$

若令

$$\boldsymbol{P}(\boldsymbol{q}) = [\dot{\boldsymbol{q}}_1(\boldsymbol{q}), \dot{\boldsymbol{q}}_2(\boldsymbol{q}), \cdots, \dot{\boldsymbol{q}}_{n-k}(\boldsymbol{q})], \boldsymbol{u} = [v_1, v_2, \cdots, v_{n-k}]^{\mathrm{T}} \tag{3-16}$$

则式(3-15)可表达为

$$\dot{\boldsymbol{q}} = \boldsymbol{P}(\boldsymbol{q}) \boldsymbol{u} \tag{3-17}$$

当把 $\boldsymbol{q} \in \mathbf{R}^n$ 作为系统的状态变量、$\boldsymbol{u}$ 作为控制输入时,式(3-17)就是一种无漂移的非线性控制系统,即当控制输入 $u=0$ 时,$\boldsymbol{q}$ 为 n 维常向量。

定理 3 - 1　Chow 定理对于式(3 - 15)所示的非线性系统,如果由矢量场 $\dot{\boldsymbol{q}}_1(\boldsymbol{q}), \dot{\boldsymbol{q}}_2(\boldsymbol{q}), \cdots, \dot{\boldsymbol{q}}_{n-k}(\boldsymbol{q})$ 及其各阶李括号所张成的分布

$$\mathrm{span} \{ \dot{\boldsymbol{q}}_1(\boldsymbol{q}), \cdots, \dot{\boldsymbol{q}}_{n-k}(\boldsymbol{q}); [\dot{\boldsymbol{q}}_1(\boldsymbol{q}), \dot{\boldsymbol{q}}_2(\boldsymbol{q})], \cdots,$$

$$[\dot{\boldsymbol{q}}_{n-k-1}(\boldsymbol{q}), \dot{\boldsymbol{q}}_{n-k}(\boldsymbol{q})]; [\dot{\boldsymbol{q}}_1(\boldsymbol{q}), [\dot{\boldsymbol{q}}_1(\boldsymbol{q}), \dot{\boldsymbol{q}}_2(\boldsymbol{q})]], \cdots\} \quad (3-18)$$

的维数(秩)为 n,则系统是可控的。

3.1.5　示例——单轮滚动约束

考虑单个轮子在地面上进行纯滚动运动,且在滚动过程中始终保持轮子与地面相垂直的情况,如图 3 - 3 所示。

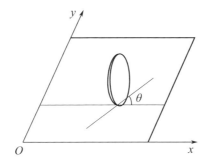

图 3 - 3　滚动单轮系统

该轮子的位姿(位形)可用一广义坐标向量 $\boldsymbol{q} = [x, y, \theta]^{\mathrm{T}}$ 进行描述,其中 (x, y) 为轮子同地面之间的接触点在某一固定标系中的位置坐标,而 θ 则为轮子朝向同该坐标系 x 轴之间的夹角。由于轮子在地面上做无滑动的纯滚动,接触点的运动速度必然满足

$$\frac{\dot{y}}{\dot{x}} = \tan\theta \quad (3-19)$$

即

$$\dot{x}\sin\theta - \dot{y}\cos\theta = 0 \quad (3-20)$$

进而利用广义坐标可以将其描述为

$$[\sin\theta, -\cos\theta, 0] \begin{bmatrix} \dot{x} \\ \dot{y} \\ \dot{\theta} \end{bmatrix} = \boldsymbol{J}(\boldsymbol{q})\dot{\boldsymbol{q}} = 0 \quad (3-21)$$

式(3 - 21)不可积,因此该约束为非完整约束。系统的所有允许广义速度

都处于矩阵 $J(q)$ 的零空间内,且该零空间的维数为 2。若选取零空间的两个基向量为 $\dot{q}_1(q) = [\cos\theta, \sin\theta, 0]^T$ 和 $\dot{q}_2(q) = [0, 0, 1]^T$,则系统广义速度可表示为该两个基向量的线性组合,即

$$\dot{q} = \dot{q}_1(q)v_1 + \dot{q}_2(q)v_2 = \begin{bmatrix} \cos\theta \\ \sin\theta \\ 0 \end{bmatrix} v_1 + \begin{bmatrix} 0 \\ 0 \\ 1 \end{bmatrix} v_2 \qquad (3-22)$$

式(3-22)即为单轮系统的运动学方程。结合式(3-22)和图3-3可以看出:v_1 和 v_2 分别代表轮子的线速度和绕垂直轴的旋转角速度。通常情况下,选取不同的零空间基向量,上述两个速度分量具有不同的意义。

向量场 $\dot{q}_1(q)$ 和 $\dot{q}_2(q)$ 的李括号可以计算为

$$[\dot{q}_1(q), \dot{q}_2(q)] = \begin{bmatrix} -\sin\theta \\ \cos\theta \\ 0 \end{bmatrix} \qquad (3-23)$$

由于 $\text{rank}\{\dot{q}_1(q), \dot{q}_2(q), [\dot{q}_1(q), \dot{q}_2(q)]\} = 3$,根据定理3-1,可知系统可控。

3.2 移动平台运动学模型

3.2.1 差分驱动平台

差分驱动平台包括双轮差分、左右两侧履带差分等多种实现形式。它们的运动机理是相同的,通常具有相同或相似的运动学模型。因此,本节仅以双轮差分平台为例对差分驱动的运动机制和运动模型进行分析,所得结果可以方便地扩展到其他形式的差分驱动平台上。

采用双轮差分驱动方式的机器人移动平台如图3-4所示。对于该平台做如下假设:①平台具有刚性外壳,且两个轮子不变形;②轮面与接触面垂直并保持点接触,忽略所有轮厚度对于平台的运动影响;③轮子与接触面间不发生与轴向平行的滑动,而只发生绕轮轴方向的滚动,且平台在二维平面内运动;④两个驱动轮具有相同的尺寸,且两个轴心连线同平台的前后运动方向相垂直。

在上述假设下,移动平台的位姿可由广义坐标向量 $q = [x_p, y_p, \theta]^T$ 表示,其中 (x_p, y_p) 为平台的参考点 P 在二维平面内的投影坐标,θ 为平台的航向角,即平台前进方向同坐标系 x 轴之间的夹角。在图3-4中,进一步假设两驱动轮之间的轴向距为 d,驱动轮半径为 r,轴向连线的中心点为 M,其坐标为 (x_M, y_M);参

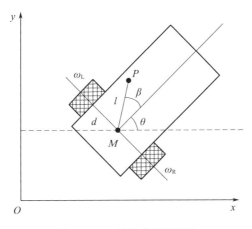

图 3 - 4　双轮差分驱动平台

考点 P 同 M 之间的距离为 l ，直线 PM 同平台中轴线之间的夹角为 β 。则根据图 3 - 4 可得

$$
\begin{cases}
x_P = x_M + l\cos(\theta + \beta) \\
y_P = y_M + l\cos(\theta + \beta)
\end{cases}
\tag{3 - 24}
$$

对上面两个方程的左右两端分别对时间 t 求导得

$$
\begin{cases}
\dot{x}_P = \dot{x}_M - l\dot{\theta}\sin(\theta + \beta) \\
\dot{y}_P = \dot{y}_M + l\dot{\theta}\cos(\theta + \beta)
\end{cases}
\tag{3 - 25}
$$

对于图 3 - 4 所示的移动平台模型，可将两个驱动轮简化为居于轴连线中点 M 处的单个驱动轮，根据 3.1.5 节所得结论，该虚拟单轮系统所受非完整约束为

$$
\dot{x}_M\sin\theta - \dot{y}_M\cos\theta = 0
\tag{3 - 26}
$$

结合式（3 - 25）和式（3 - 26）可得

$$
\dot{x}_P\sin\theta - \dot{y}_P\cos\theta + l\dot{\theta}\cos\beta = 0
\tag{3 - 27}
$$

即

$$
\begin{bmatrix} \sin\theta, & -\cos\theta, & l\cos\beta \end{bmatrix}
\begin{bmatrix} \dot{x}_P \\ \dot{y}_P \\ \dot{\theta} \end{bmatrix} = 0
\tag{3 - 28}
$$

该式即为利用参考点 P 的坐标和航向角作为广义坐标对系统进行描述下的、系

统所受的非完整运动约束方程。

设左、右两轮的旋转速度分别 W_L 和 W_R,则存在以下关系:

$$\begin{cases} \dot{x}_M = \dfrac{1}{2}(r\omega_L + r\omega_R)\cos\theta \\[2mm] \dot{y}_M = \dfrac{1}{2}(r\omega_L + r\omega_R)\sin\theta \\[2mm] \dot{\theta} = \dfrac{r\omega_R - r\omega_L}{d} \end{cases} \tag{3-29}$$

结合式(3-25)和式(3-29)可得

$$\begin{cases} \dot{x}_P = \left[\dfrac{r}{2}\cos\theta + \dfrac{rl}{d}\sin(\theta+\beta)\right]\omega_L + \left[\dfrac{r}{2}\cos\theta - \dfrac{rl}{d}\sin(\theta+\beta)\right]\omega_R \\[3mm] \dot{y}_P = \left[\dfrac{r}{2}\sin\theta - \dfrac{rl}{d}\cos(\theta+\beta)\right]\omega_L + \left[\dfrac{r}{2}\sin\theta + \dfrac{rl}{d}\cos(\theta+\beta)\right]\omega_R \\[3mm] \dot{\theta} = \dfrac{r}{d}\omega_R - \dfrac{r}{d}\omega_L \end{cases} \tag{3-30}$$

即

$$\begin{bmatrix} \dot{x}_P \\[2mm] \dot{y}_P \\[2mm] \dot{\theta} \end{bmatrix} = \begin{bmatrix} \dfrac{r}{2}\cos\theta + \dfrac{rl}{d}\sin(\theta+\beta) & \dfrac{r}{2}\cos\theta - \dfrac{rl}{d}\sin(\theta+\beta) \\[3mm] \dfrac{r}{2}\sin\theta - \dfrac{rl}{d}\cos(\theta+\beta) & \dfrac{r}{2}\sin\theta + \dfrac{rl}{d}\cos(\theta+\beta) \\[3mm] -\dfrac{r}{d} & \dfrac{r}{d} \end{bmatrix} \begin{bmatrix} \omega_L \\[2mm] \omega_R \end{bmatrix} \tag{3-31}$$

式(3-31)即为以 P 为参考点描述下的双轮差动移动平台运动模型,其所受的非完整约束方程式(3-28)。当 P 选择为点 M 时,平台的运动学模型和约束方程可分别简化为

$$\begin{bmatrix} \dot{x}_M \\[2mm] \dot{y}_M \\[2mm] \dot{\theta} \end{bmatrix} = \begin{bmatrix} \dfrac{r}{2}\cos\theta & \dfrac{r}{2}\cos\theta \\[3mm] \dfrac{r}{2}\sin\theta & \dfrac{r}{2}\sin\theta \\[3mm] -\dfrac{r}{d} & \dfrac{r}{d} \end{bmatrix} \begin{bmatrix} \omega_L \\[2mm] \omega_R \end{bmatrix} \tag{3-32}$$

和

$$\dot{x}_M\sin\theta - \dot{y}_M\cos\theta = 0 \tag{3-33}$$

由上述运动学模型不难看出,移动平台的广义坐标向量(也可理解为状态向量)有三个分量:x,y 和 θ,而平台的控制分量只有左、右两个驱动轮的旋转角速度 ω_L 和 ω_R,这是典型的非完整约束问题。平台在运动过程中,约束方程式(3 - 27)或式(3 - 33)始终满足,这就意味着平台运动的瞬时速度方向同平台朝向完全相同。平台方向的改变只能通过两个轮子之间的速度差值实现,而平台运动轨迹则由一系列绕瞬时圆心旋转的小段圆弧组成。该系统的可控性可借助类似于单轮系统的方式得以证明。

下面讨论转弯半径 R 的计算。根据式(3 - 29)可知,M 点的线速度和角速度分别为

$$v_M = \sqrt{\dot{x}_M + \dot{y}_M} = \frac{r}{2}(\omega_R + \omega_L) \qquad (3 - 34)$$

$$\omega_M = \dot{\theta} = \frac{r}{d}(\omega_R - \omega_L) \qquad (3 - 35)$$

因为 $v_M = \omega_M R$,可得平台 M 点处的转弯半径为

$$R = \frac{v_M}{\omega_M} = \frac{d}{2}\left|\frac{\omega_R + \omega_L}{\omega_R - \omega_L}\right| \qquad (3 - 36)$$

由式(3 - 36)可以看出:当 $\omega_L = \omega_R$ 时,旋转角速度 $\dot{\theta} = 0$,转弯半径为无穷大,平台做前后方向上的直线运动;当 $\omega_L = -\omega_R$ 时,转弯半径等于 0,平台围绕 M 点做原地旋转运动。转弯半径可以从 0 到无穷大变化,这是双轮独立驱动的一个显著特点。

3.2.2　导向驱动轮式平台

导向驱动轮式平台的运动是通过对导向轮和驱动轮进行组合控制来实现的。导向轮通常安置于平台前端,用以控制平台的运动方向。在实现方式上可以是车式的艾克曼导向机构,也可是具有独立控制的单轮或双轮转向机构。无论采用哪种方式,它们在原理上都是相通的,都可简化为处于前端中间位置的单轮导向方式,如图 3 - 5 中平台前侧中间的虚线轮所示。驱动轮用以产生平台运动所需的动力,既可以安置在平台后端,也可以安置在平台前端,使前端轮成为同时具有导向和驱动功能的复合轮。

图 3 - 5 所示为采用艾克曼导向机构的车式移动平台。前端两轮和后端两轮均可简化为处于相应轮轴向中点 F 和 M 处的单轮,前轮导向角可控,而后轮角度相对于车体固定,始终指向平台的前后方向。以 P 为参考点定义系统的广义坐标向量为 $\boldsymbol{q} = [x_P, y_P, \theta, \phi]^{\mathrm{T}}$,其中 (x_P, y_P) 为 P 点在固定参考坐标系下的坐

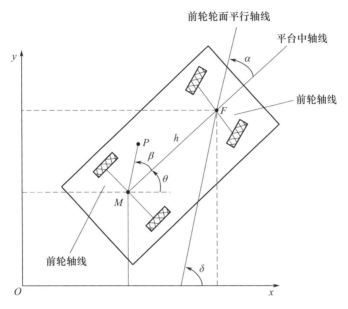

图 3-5 导向驱动平台广义坐标

标,θ 为平台航向同坐标系 x 轴之间的夹角,ϕ 为导向角。在图 3-5 中,两轴心 F 和 M 之间的距离为 h,F 的坐标为 (x_F, y_F),M 的坐标为 (x_M, y_M),P 和 M 之间的距离为 l,直线 PM 与平台中轴线之间的夹角为 β。

1)约束分析

由于轮子做无滑动的纯滚动运动,平台前轮和后轮所受约束可分别描述为

$$\dot{x}_F \sin(\theta + \phi) - \dot{y}_F \cos(\theta + \phi) = 0 \qquad (3-37)$$

$$\dot{x}_M \sin\theta - \dot{y}_M \cos\theta = 0 \qquad (3-38)$$

根据图 3-5 可得 F、M 和 P 三点之间的关系为

$$\begin{cases} x_F = x_P - l\cos(\theta + \beta) + h\cos\theta \\ y_F = y_P - l\sin(\theta + \beta) + h\sin\theta \end{cases} \qquad (3-39)$$

$$\begin{cases} x_M = x_P - l\cos(\theta + \beta) \\ y_M = y_P - l\sin(\theta + \beta) \end{cases} \qquad (3-40)$$

上述方程的左右两侧对时间求导,可得

$$\begin{cases} \dot{x}_F = \dot{x}_P + l\dot{\theta}\sin(\theta + \beta) - h\dot{\theta}\sin\theta \\ \dot{y}_F = \dot{y}_P - l\dot{\theta}\cos(\theta + \beta) + h\dot{\theta}\cos\theta \end{cases} \qquad (3-41)$$

$$\begin{cases} \dot{x}_M = \dot{x}_P - l\dot{\theta}\sin(\theta+\beta) \\[2mm] \dot{y}_M = \dot{y}_P - l\dot{\theta}\cos(\theta+\beta) \end{cases} \qquad (3-42)$$

将式(3-41)和式(3-42)分别代入式(3-37)和式(3-38),可得到用广义坐标向量表达的前轮约束和后轮约束,分别为

$$\dot{x}_P\sin(\theta+\phi) - \dot{y}_P\cos(\theta+\phi) + \dot{\theta}\left[l\cos(\beta-\phi) - h\cos\phi\right] = 0 \quad (3-43)$$

$$\dot{x}_P\sin\theta - \dot{y}_P\cos\theta + l\dot{\theta}\cos\beta = 0 \qquad (3-44)$$

可将式(3-43)和式(3-44)两个约束表达为 Pfaffin 约束矩阵形式:

$$\boldsymbol{J}(\boldsymbol{q})\,\dot{\boldsymbol{q}} = \begin{bmatrix} \sin(\theta+\phi) & -\cos(\theta+\phi) & l\cos(\beta-\phi) - h\cos\phi & 0 \\[2mm] \sin\theta & -\cos\theta & l\cos\beta & 0 \end{bmatrix} \begin{bmatrix} \dot{x}_P \\ \dot{y}_P \\ \dot{\theta} \\ \dot{\phi} \end{bmatrix} = 0$$

$$(3-45)$$

Pfaffin 约束矩阵 $\boldsymbol{J}(\boldsymbol{q})$ 的秩恒为 2。如果参考点选为 M,则该矩阵可简化为

$$\boldsymbol{J}(\boldsymbol{q}) = \begin{bmatrix} \sin(\theta+\phi) & -\cos(\theta+\phi) & -h\cos\phi & 0 \\[2mm] \sin\theta & -\cos\theta & 0 & 0 \end{bmatrix} \qquad (3-46)$$

平台采用前轮驱动和后轮驱动均受到相同的非完整运动约束,但其运动模型和运动特性略有差别。为此,下面分别针对这两种驱动方式进行介绍。

2)运动学模型

(1)后轮驱动

假设沿平台中轴线方向上的驱动速度为 v_d,导向轮的旋转角速度为 ω_g,则根据图 3-5 所示的几何关系,有下式成立:

$$\begin{cases} \dot{\theta} = \dfrac{v_d\tan\phi}{h} \\[4mm] \dot{\phi} = \omega_g \end{cases} \qquad (3-47)$$

由于采用后轮驱动,$\dot{x}_M$ 和 $\dot{y}_M$ 可确定为

$$\begin{cases} \dot{x}_M = v_d\cos\theta \\ \dot{y}_M = v_d\sin\theta \end{cases} \qquad (3-48)$$

根据式(3-42)和式(3-47)可得

$$\dot{x}_P = v_d\cos\theta - l\dot{\theta}\sin(\theta+\beta) = \left[\cos\theta - \frac{l}{h}\tan\phi\sin(\theta+\beta)\right]v_d \quad (3-49)$$

$$\dot{y}_P = v_d\sin\theta + l\dot{\theta}\cos(\theta+\beta) = \left[\sin\theta + \frac{l}{h}\tan\phi\sin(\theta+\beta)\right]v_d \quad (3-50)$$

因此,平台以任意点 P 为参考点的运动学模型可最终确定为

$$\begin{bmatrix} \dot{x}_P \\ \dot{y}_P \\ \dot{\theta} \\ \dot{\phi} \end{bmatrix} = \begin{bmatrix} \cos\theta - \dfrac{l}{h}\tan\phi\sin(\theta+\beta) \\ \sin\theta + \dfrac{l}{h}\tan\phi\cos(\theta+\beta) \\ \tan\phi/h \\ 0 \end{bmatrix} v_d + \begin{bmatrix} 0 \\ 0 \\ 0 \\ 1 \end{bmatrix}\omega_g \qquad (3-51)$$

如果参考点选为 M,则可简化为

$$\begin{bmatrix} \dot{x}_M \\ \dot{y}_M \\ \dot{\theta} \\ \dot{\phi} \end{bmatrix} = \begin{bmatrix} \cos\theta \\ \sin\theta \\ \tan\phi/h \\ 0 \end{bmatrix} v_d + \begin{bmatrix} 0 \\ 0 \\ 0 \\ 1 \end{bmatrix}\omega_g \qquad (3-52)$$

在上述模型中,v_d 和 ω_g 为系统输入的驱动速度和导向角速度。值得一提的是,在模型方程式(3-51)或式(3-52)中,如果 $\phi = \pm\pi/2$,则方程中的第一个矢量场不连续,从而成为系统的一组奇异点。此时,前轮轴线同平台中轴线互相垂直,导致平台运行出现"自我堵转"的现象。实际上,导向角速度通常会受到本身机械结构的限制,并且本身能够独立控制,因此这种奇异点对于系统的整体性能影响不大。

(2)前轮驱动

如果前轮同时具有导向和驱动两种控制输入,则驱动速度 v_d 的方向始终处于前轮的轮面平行轴线上(见图 3-5)。因此,平台的航向角速度 $\dot{\theta}$ 和导向角速度 $\dot{\phi}$ 可分别确定为

$$\begin{cases} \dot{\theta} = \dfrac{v_d \sin\phi}{h} \\[3mm] \dot{\phi} = \omega_g \end{cases} \qquad (3-53)$$

而 $\dot{x}_M$ 和 $\dot{y}_M$ 可计算为

$$\begin{cases} \dot{x}_M = v_d \cos\phi\cos\theta \\[2mm] \dot{y}_M = v_d \cos\phi\sin\theta \end{cases} \qquad (3-54)$$

据此可计算出 P 点的各速度分量分别为

$$\dot{x}_P = v_d \cos\phi\cos\theta - l\dot{\theta}\sin(\theta+\beta) = \left[\cos\phi\cos\theta - \frac{l}{h}\sin\phi\sin(\theta+\beta) \right] v_d \quad (3-55)$$

$$\dot{y}_P = v_d \cos\phi\sin\theta + l\dot{\theta}\cos(\theta+\beta) = \left[\cos\phi\sin\theta + \frac{l}{h}\sin\phi\cos(\theta+\beta) \right] v_d \quad (3-56)$$

结合式(3-53)、式(3-55)和式(3-56),可得出系统以 P 为参考点的运动学模型为

$$\begin{bmatrix} \dot{x}_P \\ \dot{y}_P \\ \dot{\theta} \\ \dot{\phi} \end{bmatrix} = \begin{bmatrix} \cos\phi\cos\theta - \dfrac{l}{h}\sin\phi\sin(\theta+\beta) \\ \cos\phi\sin\theta + \dfrac{l}{h}\sin\phi\cos(\theta+\beta) \\ \sin\phi/h \\ 0 \end{bmatrix} v_d + \begin{bmatrix} 0 \\ 0 \\ 0 \\ 1 \end{bmatrix} \omega_g \qquad (3-57)$$

若选 M 点为参考点,上述模型可简化为

$$\begin{bmatrix} \dot{x}_M \\ \dot{y}_M \\ \dot{\theta} \\ \dot{\phi} \end{bmatrix} = \begin{bmatrix} \cos\phi\cos\theta \\ \cos\phi\sin\theta \\ \sin\phi/h \\ 0 \end{bmatrix} v_d + \begin{bmatrix} 0 \\ 0 \\ 0 \\ 1 \end{bmatrix} \omega_g \qquad (3-58)$$

由上述模型可以看出,后轮驱动中所出现的奇异点在前轮驱动方式中不复存在。实际上,当 $\phi = \pm\pi/2$ 时,M 点各速度分量为 0,平台将以该点为中心进行原地旋转操作。

若以 F 点为参考点,并对相关变量作适当变换,可对系统运动模型的物理意义有更直观的理解。令 $\delta = \theta + \phi$ 为导向轮相应于坐标系 x 轴的绝对导向角度(见图 3-5),选择系统的广义坐标向量为 $q = [x_F, y_F, \delta, \theta]^T$,并对输入控制变量

作如下变换：

$$\begin{cases} \omega_1 = v_d \\ \omega_2 = \dfrac{1}{h}\sin(\delta - \theta) + \omega_g \end{cases} \tag{3-59}$$

利用式(3-57)可得出系统在此种描述下的运动学方程为

$$\begin{bmatrix} \dot{x}_F \\ \dot{y}_F \\ \dot{\delta} \\ \dot{\theta} \end{bmatrix} = \begin{bmatrix} \cos\delta \\ \sin\delta \\ 0 \\ \sin(\delta - \theta)/h \end{bmatrix} \omega_1 + \begin{bmatrix} 0 \\ 0 \\ 1 \\ 0 \end{bmatrix} \omega_2 \tag{3-60}$$

不难看出，上述运动学模型中的前三个方程同第 3.1.5 节介绍的单轮系统的运动学方程式(3-22)完全相同。实际上，上述模型为单轮后挂一个拖车的运动学模型，而控制量 ω_2 则为系统相应于 x 轴的绝对导向速度。

3）可控性分析

不失一般性，以后轮驱动方式的运动学方程式(3-52)为例对导向驱动平台的可控性进行分析。该方程可改写为

$$\dot{q} = \dot{q}_1(q)v_d + \dot{q}_2(q)\omega_g \quad \dot{q}_1(q) = \begin{bmatrix} \cos\theta \\ \sin\theta \\ \tan\phi/h \\ 0 \end{bmatrix} \quad \dot{q}_2(q) = \begin{bmatrix} 0 \\ 0 \\ 0 \\ 1 \end{bmatrix} \tag{3-61}$$

上述系统为无漂移非线性系统（输入为 0 的情况下，系统无运动），且控制输入量的个数少于系统维数。计算两个李括号可得

$$\left[\dot{q}_1(q), \dot{q}_2(q) \right] = \begin{bmatrix} 0 \\ 0 \\ -\dfrac{1}{h\cos^2\phi} \\ 0 \end{bmatrix}, \quad \left[\dot{q}_1(q), \left[\dot{q}_1(q), \dot{q}_2(q) \right] \right] = \begin{bmatrix} -\dfrac{\sin\theta}{h\cos^2\phi} \\ -\dfrac{\cos\theta}{h\cos^2\phi} \\ 0 \\ 0 \end{bmatrix}$$

$$\tag{3-62}$$

显然，当 $\phi \neq \pm 90°$ 时，有

$$\text{rank}\left\{ \dot{q}_1(q), \dot{q}_2(q), \left[\dot{q}_1(q), \dot{q}_2(q) \right]; \left[\dot{q}_1(q), \left[\dot{q}_1(q), \dot{q}_2(q) \right] \right] \right\} = 4 \tag{3-63}$$

故系统在这种情况下是可控的。$\phi = \pm 90°$为系统奇异点,由于导向角由输入量 ω_g 直接控制,可以很方便地控制其脱离奇异点范围,因此系统实际上是处处可控的。

4)转弯半径的计算

在后轮驱动中,M点的线速度和角速度分别为 $v_M = v_d$ 和 $\omega_M = \dot{\theta} = v_d \tan\phi/h$;在前轮驱动中,$M$点的线速度和角速度分别为 $v_M = v_d\cos\phi$ 和 $\omega_M = v_d\sin\phi/h$。根据 $v_M = R\omega_M$,可得上述两种驱动方式下的平台转弯半径均为

$$R = h/\tan\phi \tag{3-64}$$

当 $\phi = 0$ 时,转弯半径无穷大,平台沿直线行驶;当 $\phi = \pm 90°$ 时,转弯半径为 0,理论上平台将围绕 M 点做原地旋转操作。实际上,很多导向机构的导向角度范围通常都受到诸如机械结构等因素的限制,不可能达到甚至接近于 90°,如艾曼克机构等;并且对于后轮驱动而言,$\phi = \pm 90°$ 为系统奇异点,平台不可能实现原地旋转。实际的导向驱动轮式平台的转弯半径通常都大于某个值,而最小转弯半径则取决于平台的机械结构限制和驱动方式。

3.2.3　全方位轮式平台

本节以图 3-6 所示的采用四个麦克纳姆轮作为驱动结构的移动平台为例,对全方位轮式平台的运动机理进行分析。图中四个轮子中间的斜线表示辊子轴线方向。在对平台运动进行分析之前,首先根据实际应用作如下假设:①忽略辊子的悬浮运动和变形;②平台在平坦表面上运行,可以忽略地面的不规则情况;③轮子和地面之间点对点的滚动摩擦力足够小,以使车轮能够在滚动的同时进行滑动运动。

首先不考虑固定参考坐标系,仅对平台运动与四个轮子运动之间的关系进行分析。在图 3-6 中,$W_i (i = 1,2,3,4)$ 表示四个麦克纳姆轮,M 为机器人的中心点,C_i 为第 i 个轮同地面之间的接触点。$\boldsymbol{v}_R = [v_{Rx}, v_{Ry}, \omega_R]^T$ 为平台运动向量,其中 v_{Rx} 平台的横向滑行速度,v_{Ry} 为平台的纵向行驶速度,ω_R 为平台绕中心点的旋转角速度,$\boldsymbol{\omega}_i = [\omega_{bi}, \omega_{ri}, \omega_{zi}]^T$ 为轮子 W_i 的角速度矢量,其中 ω_{bi} 为轮子绕其轴线的旋转角速度,ω_{ri} 为辊子绕其轴线的旋转角速度,ω_{ci} 为轮子绕接触点 C_i 处的地面垂直线的旋转角速度。设每个轮子的辊轴同轮轴之间的夹角均为 γ,每个轮子同平台中心点的纵向距离和横向距离 l_b 分别为 l_a,四个轮子的轮半径和辊子半径都相同,分别设为 R 和 r。

由于轮子与平台之间采用刚性连接,轮子 W_1 的各运动分量与平台各运动分量之间有如下关系:

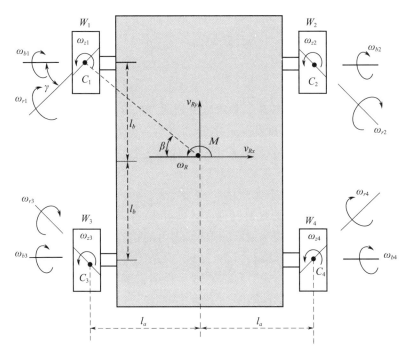

图 3 - 6　四个麦克纳姆轮移动平台运动分析

$$\begin{cases} v_{Rx} = r\omega_{r1}\sin\gamma + \sqrt{l_a^2 + l_b^2}\,\omega_{z1}\sin\beta = r\omega_{r1}\sin\gamma + l_b\omega_{z1} \\ v_{Ry} = R\omega_{b1} - r\omega_{r1}\cos\gamma - \sqrt{l_a^2 + l_b^2}\,\omega_{z1}\cos\beta = R\omega_{b1} - r\omega_{r1}\cos\gamma - l_a\omega_{z1} \\ \omega_R = \omega_{z1} \end{cases} \quad (3-65)$$

式(3 - 65)可改写为

$$\boldsymbol{v}_R = \begin{bmatrix} v_{Rx} \\ v_{Ry} \\ \omega_R \end{bmatrix} = \begin{bmatrix} 0 & r\sin\gamma & l_b \\ R & -r\cos\gamma & -l_a \\ 0 & 0 & 1 \end{bmatrix} \begin{bmatrix} \omega_{b1} \\ \omega_{r1} \\ \omega_{z1} \end{bmatrix} = \boldsymbol{J}_1\boldsymbol{\omega}_1 \quad (3-66)$$

式中:$\boldsymbol{J}_1$ 为轮 W_1 的雅可比矩阵。

同理,可得到平台运动分量与其他各轮运动分量之间的关系,即

$$\boldsymbol{v}_R = \begin{bmatrix} v_{Rx} \\ v_{Ry} \\ \omega_R \end{bmatrix} = \begin{bmatrix} 0 & -r\sin\gamma & l_b \\ R & -r\cos\gamma & l_a \\ 0 & 0 & 1 \end{bmatrix} \begin{bmatrix} \omega_{b2} \\ \omega_{r2} \\ \omega_{z2} \end{bmatrix} = \boldsymbol{J}_2\boldsymbol{\omega}_2 \quad (3-67)$$

$$\boldsymbol{v}_R = \begin{bmatrix} v_{Rx} \\ v_{Ry} \\ \omega_R \end{bmatrix} = \begin{bmatrix} 0 & -r\sin\gamma & -l_b \\ R & -r\cos\gamma & -l_a \\ 0 & 0 & 1 \end{bmatrix} \begin{bmatrix} \omega_{b3} \\ \omega_{r3} \\ \omega_{z3} \end{bmatrix} = \boldsymbol{J}_3\boldsymbol{\omega}_3 \qquad (3-68)$$

$$\boldsymbol{v}_R = \begin{bmatrix} v_{Rx} \\ v_{Ry} \\ \omega_R \end{bmatrix} = \begin{bmatrix} 0 & r\sin\gamma & -l_b \\ R & -r\cos\gamma & l_a \\ 0 & 0 & 1 \end{bmatrix} \begin{bmatrix} \omega_{b4} \\ \omega_{r4} \\ \omega_{z4} \end{bmatrix} = \boldsymbol{J}_4\boldsymbol{\omega}_4 \qquad (3-69)$$

式中:$\boldsymbol{J}_2$、$\boldsymbol{J}_3$ 和 $\boldsymbol{J}_4$ 分别为轮 W_2、W_3 和 W_4 的雅可比矩阵。

将上述四式组合,可得出平台的复合运动模型为

$$\begin{bmatrix} \boldsymbol{v}_R \\ \boldsymbol{v}_R \\ \boldsymbol{v}_R \\ \boldsymbol{v}_R \end{bmatrix} = \begin{bmatrix} \boldsymbol{J}_1 & & & \\ & \boldsymbol{J}_2 & & \\ & & \boldsymbol{J}_3 & \\ & & & \boldsymbol{J}_4 \end{bmatrix} \begin{bmatrix} \boldsymbol{\omega}_1 \\ \boldsymbol{\omega}_2 \\ \boldsymbol{\omega}_3 \\ \boldsymbol{\omega}_4 \end{bmatrix} \qquad (3-70)$$

由上式可以看出,平台的运行状态取决于四个轮的各个运动分量:ω_{bi}、ω_{ri} 和 ω_{zi} ($1 \leq i \leq 4$)。然而,实际上每个轮子只有一个外部控制输入量 ω_{bi},其他两个分量都是由该控制输入量所产生的从属运动。为了得到能够直观描述平台运动与控制输入量之间关系的系统运动模型,需要将上述模型进行简化。

由于 $\omega_R = \omega_{z1} = \omega_{z2} = \omega_{z3} = \omega_{z4}$,将式(3-66)和式(3-67)~式(3-69)中的第一个方程左右两端对应相减,依次可得出

$$\omega_{r1} + \omega_{r2} = 0, \omega_{r3} + \omega_{r4} = 0 \qquad (3-71)$$

将四组方程中的第二式左右对应相加,可得

$$v_{Ry} = \frac{R}{4}(\omega_{b1} + \omega_{b2} + \omega_{b3} + \omega_{b4}) - \frac{r\cos\gamma}{4}(\omega_{r1} + \omega_{r2} + \omega_{r3} + \omega_{r4})$$

$$= \frac{R}{4}(\omega_{b1} + \omega_{b2} + \omega_{b3} + \omega_{b4}) \qquad (3-72)$$

将式(3-66)和式(3-68)、式(3-67)和式(3-69)中的第二式分别对应相减,并将所得两个方程的左右两端再次对应相减,可得

$$(\omega_{r1} - \omega_{r2} - \omega_{r3} + \omega_{r4}) = \frac{R}{r\cos\gamma}(\omega_{b1} - \omega_{b2} - \omega_{b3} + \omega_{b4}) \qquad (3-73)$$

将四个方程组中的第一个方程左右两端对应相加,可得

$$v_{Rx} = \frac{1}{4}r\sin\gamma(\omega_{r1} - \omega_{r2} - \omega_{r3} + \omega_{r4}) = \frac{R\tan\gamma}{4}(\omega_{b1} - \omega_{b2} - \omega_{b3} + \omega_{b4}) \qquad (3-74)$$

将式(3-72)和式(3-74)代入式(3-65),可求出

$$\omega_R = \frac{R\tan\gamma}{4(l_a+l_b)}(-\omega_{b1}+\omega_{b2}-\omega_{b3}+\omega_{b4}) \qquad (3-75)$$

联立式(3-72)、式(3-74)和式(3-75),可得出平台运行向量与外部输入控制量之间的关系为

$$\boldsymbol{v}_R = \begin{bmatrix} v_{Rx} \\ v_{Ry} \\ \omega_R \end{bmatrix} = \begin{bmatrix} \dfrac{R\tan\gamma}{4} & -\dfrac{R\tan\gamma}{4} & -\dfrac{R\tan\gamma}{4} & \dfrac{R\tan\gamma}{4} \\[2mm] \dfrac{R}{4} & \dfrac{R}{4} & \dfrac{R}{4} & \dfrac{R}{4} \\[2mm] -\dfrac{R\tan\gamma}{4(l_a+l_b)} & \dfrac{R\tan\gamma}{4(l_a+l_b)} & -\dfrac{R\tan\gamma}{4(l_a+l_b)} & \dfrac{R\tan\gamma}{4(l_a+l_b)} \end{bmatrix} \begin{bmatrix} \omega_{b1} \\ \omega_{b2} \\ \omega_{b3} \\ \omega_{b4} \end{bmatrix} = \boldsymbol{J}_b \boldsymbol{\omega}_b$$

$$(3-76)$$

由运动学模型方程式(3-76)可以看出:系统控制输入量为4个,而被控量只有3个,且矩阵 $\boldsymbol{J}_b$ 的秩为3,因此该系统不受非完整约束,且完全可控。通过四个控制量之间的配合,平台不但可以进行原地旋转操作,而且可以在保持姿态的情况下沿任意方向进行平移。例如:

① 当 $\omega_{b1}=\omega_{b2}=\omega_{b3}=\omega_{b4}$ 时,$v_{Ry}\neq0$,$v_{Rx}=\omega_R=0$,平台纵向平移;

② 当 $\omega_{b1}=-\omega_{b2}=-\omega_{b3}=\omega_{b4}$ 时,$v_{Rx}\neq0$,$v_{Ry}=\omega_R=0$,平台横向平移;

③ 当 $-\omega_{b1}=\omega_{b2}=-\omega_{b3}=\omega_{b4}$ 时,$\omega_R\neq0$,$v_{Rx}=v_{Ry}=0$,平台绕中心点原地旋转;

④ 当 $\omega_{b1}+\omega_{b3}=\omega_{b2}+\omega_{b4}=\omega$ 时,且 $\omega_{b1}-\omega_{b2}=\omega_{b4}-\omega_{b3}=\delta\neq0$ 时,$\omega_R=0$,$v_{Rx}\neq0$,$v_{Ry}\neq0$,平台将沿与其纵向成 $\beta=\arctan[\omega/(\delta\tan\gamma)]$ 角的方向做纯平移运动。

设平台处于固定坐标系 xOy 中,如图3-7所示。以平台中心点 M 作为参考点描述其在坐标系下的运动,定义广义坐标向量 $\boldsymbol{q}=[x_M,y_M,\theta]^{\mathrm{T}}$,其中 (x_M,y_M) 为 M 点在固定参考坐标系下的坐标,θ 为平台纵向同坐标系 x 轴之间的夹角。根据图3-7可得

$$\begin{cases} \dot{x}_M = v_{Rx}\sin\theta + v_{Ry}\cos\theta \\[1mm] \dot{y}_M = -v_{Rx}\cos\theta + v_{Ry}\sin\theta \\[1mm] \dot{\theta} = \omega_R \end{cases} \qquad (3-77)$$

结合式(3-76),可得平台在该坐标系下的运动学模型为

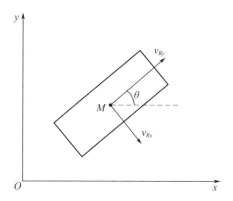

图 3 – 7　广义坐标定义

$$\dot{\boldsymbol{q}} = \begin{bmatrix} \dot{x}_M \\ \dot{y}_M \\ \dot{\theta} \end{bmatrix} = \begin{bmatrix} \sin\theta & \cos\theta & 0 \\ -\cos\theta & \sin\theta & 0 \\ 0 & 0 & 1 \end{bmatrix} \boldsymbol{J}_b \boldsymbol{\omega}_b = \boldsymbol{J}_{Ob} \boldsymbol{\omega}_b \qquad (3-78)$$

3.3　移动平台动力学模型

3.3.1　双轮差动移动平台

以两驱动轮轴间连线中点 M 为参考点建立双轮差分平台的广义坐标向量 $\boldsymbol{q}_M = [x_M, y_M, \theta]^\mathrm{T}$，其中 (x_M, y_M) 为 M 在二维平面内的投影坐标，θ 为平台的航向角。平台的动力学模型用以描述广义坐标向量的微分和二次微分，即广义速度和广义加速度与平台输入力矩之间的关系。

利用拉格朗日方程求解平台的动力学模型。系统的拉格朗日函数定义为系统的动能 D 和位能 W 的差值，即

$$L = D - W \qquad (3-79)$$

而系统的动力学方程可以确定为

$$\frac{\mathrm{d}}{\mathrm{d}_t} \frac{\partial L}{\partial \dot{\boldsymbol{q}}_M} - \frac{\partial L}{\partial \boldsymbol{q}_M} = \boldsymbol{F}_M \qquad (3-80)$$

其中，$\boldsymbol{q}_M$ 和 $\dot{\boldsymbol{q}}_M$ 分别为系统的广义坐标和广义速度向量，$\boldsymbol{F}_M$ 为相应于点 M 的广义等效力向量。

考虑双轮差动移动平台所受到的非完整运动约束

$$A_M{}^{\mathrm{T}}(\boldsymbol{q}_M)\,\dot{\boldsymbol{q}}_M = [\sin\theta, -\cos\theta, 0]\begin{bmatrix} \ddot{x}_M \\ \dot{y}_M \\ \dot{\theta} \end{bmatrix} = 0 \qquad (3-81)$$

其中拉格朗日方程改写为

$$\frac{\mathrm{d}}{\mathrm{d}_t}\frac{\partial L}{\partial \dot{\boldsymbol{q}}_M} - \frac{\partial L}{\partial \boldsymbol{q}_M} = \boldsymbol{F}_M + \boldsymbol{A}_M(\boldsymbol{q}_M)\lambda \qquad (3-82)$$

式中: $\boldsymbol{A}_M(\boldsymbol{q}_M)$ 为约束力矩阵; λ 为附加的约束力,其作用是限制驱动轮不发生侧滑运动。

由于机器人在平台上运行,势能 W 保持不变,记为常数 C。忽略轮子的转动惯量,结合式(3-25),平台的拉格朗日函数可以确定为

$$L = D - W = \frac{1}{2}m\dot{x}_M^2 + \frac{1}{2}m\dot{y}_M^2 + \frac{1}{2}I_M\dot{\theta}^2 - C \qquad (3-83)$$

式中: m 为平台质量; I_M 为平台相应于 M 点的转动惯量。

系统 M 点处的广义等效力向量为

$$\boldsymbol{F}_M = \begin{bmatrix} f_{Mr} \\ f_{My} \\ f_{M\theta} \end{bmatrix} = \frac{1}{r}\begin{bmatrix} \cos\theta & \cos\theta \\ \sin\theta & \sin\theta \\ -d/2 & d/2 \end{bmatrix}\begin{bmatrix} T_{\mathrm{L}} \\ T_{\mathrm{R}} \end{bmatrix} \qquad (3-84)$$

式中: r 为驱动半径; T_{L} 和 T_{R} 分别为左右两轮的驱动力矩。

根据式(3-82)可计算出系统的动力学模型方程为

$$\begin{cases} m\ddot{x}_M = \dfrac{T_{\mathrm{L}} + T_{\mathrm{R}}}{r}\cos\theta + \lambda\sin\theta \\[2mm] m\ddot{y}_M = \dfrac{T_{\mathrm{L}} + T_{\mathrm{R}}}{r}\sin\theta - \lambda\cos\theta \\[2mm] I_M\ddot{\theta} = \dfrac{(T_{\mathrm{R}} - T_{\mathrm{L}})d}{2r} \end{cases} \qquad (3-85)$$

由式(3-85)中的前两个方程可得

$$\lambda = m\ddot{x}_M\sin\theta - m\ddot{y}_M\cos\theta \qquad (3-86)$$

同时,根据约束方程式(3-81)可得

$$m\ddot{x}_M\sin\theta - m\ddot{y}_M\cos\theta = -m\dot{x}_M\dot{\theta}\cos\theta - m\dot{y}_M\dot{\theta}\sin\theta \qquad (3-87)$$

结合式(3-86)和式(3-87)可得出约束力为

$$\lambda = -m\left(\dot{x}_M\cos\theta + \dot{y}_M\sin\theta\right)\dot{\theta} \tag{3-88}$$

式(3-85)可以整理为

$$\boldsymbol{M}_M(\boldsymbol{q}_M)\ddot{\boldsymbol{q}}_M = \boldsymbol{B}_M(\boldsymbol{q}_M)\boldsymbol{T} + \boldsymbol{A}_M(\boldsymbol{q}_M)\lambda \tag{3-89}$$

式中：$\boldsymbol{M}_M(\boldsymbol{q}_M) = \begin{bmatrix} m & 0 & 0 \\ 0 & m & 0 \\ 0 & 0 & I_M \end{bmatrix}$，为 3×3 的系统惯性矩阵；$\boldsymbol{B}_M(\boldsymbol{q}_M) =$

$\dfrac{1}{r}\begin{bmatrix} \cos\theta & \cos\theta \\ \sin\theta & \sin\theta \\ -d/2 & d/2 \end{bmatrix}$，为输入力矩转换矩阵；$\boldsymbol{T} = \begin{bmatrix} T_L \\ T_R \end{bmatrix}$，为输入力矩向量。式(3-89)

即为以 M 为参考点的双轮差分驱动平台的动力学模型。

　　1）以任意点 P 为参考点的动力学模型

　　以二维平面内的任意一点 P 为参考点定义双轮差分平台的广义坐标向量为 $\boldsymbol{q}_P = \begin{bmatrix} x_P & y_P & \theta \end{bmatrix}^{\mathrm{T}}$，其中 $(x_P \quad y_P)$ 为平台参考点 P 在二维平面内的投影坐标。点 P 和点 M 之间的位置和速度关系分别为式(3-24)和式(3-25)。此时，平台所受的非完整约束方程为

$$\boldsymbol{A}_P^{\mathrm{T}}(\boldsymbol{q}_P\,\dot{\boldsymbol{q}}_P = \begin{bmatrix} \sin\theta & -\cos\theta & l\cos\beta \end{bmatrix}\begin{bmatrix} \dot{x}_P \\ \dot{y}_P \\ \dot{\theta} \end{bmatrix} = 0 \tag{3-90}$$

将式(3-25)中的两个方程的左右两端分别对时间 t 求导，可得

$$\begin{cases} \ddot{x}_M = \ddot{x}_P + l\ddot{\theta}^2\sin(\theta+\beta) + l\dot{\theta}^2\cos(\theta+\beta) \\ \ddot{y}_M = \ddot{y}_P - l\ddot{\theta}^2\cos(\theta+\beta) + l\dot{\theta}^2\sin(\theta+\beta) \end{cases} \tag{3-91}$$

将上式代入式(3-85)可得

$$\begin{cases} m\ddot{x}_P + ml\ddot{\theta}\sin(\theta+\beta) + ml\dot{\theta}^2\cos(\theta+\beta) = \dfrac{T_L + T_R}{r}\cos\theta + \lambda\sin\theta \\ m\ddot{y}_P - ml\ddot{\theta}\cos(\theta+\beta) + ml\dot{\theta}^2\sin(\theta+\beta) = \dfrac{T_L + T_R}{r}\sin\theta - \lambda\cos\theta \end{cases} \tag{3-92}$$

将上式第一个方程的左右两端同时乘以 $l\sin(\theta+\beta)$，第二个方程的左右两端同时乘以 $l\cos(\theta+\beta)$，并将所得结果左右对应相减，可得

$$ml\sin(\theta+\beta)\ddot{x}_P - ml\cos(\theta+\beta)\ddot{y}_P = \dfrac{T_L + T_R}{r}l\sin\beta + \lambda l\cos\beta \tag{3-93}$$

由于 $I_M\ddot{\theta}=\dfrac{(T_R-T_L)d}{2r}$，上式等价于

$$ml\sin(\theta+\beta)\ddot{x}_P-ml\cos(\theta+\beta)\ddot{y}_P+(ml^2+I_M)\ddot{\theta}$$
$$=\frac{d+2l\sin\beta}{2r}T_R-\frac{d-2l\sin\beta}{2r}T_L+\lambda l\cos\beta \qquad (3-94)$$

结合式(3-92)和式(3-94)，并考虑到非完整约束方程式(3-90)，平台以任意点 P 为参考点的动力学模型可以整理为如下形式：

$$\boldsymbol{M}_P(\boldsymbol{q}_P)\ddot{\boldsymbol{q}}_P+\boldsymbol{V}_P(\boldsymbol{q}_P,\dot{\boldsymbol{q}}_P)=\boldsymbol{B}_P(\boldsymbol{q}_P)\boldsymbol{T}+\boldsymbol{A}_P(\boldsymbol{q}_P)\lambda \qquad (3-95)$$

其中，$\boldsymbol{M}_P(\boldsymbol{q}_P)=\begin{bmatrix} m & 0 & ml\sin(\theta+\beta) \\ 0 & m & ml\cos(\theta+\beta) \\ ml\sin(\theta+\beta) & -ml\sin(\theta+\beta) & I_M+ml^2 \end{bmatrix}$，为 3×3 的系

统惯性矩阵；$\boldsymbol{V}_P(\boldsymbol{q}_P,\dot{\boldsymbol{q}}_P)=\begin{bmatrix} ml\dot{\theta}^2\cos(\theta+\beta) \\ ml\dot{\theta}^2\sin(\theta+\beta) \\ 0 \end{bmatrix}$，是系统所受到的与位置和速度相

关的向心力和哥氏力；$\boldsymbol{B}_P(\boldsymbol{q}_P)=\dfrac{1}{r}\begin{bmatrix} \cos\theta & \cos\theta \\ \sin\theta & \sin\theta \\ -d/2+l\sin\beta & d/2+l\sin\beta \end{bmatrix}$，是输入力矩转

换矩阵；$\boldsymbol{T}=\begin{bmatrix} T_L \\ T_R \end{bmatrix}$，为输入力矩向量。

根据式(3-92)可以确定出系统所受约束力 λ，将两个方程分别乘以 $\sin\theta$ 和 $\cos\theta$，并将二者左右对应相减，可得

$$\lambda=m\ddot{x}_P\sin\theta-m\ddot{y}_P\cos\theta+ml\ddot{\theta}\cos\beta-ml\dot{\theta}^2\sin\beta \qquad (3-96)$$

同时，根据约束方程式(3-90)可得

$$m\ddot{x}_P\sin\theta-m\ddot{y}_P\cos\theta+ml\ddot{\theta}\cos\beta=-m\dot{x}_P\dot{\theta}\cos\theta-m\dot{y}_P\dot{\theta}\sin\theta \qquad (3-97)$$

于是

$$\lambda=-m(\dot{x}_P\cos\theta+\dot{y}_P\sin\theta+l\dot{\theta}\sin\theta) \qquad (3-98)$$

2）以驱动轮角速度描述的动力学模型

根据平台的运动学方程式(3-32)，可将上述基于广义坐标向量的平台动力学模型转换为基于驱动轮角速度的动力学模型。为此，令

$$\dot{\boldsymbol{q}}_M = \boldsymbol{S}_M(\boldsymbol{q}_M)\boldsymbol{\omega} \tag{3-99}$$

其中

$$\boldsymbol{S}_M(\boldsymbol{q}_M) = \begin{bmatrix} \dfrac{r}{2}\cos\theta & \dfrac{r}{2}\cos\theta \\[2mm] \dfrac{r}{2}\sin\theta & \dfrac{r}{2}\sin\theta \\[2mm] -\dfrac{r}{d} & \dfrac{r}{d} \end{bmatrix}$$

为 3×2 转换矩阵,由于 $\det(\boldsymbol{S}^{\mathrm{T}}(\boldsymbol{q}_M)\boldsymbol{S}(\boldsymbol{q}_M))\neq0$,所以该矩阵的秩为 2。$\boldsymbol{\omega} = \begin{bmatrix} \omega_L \\ \omega_R \end{bmatrix}$,为由左右两轮的旋转角速度所构建成的速度矢量。

将方程式(3-89)的左右两边同时左乘 $\boldsymbol{S}_M^{\mathrm{T}}(\boldsymbol{q}_M)$,并考虑到 $\boldsymbol{S}_M^{\mathrm{T}}(\boldsymbol{q}_M)\boldsymbol{A}_M(\boldsymbol{q}_M) = 0$ 可得

$$\boldsymbol{S}_M^{\mathrm{T}}(\boldsymbol{q}_M)\boldsymbol{M}_M(\boldsymbol{q}_M)\ddot{\boldsymbol{q}}_M = \boldsymbol{S}_M^{\mathrm{T}}(\boldsymbol{q}_M)\boldsymbol{B}_M(\boldsymbol{q}_M)\boldsymbol{T} \tag{3-100}$$

将式(3-99)的左右两端对时间 t 进行微分,得

$$\ddot{\boldsymbol{q}}_M = \left\{\frac{\partial}{\partial\boldsymbol{q}_M}\big[\boldsymbol{S}_M(\boldsymbol{q}_M)\boldsymbol{\omega}\big]\right\}\boldsymbol{S}_M(\boldsymbol{q}_M)\boldsymbol{\omega} + \boldsymbol{S}_M(\boldsymbol{q}_M)\dot{\boldsymbol{\omega}} \tag{3-101}$$

将式(3-101)代入式(3-100),可得到以两驱动轮的角速度描述的平台动力学模型:

$$\overline{\boldsymbol{M}}(\boldsymbol{q}_M)\dot{\boldsymbol{\omega}} + \overline{\boldsymbol{V}}(\boldsymbol{q}_M,\boldsymbol{\omega}) = \overline{\boldsymbol{B}}(\boldsymbol{q}_M)\boldsymbol{T} \tag{3-102}$$

对于双轮差分平台的上述三种动力学模型描述,在根本上是一致的,都可用于平台的运动轨迹及动态性能控制。同时,上述动力学方程的推导方法也适用于导向驱动轮式平台:通过定义相应的拉格朗日函数,并结合相关的运动约束方程,按照上述思路可以非常方便地确定出该类平台的动力学模型。

3.3.2　履带式移动平台

如图 3-8 所示,假设履带式移动平台运行在水平面上,此时可以将其运动的任何一个瞬间视为绕某点 A 的转动,点 A 称为平台运动的瞬时转动中心,简称瞬心。当机器人做直线运动时,可以认为其瞬心位于无穷远处。图中 L 为履带与地面接触段的长度,O_R 为平台几何中心,R 为点 O_R 的瞬时转弯半径,R 为点 O_R 的瞬时转弯半径,V_h 和 V_w 分别为平台的纵向前进速度和横向滑移速度,ω 为

平台的旋转角速度。定义平台的广义坐标向量为 $\boldsymbol{q} = \begin{bmatrix} x & y & \theta \end{bmatrix}^{\mathrm{T}}$,其中 x 和 y 表示平台几何中心点 O_R 在世界坐标系 xOy 中的坐标值,θ 表示平台纵向轴线同世界坐标系 y 轴之间的夹角。设平台质量为 m,相应于 O_R 点的转动惯量为 I。本节采用受力平衡阀确定平台的动力学模型。

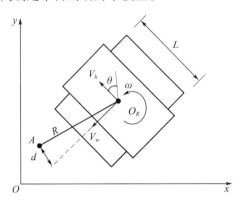

图 3 - 8　履带式移动平台运动示意图

（1）平台受力分析

履带式平台在运动过程中受到的力主要有重力和作用于两侧履带的地面反力 N_i 和 N_o。在车体平行平面内,作用在纵向上的力有行驶阻力 F_f、外侧驱动力 F_i 和惯性力分量 F_{ah};作用在横向上的有转向阻力 F_f 和惯性力分量 F_{aw}。内侧履带的地面法向反力 N_i 由 3 个分量 N_{i1}、N_{i2} 和 N_{i3} 组成,分别对应于在重力 G、F_{ah} 和 F_{aw} 的作用下,距离重心位置纵向距离为 X 的单位法向反力。令 L 为履带接地段长度,B 为内外两侧履带之间的距离,H 为履带卷绕轴心距离地面的高度。假设平台重量沿履带接地段均匀分布,于是有 $N_{i1} = G/2L$。惯性力 F_{ah} 使履带接地段前部法向负荷减小,后部法向负荷增加,呈三角形分布 $N_{i2}(x) = -3F_{aw}Hx/2L^3$（位于重心前面 X 为正,后面为负）。惯性力 F_{aw} 使内侧履带法向负荷减小,外侧履带法向负荷增加,有 $N_{i3}(x) = -F_{aw}H/BL$,$N_{o3}(x) = F_{aw}H/BL$。于是,内侧履带距离重心的纵向距为 X 点处的单位地面法向反力可以确定为

$$N_i(x) = N_{i1}(x) + N_{i2}(x) + N_{i3}(x) = G/2L - 3F_{ab}Hx/2L^3 - F_{aw}H/BL \quad (3-103)$$

同理,外侧履带距离重心的纵向距为 x 点处的单位地面法向反力为

$$N_o(x) = N_{o1}(x) + N_{o2}(x) + N_{o3}(x) = G/2L - 3F_{ah}Hx/2L^3 + F_{aw}H/BL \quad (3-104)$$

转向阻力 F_r 的大小与转向阻力系数 μ 和法向反力成正比,方向和履带接地段的横向运动方向相反,其值为

$$F_r = \int_{L/2}^{d} \mu [N_i(x) + N_o(x)] \mathrm{d}x - \int_{d}^{-L/2} \mu [N_i(x) + N_o(x)] \mathrm{d}x$$

$$= \mu \left(\frac{2Gd}{L} + \frac{3F_{ah}H}{4L} - \frac{3F_{ah}Hd^2}{L^3} \right)$$

$$= \mu \left(\frac{2Gd}{L} + \frac{3m\dot{\theta}^2Hd}{4L} - \frac{3m\dot{\theta}Hd^3}{L^3} \right)$$

$$= \mu \left\{ \frac{2Gd}{L} + \frac{3m\dot{\theta}^2Hd}{4L} \left[1 - \left(\frac{2d}{L} \right)^2 \right] \right\} \qquad (3-105)$$

转向阻力对平台重心的力矩,即转向阻力矩为

$$M_r = -\int_{L/2}^{d} \mu [N_i(x) + N_o(x)] x \mathrm{d}x + \int_{d}^{-L/2} \mu [N_i(x) + N_o(x)] x \mathrm{d}x$$

$$= \mu \left(\frac{GL}{4} - \frac{Gd^2}{L} + \frac{2F_{ah}Hd^3}{L^3} \right)$$

$$= \mu \left(\frac{GL}{4} - \frac{Gd^2}{L} + \frac{2m\dot{\theta}^2Hd^4}{L^3} \right) \qquad (3-106)$$

行驶阻力为

$$F_f = fG \qquad (3-107)$$

外侧履带的驱动力可以根据电机的输出转矩、传动效率及主动轮的传动比求得

$$F_o = \frac{M_e i_g \eta}{D/2} = \frac{T_m i_g \eta}{D/2} i_o = k i_o \qquad (3-108)$$

式中:M_e 为电动机的输出转矩;i_g 为传送比;η 为传动效率;D 为主动轮直径;i_o 为外侧电机输出电流;T_m 为转矩比例系数。

同理,内侧履带的驱动力为(不失一般性,假设两侧电机性能和轮径均相同)

$$F_i = k i_i \qquad (3-109)$$

(2)动力学模型

根据牛顿 – 欧拉方程,平台运动时水平面各方向受力保持平衡,可得出系统的动力学方程组为

$$\begin{cases} m\dot{v}_h = F_o + F_i - F_f = k(i_o + i_i) - fG \\ m\dot{v}_w = F_{aw} = -F_r = -\mu\left\{\dfrac{2Gd}{L} + \dfrac{3m\dot{\theta}^2 Hd}{4L}\left[1 - \left(\dfrac{2d}{L}\right)^2\right]\right\} \\ I\dot{\omega} = F_o B/2 - F_i B/2 - M_r = \dfrac{kB(i_o - i_i)}{2} - \mu\left(\dfrac{GL}{4} - \dfrac{Gd^2}{L} + \dfrac{2m\dot{\theta}_2 Hd^4}{L^3}\right) \end{cases} \quad (3-110)$$

为了保证运行速度和角速度可控,通常情况下平台以比较低速度进行转弯操作,此时 $d \ll L$,F_{ah} 也较小,因此可认为 $F_r = 0$,$M_r = \mu\left(\dfrac{GL}{4} - \dfrac{Gd^2}{L}\right) = \dfrac{\mu GL}{4}\left[1 - \left(\dfrac{2d}{L}\right)^2\right]$,式(3-110)可以简化并改写为

$$\begin{bmatrix} \dot{v}_h \\ \dot{v}_w \\ \dot{\omega} \end{bmatrix} = \begin{bmatrix} \dfrac{k(i_o + i_i) - fG}{m} \\ 0 \\ \dfrac{kB(i_o - i_i)}{2I} - \dfrac{\mu GL}{4I}\left[1 - \left(\dfrac{2d}{L}\right)^2\right] \end{bmatrix} \quad (3-111)$$

根据图 3-8 可得出系统广义速度 $\dot{\boldsymbol{q}} = [\dot{x}, \dot{y}, \dot{\theta}]$ 与 v_h 和 v_w 存在如下关系:

$$\begin{cases} v_h = -\dot{x}\sin\theta + \dot{y}\cos\theta \\ v_w = -\dot{x}\cos\theta - \dot{y}\sin\theta \end{cases} \quad (3-112)$$

将上式左右两侧对时间 t 求导,并结合式(3-110)可得

$$\begin{cases} \dot{v}_h = -\ddot{x}\sin\theta - \dot{x}\dot{\theta}\cos\theta + \ddot{y}\cos\theta - \dot{y}\dot{\theta}\sin\theta = \dfrac{k(i_o + i_i) - fG}{m} \\ \dot{v}_w = -\ddot{x}\cos\theta + \dot{x}\dot{\theta}\sin\theta - \ddot{y}\sin\theta - \dot{y}\dot{\theta}\cos\theta = 0 \end{cases} \quad (3-113)$$

根据上述两式可进一步得出

$$\begin{cases} m\ddot{x} = -m\dot{y}\dot{\theta} - k(i_o + i_i)\sin\theta + fG\sin\theta \\ m\ddot{y} = m\dot{x}\dot{\theta} + k(i_o + i_i)\cos\theta - fG\cos\theta \end{cases} \quad (3-114)$$

与双轮差动平台相似,履带式移动平台也受到非完整约束的限制,其方程为

52

$$A^{\mathrm{T}}(\boldsymbol{q})\,\dot{\boldsymbol{q}} = \begin{bmatrix} \cos\theta, & -\sin\theta, & 0 \end{bmatrix}\begin{bmatrix} \dot{x} \\ \dot{y} \\ \dot{\theta} \end{bmatrix} = \dot{x}\cos\theta - \dot{y}\sin\theta = 0 \qquad (3-115)$$

令 $\lambda = -m(\dot{x}\sin\theta + \dot{y}\cos\theta)\,\dot{\theta}$，则有

$$-m\dot{y}\dot{\theta} = -m(\dot{y}\sin^2\theta + \dot{y}\cos^2\theta)\,\dot{\theta}$$

$$= -m(\dot{x}\cos\theta\sin\theta + \dot{y}\cos^2\theta)\,\dot{\theta} = \lambda\cos\theta \qquad (3-116)$$

$$m\dot{x}\dot{\theta} = m(\dot{x}\sin^2\theta + \dot{x}\cos^2\theta)\,\dot{\theta}$$

$$= m(\dot{x}\sin^2\theta + \dot{y}\cos\theta\sin\theta)\,\dot{\theta} = -\lambda\sin\theta \qquad (3-117)$$

结合式(3-111)和式(3-114)~式(3-117)，可整理出以广义坐标向量 $\dot{\boldsymbol{q}}$ 描述的、履带式移动平台的动力学方程为

$$\begin{bmatrix} m & 0 & 0 \\ 0 & m & 0 \\ 0 & 0 & I \end{bmatrix}\begin{bmatrix} \ddot{x} \\ \ddot{y} \\ \ddot{\theta} \end{bmatrix} = \begin{bmatrix} -k\sin\theta & -k\sin\theta \\ k\cos\theta & k\cos\theta \\ kB/2 & -kB/2 \end{bmatrix}\begin{bmatrix} i_o \\ i_i \end{bmatrix} + \begin{bmatrix} \cos\theta \\ -\sin\theta \\ 0 \end{bmatrix}\lambda$$

$$+ \begin{bmatrix} fG\sin\theta \\ -fG\sin\theta \\ -\mu GL[1-(2d/L)^2]/4 \end{bmatrix} \qquad (3-118)$$

由上述模型可以看出：尽管受力情况更为复杂，履带式移动平台和双轮差分驱动平台具有相似的动力学方程结构，主要因为它们在驱动原理上是一致的，并且受到相同的非完整运动约束的限制。

3.4　操作手臂的运动学模型

操作手臂也叫工业机器人，工业机器人运动学描述了机器人关节与组成机器人的各刚体之间的运动关系。机器人在工作时，要通过空间中一系列的点组成的三维空间点域，这一系列空间点构成了机器人的工作范围，此工作范围可通过运动学正解求得。此外，根据机器人末端执行器的位置和姿态要求，通过运动学逆解求得各个关节转角，可以实现对机器人进行运动分析、离线编程、轨迹规划等工作。机器人控制的目的就在于它能快速确定位置，这使得机器人的运动学正逆解问题变得更为重要。只有计算与运动学正逆解问题相关的变换关系在

尽可能短时间内完成,才能达到快速准确的目的。在运动学方程正解过程中,只体现在矩阵相乘关系上,相对简单;而在求逆解过程中,由于机器人本身的复杂性,故要用一种通用的算法是很困难的。机器人运动学研究各个连杆之间的位移关系、速度关系和加速度关系,特别是末端执行器位姿与关节变量的关系。机器人运动学的研究与空间机构学具有密切的关系,研究方法很多,有以画法几何为基础的图解法,也有利用矢量分析、矩阵和二元数等数学工具的解析法。图解法由于具有很强的局限性,所以没有得到更多的发展。Denavit 和 Hartenberg 提出使用标准矩阵表示法来表达任意空间机构的运动方程,该法经过 Paul 的适当修正后,广泛应用于机器人机构的运动学问题。3 × 3 对偶数正交矩阵法与D – H矩阵法类似。由于空间机构杆件之间的位置关系、速度关系、简化到某点的力和力矩等都可以通过螺旋来表示,所以对偶数正交矩阵法就成为研究机构运动学的另一种有力的方法。总之,D – H 矩阵法、3 × 3 对偶数正交矩阵法只是形式上的区别。D – H 矩阵法凭借单变量确定相邻杆件之间的变换矩阵,又有十分成熟的矩阵分析理论,已经成为分析机器人运动学正、反问题的一种主要方法。

3.4.1 空间点表示

矩阵可用来表示点、向量、坐标系、旋转及变换,还可以表示坐标系中的物体和其他运动元件。本书将用这种表示法来推导机器人的运动方程。一旦建立了坐标系,就能用一个 3×1 的位置矢量对世界坐标系中的任何点进行定位。因为经常在世界坐标系中还要定义许多坐标系,因此必须在位置矢量上附加一信息,表明是在哪一个坐标系被定义的,每个沿着坐标轴的距离都可被认为是矢量在相应坐标轴上的投影。用三个相互正交的带有箭头的单位矢量来表示一个坐标系 $\{A\}$。用一个矢量来表示点 p,并且可等价地被认为是空间的一个位置,或者简单地用一组有序的三个数字来表示,$p = a_x \boldsymbol{i} + b_y \boldsymbol{j} + c_z \boldsymbol{k}$,其中 a_x、b_y、和 c_z 是参考坐标系中表示该点的坐标。显然,也可以用其他坐标系来表示空间点的位置,如图 3 – 9 所示。

在 $\boldsymbol{p} = a_x \boldsymbol{i} + b_y \boldsymbol{j} + c_z \boldsymbol{k}$ 中,a_x、b_y 和 c_z 是该向量在参考坐标系中的三个分量,向量写成矩阵形式为 $\boldsymbol{p} = \begin{bmatrix} a_x \\ b_y \\ c_z \end{bmatrix}$,例如:将向量 $\boldsymbol{p} = 5x + 6y + 7z$ 表示成矩阵形式为

$$\boldsymbol{p} = \begin{bmatrix} 5 \\ 6 \\ 7 \end{bmatrix}。$$

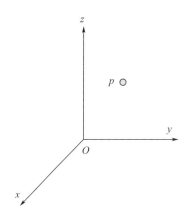

图 3 - 9　空间点的表示

一个物体在空间中的信息不光是它的位置信息,还要有姿态信息,操作手 p 确定了机器人的位置信息,只有当手的姿态已知后,手的位置才能完全被确定下来。为描述姿态,将在一个物体上固定一个坐标系,并且给出此坐标系相对于参考系的表达,如图 3 - 10 所示, $\{B\}$ 相对于 $\{A\}$ 中描述就能表示出物体的姿态:

$$
{}_{B}^{A}R = \begin{bmatrix} {}^{A}X_{B} & {}^{A}Y_{B} & {}^{A}Z_{B} \end{bmatrix} = \begin{bmatrix} r_{11} & r_{12} & r_{13} \\ r_{21} & r_{22} & r_{23} \\ r_{31} & r_{32} & r_{33} \end{bmatrix} \qquad (3-119)
$$

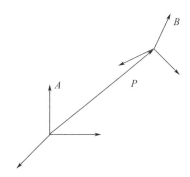

图 3 - 10　物体位置和姿态的确定

为了确定目标物体在空间中的位置和姿态,可以通过固连在目标物体的参考坐标系表示,图 3 - 11 表示固连在点 p 上的坐标系相对于参考坐标系的情况,从而可以得到 p 相对于参考坐标系的位置和姿态。

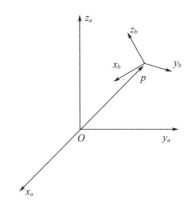

图 3 – 11　一个坐标系在另一个坐标系中的表示

3.4.2　齐次变换的表示

变换定义为空间的一个运动。当空间的一个坐标系(一个向量、一个物体或一个运动坐标系)相对于固定的参考坐标系运动时,这一运动可以用类似于表示坐标系的方式来表示。这是因为变换本身就是坐标系状态的变化(表示坐标系位姿的变化),因为变化可以用坐标系来表示。变换可为如下几种形式中的一种:

①　纯平移,如图 3 – 12 所示;

②　绕一个轴的旋转;

③　平移与旋转的结合。

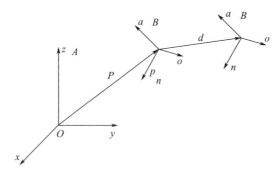

图 3 – 12　空间纯平移变换的表示

新的位置可通过坐标位置在坐标系矩阵前面左乘变换矩阵得到,即

$$T = \text{trans}(d_x, d_y, d_z) \cdot F_{\text{old}} \tag{3 – 120}$$

对于旋转的情况,$\{B\}$ 绕 $\{A\}$ 的 x、y、z 轴旋转 a 角的齐次变化矩阵分别记为

$$
{}_{B}^{A}\mathrm{rot}(x,\theta) = \begin{bmatrix} 1 & 0 & 0 \\ 0 & \cos a & -\sin a \\ 0 & \sin a & \cos a \end{bmatrix}
$$

$$
{}_{B}^{A}\mathrm{rot}(y,\theta) = \begin{bmatrix} \cos\beta & 0 & \sin\beta \\ 0 & 1 & 0 \\ -\sin\beta & 0 & \cos\beta \end{bmatrix}
$$

$$
{}_{B}^{A}\mathrm{rot}(z,\theta) = \begin{bmatrix} \cos\gamma & -\sin\gamma & 0 \\ -\sin\gamma & \cos\gamma & 0 \\ 0 & 0 & 1 \end{bmatrix}
$$

举例说明：

机器人在 x 轴方向平移了 0.5m，那么可以用下面的方法来求取平移变换后的齐次矩阵：

$$
\mathrm{ans} = \begin{bmatrix} 1.0000 & 0 & 0 & 0.5000 \\ 0 & 1.0000 & 0 & 0 \\ 0 & 0 & 1.0000 & 0 \\ 0 & 0 & 0 & 1.0000 \end{bmatrix}
$$

机器人绕 x 轴旋转 45°，那么可以用 $\mathrm{rot}(x)$ 来求取旋转后的齐次矩阵：

$$
\mathrm{ans} = \begin{bmatrix} 1.0000 & 0 & 0 & 0 \\ 0 & 0.7071 & -0.7071 & 0 \\ 0 & 0.7071 & -0.7071 & 0 \\ 0 & 0 & 0 & 1.0000 \end{bmatrix}
$$

机器人绕 y 轴旋转 90°，那么可以用 $\mathrm{rot}(y)$ 来求取旋转后的齐次矩阵：

$$
\mathrm{ans} = \begin{bmatrix} 0 & 0 & 1.0000 & 0 \\ 0 & 1.0000 & 0 & 0 \\ -1.0000 & 0.7071 & 0 & 0 \\ 0 & 0 & 0 & 1.0000 \end{bmatrix}
$$

机器人绕 z 轴旋转 $-90°$，那么可以用 $\mathrm{rot}(z)$ 来求取旋转后的齐次矩阵：

$$
\mathrm{ans} = \begin{bmatrix} 0 & 1.0000 & 0 & 0 \\ -1.0000 & 0.0000 & 0 & 0 \\ 0 & 0 & 1.0000 & 0 \\ 0 & 0 & 0 & 1.0000 \end{bmatrix}
$$

当然，如果有多次旋转和平移变换，只需要多次调用函数再组合就可以了。另外，可以和学习的平移矩阵和旋转矩阵做个对比，相信是一致的。

若 $_B^A\boldsymbol{T}$ 为相对于 $\{A\}$ 的齐次变换矩阵, $_C^B\boldsymbol{T}$ 为 $\{C\}$ 相对于 $\{B\}$ 的齐次变换矩阵,那么 $\{C\}$ 相对于 $\{A\}$ 的齐次变换矩阵为

$$_C^A\boldsymbol{T} = {_B^A}\boldsymbol{T}{_C^B}\boldsymbol{T}$$

(3 – 121)

3.4.3 正运动学分析

D – H 模型表示了对机器人运动进行建模的标准方法,可用于任何机器人构型,而不管机器人的结构顺序和复杂程度如何。它也可用于表示已经讨论过的在任何坐标中的变换,如直角坐标、圆柱坐标、球坐标、欧拉角坐标及 RPY 坐标等。另外,它也可以用于表示全旋转的链式机器人、SCARA 机器人或任何可能的关节和连杆组合。首先需要给每个关节一个参考坐标系,然后,确定从一个关节到下一个关节(一个坐标系到下一个坐标系)来进行变换的步骤。如果将从基座到第一个关节,再从第一个关节到第二个关节直到最后一个关节的所有变换结合起来,就得到了机器人的总变换矩阵。

图 3 – 13 表示了三个关节,每个关节都是转动或平移的。第一个关节指定为关节 n,第二个关节为关节 $n+1$,第三个关节为关节 $n+2$。在这些关节的前后可能还有其他关节,连杆也是如此表示,连杆 n 位于关节 n 与 $n+1$ 之间,连杆 $n+1$ 位于 $n+1$ 与 $n+2$ 之间。

为了用 D – H 表示法对机器人建模,所做的第一件事是为每个关节指定一个本地的参考坐标系,因此,对于每个关节,都必须指定一个 z 轴和 x 轴,通常并不需要指定 y 轴,因为 y 轴总是垂直于 x 轴和 z 轴的,要描述相邻两连杆之间的相对关系,就能按照下列顺序由两个旋转和两个平移来建立。

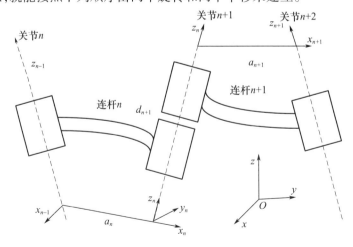

图 3 – 13　通用关节 – 连杆组合的 D – H 表示

① 绕 z_n 轴旋转 θ_{n+1}，它使得 x_n 和 x_{n+1} 相互平行，因为 a_n 和 $a_{n+\theta}$ 都是垂直于 z_n 轴的，因此绕 z_n 轴旋转 θ_{n+1} 使它们平行（并且共面）；

② 沿 z_n 轴平移 d_{n+1} 距离，使得 x_n 和 x_{n+1} 共线，因为 x_n 和 x_{n+1} 已经平行并且垂直于 z_n，沿着 z_n 移动则可使它们相互重叠在一起；

③ 沿 x_n 轴平移 a_{n+1} 的距离，使得 x_n 和 x_{n+1} 的原点重合。这时两个参考坐标系的原点处在同一位置；

④ 将 z_n 轴绕 x_{n+1} 旋转，使得 z_n 轴与 z_{n+1} 轴对准，这时坐标系 n 和 $n+1$ 完全相同。

对于如图 3 – 14 所示的转动关节，θ 为关节变量。连杆 i 的参考坐标系 $\{i\}$ 的原点位于关节 $i-1$ 和关节 i 两轴线的公共法线与关节 i 轴线的交点上。如果两相邻连杆的轴线相交于一点，那么原点就在这一交点上。如果两轴线互相平行，那么就选择原点使对下一连杆（其坐标原点已确定）的距离等于零。参考坐标系 $\{i\}$ 的 z 轴就是关节 i 的轴线，x 轴沿关节 i 和关节 $i+1$ 两轴线的公共法线，方向由关节 i 指向关节 $i+1$。当两关节轴线相交时，x 轴的方向与两矢量的交积 $Z_{i-1}Z_i$ 平行或反向平行。x 轴的方向总是沿着公共法线从 i 轴指向 $i+1$。当两轴 X_{i-1} 和 X_i 平行且同向时，第 i 个关节的 θ 为零。当机器人处于零位值时，能够规定转动关节的正旋转方向的正唯一方向，并确定 z 轴正方向。底座连杆（连杆 0）的原点与连杆 1 的原点重合。如果需要规定一个不同的参考坐标系，那么该参考坐标系与基础坐标系之间的关系可以用一个齐次变换来描述。这样，要描述相邻两连杆 i 和 $i+1$ 之间的相对关系，就能按照下列顺序由两个旋转和两个平移来建立。

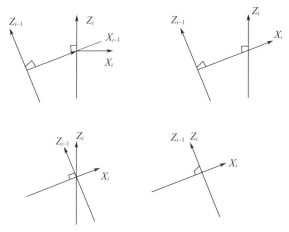

图 3 – 14　关节 – 连杆组合的 D – H 表示

$$^{n}\boldsymbol{T}_{n+1} = \boldsymbol{A}_{n+1} = \mathrm{rot}(z, \theta_{n+1}) \times \mathrm{trans}(0,0,d_{n+1}) \times \mathrm{trans}(a_{n+1},0,0) \times \mathrm{rot}(x, a_{n+1})$$

$$= \begin{bmatrix} C\theta_{n+1} & -S\theta_{n+1} & 0 & 0 \\ S\theta_{n+1} & C\theta_{n+1} & 0 & 0 \\ 0 & 0 & 1 & 0 \\ 0 & 0 & 0 & 1 \end{bmatrix} \times \begin{bmatrix} 1 & 0 & 0 & 0 \\ 0 & 1 & 0 & 0 \\ 0 & 0 & 1 & d_{n+1} \\ 0 & 0 & 0 & 1 \end{bmatrix}$$

$$\times \begin{bmatrix} 1 & 0 & 0 & a_{n+1} \\ 0 & 1 & 0 & 0 \\ 0 & 0 & 1 & 0 \\ 0 & 0 & 0 & 1 \end{bmatrix} \times \begin{bmatrix} 1 & 0 & 0 & 0 \\ 0 & C\alpha_{n+1} & -S\alpha_{n+1} & 0 \\ 0 & -S\alpha_{n+1} & C\alpha_{n+1} & 0 \\ 0 & 0 & 0 & 1 \end{bmatrix}$$

$$= \begin{bmatrix} C\theta_{n+1} & -S\theta_{n+1}C\alpha_{n+1} & S\theta_{n+1}S\alpha_{n+1} & a_{n+1}C\theta_{n+1} \\ S\theta_{n+1} & C\theta_{n+1}C\alpha_{n+1} & -C\theta_{n+1}S\alpha_{n+1} & a_{n+1}S\theta_{n+1} \\ 0 & S\alpha_{n+1} & C\alpha_{n+1} & d_{n+1} \\ 0 & 0 & 0 & 1 \end{bmatrix} \quad (3-122)$$

式中:rot 和 trans 分别表示旋转变换矩阵和平移变换矩阵。

展开式(3-122)可得,当机器人各连杆的坐标系确定之后,就能够列出各连杆的常量参数。矩阵 z 为关节变量的函数。为了简化 $\boldsymbol{A}$ 矩阵的计算,可以制作一张关节连杆参数的表格,其中每个连杆和关节的参数值可以从机器人的原理示意图上确定。例如,表3-1可以用于此目的。

表3-1 D-H 参数表

连杆 i	θ	d	a	α
1	θ_1	0	0	0
2	θ_2	d_1	0	90
3	θ_3	0	a_2	0
4	θ_4	0	a_3	90

机器人臂模型建立示例:Matlab robotic toolbox 工具箱对机器人臂建模,取名为 chuangyizhixing,关键代码如下:

$$L1 = link([0 \quad 0 \quad 0 \quad 0 \quad 0], 'standard');$$
$$L2 = link([pi/2 \quad 0 \quad 10 \quad 0 \quad 0], 'standard');$$
$$L3 = link([0 \quad 10 \quad 0 \quad 0 \quad 0], 'standard');$$
$$L4 = link([pi/2 \quad 10 \quad 0 \quad 0 \quad 0], 'standard');$$
$$chuangyizhixing = robot(\{L1, L2, L3, L4\});$$
$$drivebot(chuangyizhixing);$$

用 drivebot(chuangyizhixing)命令显示模型图,如图 3 - 15 所示。

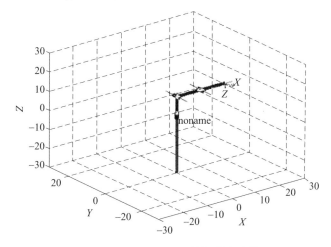

图 3 - 15　基于 Matlab 的机器人建模

3.4.4　机器人的工作空间研究

机器人的工作空间定义:在结构限制下末端执行器能够达到的所有位置集合(三维空间),对机器臂工作空间几何形状的绘制一般采用三种办法:几何绘图法、解析法和数值法。

工作空间可以用数学方法通过列写方程来确定,这些方程规定了机器人连杆与关节的约束条件,这些约束条件可能是每个关节的动作范围。除此之外,工作空间还可以凭经验确定,可以使每一个关节在其运动范围内运动。然后将其可以到达的所有区域连接起来,再除去机器人无法到达的区域。当机器人用做特殊用途时,必须研究其工作空间,以确保机器人能到达要求的点。要准确地确定工作空间,可以参考厂商提供的数据。

几何绘图法得到的往往是工作空间的各类剖截面或者剖截线。这种方法直观性强,但是也受到自由度数的限制,当关节数较多时必须进行分组处理,对于三维空间机器手无法准确描述。

解析法虽然能够对工作空间的边界进行解析分析,但是由于一般采用机器手运动学的雅可比矩阵降秩导致表达式过于复杂,以及涉及复杂的空间曲面相交和裁减等计算机图形学内容,难以适用于工程设计。

数值法是以极值理论和优化方法为基础的,首先计算机器人工作空间边界曲面上的特征点,用这些点构成的线表示机器人的边界曲线,然后用这些边界曲线构成的面表示机器人的边界曲面。这种方法理论简单,操作性强,适合编程求解,但所得空间的准确性与取点的多少有很大的关系,而且点太多会受到计算机速度的影响。

数值法求解步骤如图 3 - 16 所示。

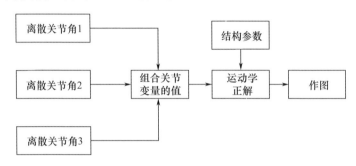

图 3 - 16   工作空间数值法求解结构图

运动学正解求得末端执行器的中心位置在 p_x、p_y、p_z。可以把关节 1、2、3 的关节变化范围等分,每一个组合构成了一个末端执行器的点,点的结合就是末端执行器的工作空间,为了有更加精确的描述,关节变化步长越小越好。在 Matlab 下的基本编程思路:

```
for   a = ( -90:10:90) * pi/180
            for b = ( -90:10:90) * pi/180
              for c = ( -90:10:90) * pi/180
x = cos(a) * cos(b) * ( -8 * sin(c)) - 8 * cos(a) * cos(b) * cos(c);
y = sin(a) * cos(b) * ( -8 * sin(c) + 10) - 8 * sin(a) * sin(b) * cos(c);
z = - sin(b) * ( -8 * sin(c) + 8) - 8 * cos(c) * cos(b) + 10;
subplot(2,2,1);
plot3(x,y,z,'b.');
subplot(2,2,2);
plot(x,y);
subplot(2,2,3)
plot(x,z);
```

```
subplot(2,2,4)
plot(y,z);
hold on;
grid on;
end
end
end
```

机械手臂末端执行器的空间图及俯视图如图 3 - 17 所示。

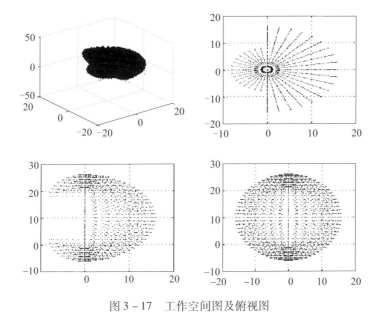

图 3 - 17　工作空间图及俯视图

3.4.5　逆运动学求解

机器人的逆运动学,这个问题就是给定机器人末端执行器的位置和姿态,计算所有可达给定位置和姿态的关节角。逆运动学不像正运动学那样简单,因为运动学方程是非线性的,因此很难得到封闭解,有时甚至无解。运动学方程解的存在与否限定了机器人的工作空间。无解表示目标点处在工作空间之外,因此机器人不能达到这个位姿。

① 机器人逆运动学求解。为了使机器人手臂处于期望的位姿,如果有逆运动学解就能确定每个关节的值。运动学方程中有许多角度的耦合,这就使得无法从矩阵中提取足够的元素来求解单个的正弦和余弦项以计算角度,通过解耦,找到产生角度的正弦和余弦值,并求出相应的角度,从而控制执行器使末端执行

63

器到达指定的位置。运动学逆解问题在机器人运动学分析及控制中都占有重要地位,控制系统要求快速准确。五自由度机器人的运动学逆解问题是给定机器人末端执行器需要达到的位置和姿态,求解机器人各关节变量,本质上是非线性方程组的求解问题。限于机器人拓扑结构的复杂性,要建立通用的逆解算法是相当困难的,许多学者做了很多的努力:Paul 提出了解析法;Fu k. St 提出了几何法;Milonkoxic V. Huang 采用迭代法;贺昱耀给出了几何—解析法;Dinesh Manocha 和 John F. Candy 给出了符号及数值方法;Duffy 的球面三角法,Denavit J. 等的实矩阵法等。Primrose 证明了其所得解中有 16 个增根;Tsai 等用数值同伦连续法得到了 16 次解,最新的研究应为 Husty 等采用多维空间几何理论与经典的 Segre 簇理论相结合的方法获得了一元 16 次的解。

② 逆运动学问题的进一步研究:解的存在性与多重解问题。当 $n<6$ 时,方程不是对任意的变换矩阵都有解,因为要使机器人手臂具有任意的位置和指向,至少应使机器人有六个自由度。当 $n=6$ 时,在数学上是有解的(只有在工作空间内的解才有意义),这时有可能有有限解,也可能有无穷多解。当 $n>6$ 时,称这种机器人为冗余度的机器人。图 3 – 18 表示多组解存在的情况。

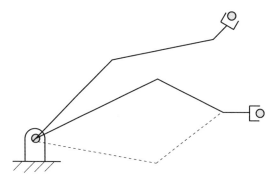

图 3 – 18   多组解存在的情况

这时逆运动学问题有无穷多组解。当机器人几何结构满足 Pieper 准则时,即 3 个相邻关节轴相交于一点或 3 个相邻关节轴相互平行,可以用解析法求出逆解的封闭解。

当出现多解的时候,系统最终出现一个解。选择解的原则是多样的,没有一个统一的标准。比较常见的选择原则是最短行程、最短时间、最小功率等。最小功率法只用基础数学的公式就挑选出了体现最小功率的解,在进行实时控制时,算法的高效是重要的要求。该原则可以使整个机器人系统耗时的能量最小,在不考虑避障时,挑选行程最短的解需要加权,使得选择侧重于移动消耗功率小的连杆,如手腕、小臂,避免移动消耗功率大的连杆,如大臂。

3.4.6　微分关系

如图 3 – 19 所示，θ_1 表示第一个连杆相对于参考坐标系的旋转角度，θ_2 表示第二个连杆相对第一个连杆的旋转角度。

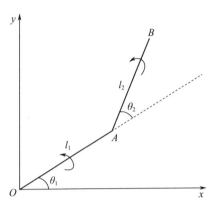

图 3 – 19　具有两个自由度的平面结构

B 点的速度为

$$
\begin{aligned}
V_B &= V_A + V_{B|A} \\
&= (\dot{\theta}_1 + \dot{\theta}_2)\left[\perp l_2\right] \\
&= -l_1\dot{\theta}\sin\theta_1\mathrm{i} + l_1\dot{\theta}_1\cos\theta_1\mathrm{j} - l_2(\dot{\theta}_1 + \dot{\theta}_2)\times\sin(\theta_1 + \theta_2)\mathrm{i} \\
&\quad + l_2(\dot{\theta}_1 + \dot{\theta}_2)\cos(\theta_1 + \theta_2)\mathrm{j}
\end{aligned}
\tag{3–123}
$$

$$
\begin{bmatrix} V_{Bx} \\ V_{By} \end{bmatrix} =
\begin{bmatrix}
-l_1\sin\theta_1 - l_2\sin(\theta_1 + \theta_2) & -l_2\sin(\theta_1 + \theta_2) \\
l_1\cos\theta_1 + l_2\cos(\theta_1 + \theta_2) & l_2\cos(\theta_1 + \theta_2)
\end{bmatrix}
\begin{bmatrix} \dot{\theta}_1 \\ \dot{\theta}_2 \end{bmatrix}
\tag{3–124}
$$

3.4.7　刚体运动的速度

刚体运动包括直线运动、旋转运动、复合运动。

1）直线运动

假设点 P 在坐标系 $\{B\}$ 中的线速度描述为 ^AV_p，而 $\{B\}$ 的原点 O 相对于坐标系 $\{A\}$ 做直线运动，其线速度可以描述为 ^AV_Q，$\{B\}$ 相对于 $\{A\}$ 的齐次变换矩阵为 ^A_BT，则点 P 在坐标系 $\{A\}$ 中的线速度描述为

$$
^AV_P = {^AV_Q} + {^A_BT}{^BV_P}
\tag{3–125}
$$

2）旋转运动

假设 $\{B\}$ 的原点与 $\{A\}$ 重合，$\{B\}$ 相对于 $\{A\}$ 做旋转运动，其角速度可以描述为 $^A W_P$。则点 P 相对于坐标系 $\{A\}$ 的速度可以分解出两个分量，一个分量是假定点 P 在 $\{B\}$ 中不动，由于 $\{B\}$ 的旋转，在 $\{A\}$ 中看来，点 P 具有一个速度，其值为 $^A B_P \times {}^A P$；另一个分量是假定 $\{B\}$ 不动，点 P 相对于坐标系 $\{B\}$ 的速度在 $\{A\}$ 中看来的速度，其值是 $^A(^B V_p)$。点 P 相对于坐标系 $\{A\}$ 的速度可以描述为

$$^A V_p = {}^A({}^B V_P) + {}^A \Omega_B^A P \qquad (3-126)$$

3.4.8 雅可比矩阵

雅可比矩阵在机器人运动学中具有重要地位，因为它建立起机器人关节速度和机器人终端作用器（手）在基础坐标系下的速度关系，这样就可以回答每个关节的运动速度对机器人整体的速度贡献。另外，当机器人手持工具与作业环境相接触时候，如何将手端接触力折算到各关节上，也需要采用雅可比矩阵。雅可比矩阵表示机构部件随时间变化的几何关系，它可以将单个关节的微分运动或速度转换为其他感兴趣点的微分运动或速度，也可将单个关节的运动与整个机构的运动联系起来。如果将角速度和线速度合为一个向量

$$\boldsymbol{X} = \begin{bmatrix} {}^0 v_n \\ {}^0 w_n \end{bmatrix} \qquad (3-127)$$

则具体的推导结果可以表示为一个雅可比矩阵形式

$$\dot{x} = J(\boldsymbol{\Theta})\dot{\boldsymbol{\Theta}}$$

式中：$\dot{\boldsymbol{\Theta}}$ 为 $n \times 1$ 的机械关节的位移向量；$\boldsymbol{X}$ 为 6×1 的直角坐标速度向量。

$J(\boldsymbol{\Theta})$ 表明了关节速度与终端手之间的线性变换关系，例如：

$$\begin{bmatrix} {}^0 v_{3x} \\ {}^0 v_{3y} \\ {}^0 v_{3z} \\ {}^0 w_{3x} \\ {}^0 w_{3y} \\ {}^0 w_{3z} \end{bmatrix} = \begin{bmatrix} -l_1\sin\theta_1 - l_2\sin(\theta_1+\theta_2) & -l_2\sin(\theta_1+\theta_2) \\ l_1\sin\theta_1 + l_2\sin(\theta_1+\theta_2) & l_2\cos(\theta_1+\theta_2) \\ 0 & 0 \\ 0 & 0 \\ 0 & 0 \\ 1 & 1 \end{bmatrix} \begin{bmatrix} \dot{\theta}_1 \\ \dot{\theta}_2 \end{bmatrix} \quad (3-128)$$

雅可比矩阵为

$$J(\boldsymbol{\Theta}) = \begin{bmatrix} -l_1\sin\theta_1 - l_2\sin(\theta_1 + \theta_2) & -l_2\sin(\theta_1 + \theta_2) \\ l_1\sin\theta_1 + l_2\sin(\theta_1 + \theta_2) & l_2\cos(\theta_1 + \theta_2) \\ 0 & 0 \\ 0 & 0 \\ 0 & 0 \\ 1 & 1 \end{bmatrix} \qquad (3-129)$$

第4章 服务机器人的感知系统

机器人感知系统是实现智能服务机器人与人、环境互操作的重要桥梁。要使机器人和人的功能更为接近,以便从事更高级的工作,需要给机器人安装各种传感器。本章对机器人内部和外部的几种常用传感器进行介绍,并对多传感器融合关键技术进行初步讲解。

4.1 服务机器人内部传感器

内部传感器是以机器人本身的坐标轴来确定位置,安装在机器人自身中,用来感知机器人自己的状态,以调整和控制机器人的行动。内部传感器通常由位置、姿态、压力及加速度等传感器组成。

4.1.1 位置传感器

检测规定的位置,常用 ON/OFF 两个状态值。这种方法用于检测机器人的起始原点、终点位置或某个确定的位置。给定位置检测常用的检测元件有微型开关、光电开关等。规定的位移量或力作用在微型开关的可动部分上,开关的电气触点断开(常闭)或接通(常开)并向控制回路发出动作信号。

测量可变位置和角度,即测量机器人关节线位移和角位移的传感器是机器人位置反馈控制中必不可少的元件,常用的有电位器、编码器、旋转变压器等。其中编码器既可以检测直线位移,又可以检测角位移。下面是几种常用的位置检测传感器。

1)电位器

电位器是最简单的位置传感器,如图 4 - 1 所示。电位器通过电阻把位置信息转化为随位置变化的电压,通过检测输出电压的变化确定以电阻中心为基准位置的移动距离。当电阻器上的滑动触头随位置变化在电阻器上滑动时,触头接触点变化前后的电阻阻值与总阻值之比就会发生变化,在功能上电位器充当了分压器的作用,因此输出将与电阻成比例,即

$$V_{\text{out}} = \frac{r}{R} V_s \qquad (4-1)$$

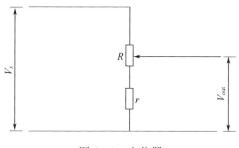

图 4 - 1　电位器

电位器通常用作内部反馈传感器,它可以检测关节和连杆的位置。

2）光电编码器

光电编码器,是一种通过光电转换将角位移或直线位移转换成脉冲或数字量的传感器,是目前应用最为广泛的传感器。常用的光电编码器主要由光栅盘和光电检测装置组成。光栅盘是在一定直径的圆板上等分地开通若干个长方形孔,通常光栅盘与电动机同轴,电动机旋转时,光栅盘与电动机同速旋转,经发光二极管等电子元件组成的检测装置检测输出若干脉冲信号。

根据检测原理,编码器可分为光学式、磁式、感应式和电容式。根据其刻度方法及信号输出形式,可分为增量式、绝对式及混合式绝对值 3 种。增量式编码器是将位移转换成周期性的电信号,再把这个电信号转变成计数脉冲,用脉冲的个数表示位移的大小。绝对式编码器的每一个位置对应一个确定的数字码,因此它的示值只与测量的起始和终止位置有关,而与测量的中间过程无关。

（1）增量式编码器

增量式编码器是直接利用光电转换原理输出三组方波脉冲,通常为 A 相、B 相、Z 相输出;A 相、B 相为相互延迟 1/4 周期的脉冲输出,根据延迟关系可以区别正反转,而且通过取 A 相、B 相的上升和下降沿可以进行 2 或 4 倍频;Z 相为单圈脉冲,即每圈发出一个脉冲。

图 4 - 2 所示为增量式光电编码器的结构,由发光二极管、棱镜、光栅板、固定光栅、光敏管组成,光栅板上有透光和不透光的弧段,尺寸相同且交替出现,由于所有的弧段尺寸相同,每段弧所表示的旋转角相同,光栅板上的弧段越多,精度越高,分辨率越高。当光旋转通过光栅板这些弧段,输出连续的脉冲信号,对这些信号计数,就能计算出光栅板转过的距离。

增量式编码器由于原理构造简单,机械平均寿命可在几万小时以上,抗干扰能力强,可靠性高,适合于长距离传输。由于其仅检测转角位置或直线位置的变化,即移动了多少,却不能判断实际位置,而机器人的起点不同,最终的位置也不同,要确定机器人的位置还要知道起始位置,这样很难。因此,在每次控制时要

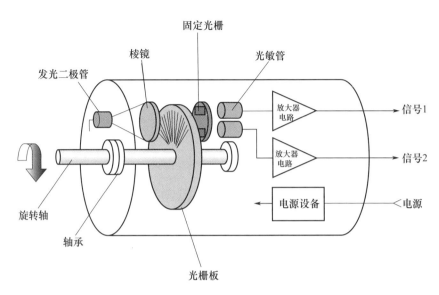

图 4 - 2 增量式光电编码器结构

复位,使编码器的输出为 0,这样编码盘读出的数据就等于机器人移动的距离。另一种解决办法是绝对式编码器。

（2）绝对式编码器

绝对式编码器是利用自然二进制或循环二进制（格雷码）方式进行光电转换的,是一种直接输出数字量的传感器。在它的圆形码盘上(图 4 - 3)沿径向有若干同心码道,每条道上由透光和不透光的扇形区相间组成,相邻码道的扇区数目是双倍关系,码盘上的码道数就是它的二进制数码的位数,在码盘的一侧是光源,另一侧对应每一码道有一光敏元件。当码盘处于不同位置时,各光敏元件根据受光照与否转换出相应的电平信号,形成二进制数。

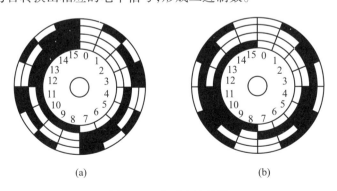

(a)   (b)

图 4 - 3 绝对式编码器

绝对式编码器的编码设计可采用二进制码、循环码、二进制补码等。由于不需要计数器,在转轴的任意位置都可读出一个固定的与位置相对应的数字码,没有累积误差,电源切除后位置信息不会丢失。其分辨率是由二进制的位数来决定的;码道越多,分辨率就越高,对于一个具有 N 位二进制分辨率的编码器,其码盘必须有 N 条码道。目前有 10 位、14 位等多种,国内已有 16 位的绝对编码器产品。

（3）混合式绝对值编码器

混合式绝对值编码器输出两组信息:一组信息用于检测磁极位置,带有绝对信息功能;另一组则完全等同于增量式编码器的输出信息。

光电编码器是一种角度(角速度)检测装置,它将给轴输入角度量,利用光电转换原理转换成相应的电脉冲或数字量,具有体积小、精度高、工作可靠、接口数字化等优点。它广泛应用于数控机床、回转台、伺服传动、机器人、雷达、军事目标测定等需要检测角度的装置和设备中。

3）旋转变压器

旋转变压器如图 4-4 所示,是一种输出电压随转子转角变化的信号元件,又称同步分解器。它是一种测量角度用的小型交流电动机,主要用来测量旋转物体的转轴角位移和角速度,在结构上,旋转变压器与二相线绕式异步电动机相似,由定子和转子组成。定子绕组为变压器的原边,转子绕组为变压器的副边。励磁电压接到转子绕组上,感应电动势由定子绕组输出。常用的励磁频率为 400Hz、500Hz、1000Hz 和 5000Hz。旋转变压器结构简单,动作灵敏,对环境无特殊要求,维护方便,输出信号幅度大,抗干扰性强,工作可靠。

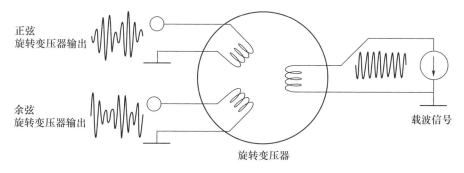

正弦
旋转变压器输出

余弦
旋转变压器输出

旋转变压器

载波信号

图 4-4　旋转变压器

（1）旋转变压器的工作原理

旋转变压器有旋变发送机和旋变变压器之分。作为旋变发送机,它的励磁绕组是由单相电压供电,电压可以写为

$$U_1(t) = U_{1m}\sin(\omega t) \tag{4-2}$$

式中：U_{1m} 为励磁电压的幅值，ω 为励磁电压的角频率。励磁绕组的励磁电流产生的交变磁通，在次级输出绕组中感生出电动势。当转子转动时，由于励磁绕组和次级输出绕组的相对位置发生变化，因而次级输出绕组感生的电动势也发生变化。又由于次级输出的两相绕组在空间成正交的 90°电角度，因而两相输出电压为

$$\begin{cases} U_{2FS}(t) = U_{2FM}\sin(\omega t + \alpha_F)\sin\theta_F \\ U_{2FC}(t) = U_{2FM}\sin(\omega t + \alpha_F)\cos\theta_F \end{cases} \tag{4-3}$$

式中：U_{2FS} 为正弦相的输出电压；U_{2FC} 为余弦相的输出电压；U_{2FM} 为次级输出电压的幅值；a_F 为励磁方和次级输出方电压之间的相位角；θ_F 为发送机转子的转角。可以看出，励磁方和输出方的电压是同频率的，但存在着相位差。正弦相和余弦相在电的时间相位上是同相的，但幅值彼此随转角分别作正弦和余弦函数变化，如图 4-5 所示。

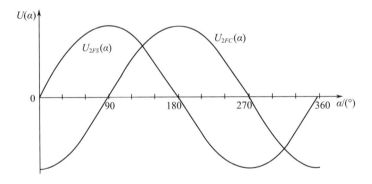

图 4-5　旋变发送机两相输出电压和转角的关系曲线

旋变发送机的两相次级输出绕组，和旋变变压器的原方两相励磁绕组分别相联。这样，式(4-3)所表示的两相电压，也就成了旋变变压器的励磁电压，并在旋变变压器中产生磁通。旋转变压器的单相绕组作为输出绕组，旋变发送机次级绕组和旋变变压器初级绕组中流过的电流为

$$\begin{cases} I_A = \dfrac{U_{2FM}}{Z_F + Z_B}\sin\theta_F \\ I_B = \dfrac{U_{2FM}}{Z_F + Z_B}\cos\theta_F \end{cases} \tag{4-4}$$

由这两个电流建立的空间合成磁动势为

$$F_F(x) = F_{2FM}\left[\cos\theta_F\cos\left(\frac{\pi}{\tau}x\right) - \sin\theta_F\sin\left(\frac{\pi}{\tau}x\right)\right] = F_{2FM}\cos\left(\theta_F + \frac{\pi}{\tau}x\right) \quad (4-5)$$

式(4 - 5)表示在旋变发送机中,合成磁动势的轴线总是位于 θ_F 角上,亦即和励磁绕组轴线一致的位置上,和转子一起转动。在旋变变压器中,合成磁动势的轴线相应地也是在和 A 相绕组距 θ_F 角的位置上。只是由于电流方向相反,其方向与在旋变发送机中相差 180°。若旋变变压器转子转角为 θ_B,则其单相输出绕组轴线和励磁磁场轴线夹角相差 $\Delta\theta = \theta_F - \theta_B$。那么,输出绕组的感应电动势应为

$$U_{B2}(\Delta\theta) = U_{2BM}\cos\Delta\theta \qquad\qquad (4-6)$$

将输出绕组在空间移过 90°。这样,在协调位置时,输出电动势为零。此时,输出电动势和失调角的关系成正弦函数,即

$$U_{B2}(\Delta\theta) = U_{2BM}\sin\Delta\theta \qquad\qquad (4-7)$$

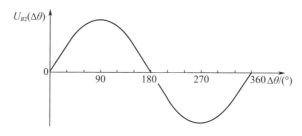

图 4 - 6　旋变变压器输出电动势和失调角的关系曲线

由图 4 - 6 和式(4 - 6)可以看出,输出电动势有两个为零的位置,即 $\Delta\theta = 0°$ 和 $\Delta\theta = 180°$。在 0° 和 180° 范围内,电动势的时间相位为正,在 180° 和 360° 范围内,电动势的时间相位变化了 180°。$\Delta\theta = 180°$ 的这个点属于不稳定点,因为在这个点上,电动势的梯度为负。当有失调角时,旋变变压器输出绕组电动势不为零,这个电动势控制伺服放大器去驱动伺服电动机,驱使旋变变压器和其他装置转到协调位置。这时,输出绕组的输出为零,伺服电动机停止工作。因此,根据信号幅值大小和正、负方向工作的伺服电动机,总是把旋变变压器的转轴带到稳定工作点 $\Delta\theta = 0°$ 的位置上。

（2）旋转变压器的结构

根据转子电信号引进、引出的方式,旋转变压器分为有刷旋转变压器和无刷旋转变压器。在有刷旋转变压器中,定、转子上都有绕组。转子绕组的电信号通过滑动接触,由转子上的滑环和定子上的电刷引进或引出。由于有刷结构的存在,使得旋转变压器的可靠性很难得到保证。因此目前这种结构形式的旋转变压器应用得很少,下面着重介绍无刷旋转变压器。

目前,无刷旋转变压器有环形变压器式无刷旋转变压器、磁阻式旋转变压器、多极旋转变压器等三种结构形式。

① 环形变压器式旋转变压器。图4-7为环形变压器式无刷旋转变压器的结构。这种结构很好地实现了无刷、无接触。右图是典型的旋转变压器的定、转子,在结构上和有刷旋转变压器一样的定、转子绕组,作信号变换。左图是环形变压器。它的一个绕组在定子上,一个在转子上,同心放置。转子上的环形变压器绕组和作信号变换的转子绕组相连,电信号的输入输出由环形变压器完成。

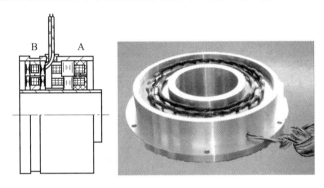

图4-7　无刷式旋转变压器结构

A—普通旋转变压器;B—环形变压器。

② 磁阻式旋转变压器。图4-8是一个10对磁极的磁阻式旋转变压器的结构。磁阻式旋转变压器的励磁绕组和输出绕组放在同一套定子槽内,固定不动。但励磁绕组和输出绕组的形式不一样。两相绕组的输出信号,仍然应该是随转角作正弦变化、彼此相差90°电角度的电信号。转子磁极形状作特殊设计,使得气隙磁场近似于正弦形。转子形状的设计也必须满足所要求的极数。可以看出,转子的形状决定了极对数和气隙磁场的形状。

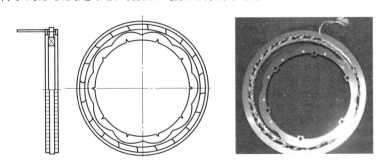

图4-8　磁阻式旋转变压器结构

　　磁阻式旋转变压器一般都做成分装式,不组合在一起,以分装形式提供给用户,由用户自己组装配合。

　　③ 多极旋转变压器。图 4 - 9 多极旋转变压器的结构。图 4 - 9(a)、(b)是共磁路结构,粗、精机定、转子绕组共用一套铁芯。粗机是指单对磁极的旋转变压器,它的精度低,所以称为粗机;精机是指多对磁极的旋转变压器,由于精度高,多对磁极的旋转变压器称为精机。其中图 4 - 9(a)表示的是旋转变压器的定子和转子组装成一体,由机壳、端盖和轴承将它们连在一起。称为组装式,图 4 - 9(b)的定、转子是分开的,称为分装式。图 4 - 9(c)、(d)是分磁路结构,粗、精机定、转子绕组各有自己的铁芯。其中图 4 - 9(c)、(d)都是组装式,只是粗、精机位置安放的形式不一样,图 4 - 9(c)的粗、精机平行放置,图 4 - 9(d)粗、精机是垂直放置,粗机在内腔。另外,很多时候也有单独的多极旋转变压器。应用时,若仍需要单对磁极的旋转变压器,则另外配置。

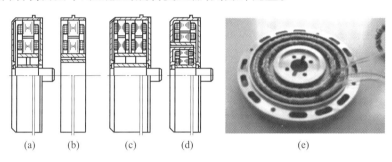

图 4 - 9　多极旋转变压器结构
(a)组装式;(b)分装式;(c)粗精平行放置;(d)粗精垂直放置;(e)外部形状图。

　　对于多极旋转变压器,一般都必须和单极旋转变压器组成统一的系统。在旋转变压器的设计中,如果单极旋转变压器和多极旋转变压器设计在同一套定、转子铁芯中,而分别有自己的单极绕组和多极绕组。这种结构的旋转变压器称为双通道旋转变压器。如果单极旋转变压器和多极旋转变压器都是单独设计,都有自己的定、转子铁芯。这种结构的旋转变压器称为单通道旋转变压器。

4.1.2　姿态传感器

　　姿态传感器是基于 MEMS 技术的高性能三维运动姿态测量系统。它包含三轴陀螺仪、三轴加速度计、三轴电子罗盘等运动传感器,在机器人领域中,姿态传感器主要用来检测机器人与地面相对关系,若机器人被限制在工厂的地面,则没有必要安装这种传感器,如大部分工业机器人。但当机器人脱离了这个限制,并且能够自由地移动,如移动机器人,就有必要安装姿态传感器了。

典型的姿态传感器是陀螺仪,它具有利用高速旋转物体(转子)经常保持一定姿态的性质。转子通过一个支撑它的被称为万向接头的自由支持机构,安装在机器人上。机器人围绕着输入轴仅转过一个角度。在速率陀螺仪中,加装了弹簧。卸掉这个弹簧后的陀螺仪成为速率积分陀螺仪,此时输出轴以角速度旋转,且此角速度与围绕输入轴的转角速度成正比。

姿态传感器设置在机器人的躯干部分,它用来检测移动中的躯干部分,它用来检测移动中的姿态和方位变化,保持机器人的正确姿态,并且实现指令要求的方位。除此以外,还有气体速度陀螺仪、光陀螺仪,前者利用了姿态变化时气流也发生变化这一现象;后者利用了当环路状光径相对于惯性空间旋转时,沿这种光径传播的光,会因向右旋转而呈现速度变化的现象。

1)电子磁罗盘

几个世纪以来,人们在导航中一直使用磁罗盘。有资料显示早在两千多年前我国人民就开始使用天然磁石—— 一种磁铁矿来指示水平方向。电子磁罗盘(数字罗盘、电子指南针、数字指南针)是测量方位角(航向角)比较经济的一种电子仪器。如今,电子磁罗盘已广泛应用于汽车,手持电子罗盘,手表,手机,对讲机,雷达探测器,望远镜,探星仪,寻路器,武器/导弹导航(航位推测),位置/方位系统,安全/定位设备,汽车、航海和航空的高性能导航设备,移动机器人设备等需要方向或姿态传感的设备中。

(1)电子磁罗盘的原理

电子磁罗盘的原理是利用磁传感器测量地磁场。地球的磁场强度为$0.5 \sim 0.6 Gs(1Gs = 10^{-4}T)$,与地平面平行,永远指向磁北极,磁场大致为双极模式:在北半球,磁场指向下,赤道附近指向水平,在南半球,磁场指向上。无论何地,地球磁场的方向的水平分量,永远指向磁北极,由此,可以用电子磁罗盘系统确定方向。

(2)电子磁罗盘的几种传感器组合

① 双轴磁传感器系统。由两个磁传感器垂直安装于同一平面组成,测量时必须持平,适用于手持、低精度设备。

② 三轴磁传感器双轴倾角传感器系统。由三个磁传感器构成x、y、z轴磁系统,加上双轴倾角传感器进行倾斜补偿,同时除了测量航向还可以测量系统的俯仰角和横滚角,适合于需要方向和姿态显示的精度要求较高的设备。

③ 三轴磁传感器三轴倾角传感器系统。由三个磁传感器构成x、y、z轴磁系统,加上三轴倾角传感器(加速度传感器)进行倾斜补偿,同时除了测量航向,还可以测量系统的俯仰角和横滚角,适合于需要方向和姿态显示的精度要求较高的设备。

2）陀螺仪

移动机器人在行进的时候可能会遇到各种地形或者各种障碍。这时即使机器人的驱动装置采用闭环控制,也会由于轮子打滑等原因造成机器人偏离设定的运动轨迹,并且这种偏移是旋转编码器无法测量到的。这时就必须依靠电子磁罗盘或者角速率陀螺仪来测量这些偏移,并作必要的修正,以保证机器人行走的方向不至偏离。

另外一方面,商用的电子磁罗盘传感器精度通常为 0.5°或者更差。而如果机器人运动距离较长,0.5°的航向偏差可能导致机器人运动的线位移偏离值不可接受。极高精度的电子磁罗盘价格昂贵且不容易买到。而陀螺仪可以提供极高精度(16 位精度,甚至更高)的角速率信息,通过积分运算可以在一定程度上弥补电子磁罗盘的误差。

（1）陀螺仪的基本组成

陀螺仪是一种用来传感与维持方向的装置,基于角动量守恒的理论设计出来的,主要是由一个位于轴心可以旋转的轮子构成。陀螺仪的装置,一直是航空和航海上航行姿态及速率等最方便实用的参考仪表。从力学的观点近似地分析陀螺的运动时,可以把它看成是一个刚体,刚体上有一个万向支点,而陀螺可以绕着这个支点作三个自由度的转动,所以陀螺的运动是属于刚体绕一个定点的转动运动。在一定的初始条件和一定的外力矩在作用下,陀螺会在不停自转的同时,还绕着另一个固定的转轴不停地旋转,这就是陀螺的旋进,又称为回转效应。更确切地说,一个绕对称轴高速旋转的飞轮转子叫陀螺。将陀螺安装在框架装置上,使陀螺的自转轴有角转动的自由度,这种装置叫作陀螺仪,如图 4-10 所示。

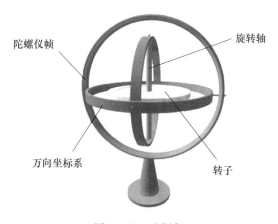

图 4-10　陀螺仪

陀螺仪结构如图 4-11 所示,其基本部件如下:

① 陀螺转子(常采用同步电机、磁滞电机、三相交流电机等拖动方法来使陀螺转子绕自转轴高速旋转,并且其转速近似为常值);

② 内、外框架(或称内、外环,它是使陀螺自转轴获得所需角转动自由度的结构);

③ 附件(是指力矩马达、信号传感器等)。

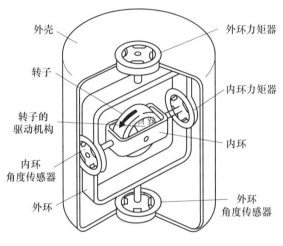

图 4-11　陀螺仪结构

陀螺仪在各个领域有着广泛的应用,利用陀螺仪的回转效应,可以制成测量角速率的传感器。

(2) 陀螺仪原理

陀螺仪是在动态中保持相对跟踪状态的装置,由于其原理的复杂性,借助于图 4-12 来看看陀螺仪的原理。

如图 4-12 所示,轴的底部被托住静止但是能够各个方向旋转。当一个倾斜力作用在顶部轴上的时候,质点 A 向上运动,质点 C 则向下运动,如图 4-12(a)所示。因为陀螺仪是顺时针旋转,在旋转 90°之后,质点 A 将会到达质点 B 的位置。C、D 两个质点的情况也是一样的。图 4-12(b)中质点 A 当处于如图所示的 90°位置时会继续向上运动,质点 C 也继续向下。质点 A、C 的组合将导致轴在图 4-12(c)所示的运动平面内运动。一个陀螺仪的轴在一个合适的角度上旋转,在这种情况下,如果陀螺仪逆时针旋转,轴将会在运动平面上向左运动。如果在顺时针的情况中,倾斜力是一个推力而不是拉力的话,运动将会向左发生。在图 4-12(c)中,当陀螺仪旋转了另一个 90°的时候,质点 C 在质点 A 受力之前的位置。质点 C 的向下运动现在受到了倾斜力的阻碍并且轴不能在

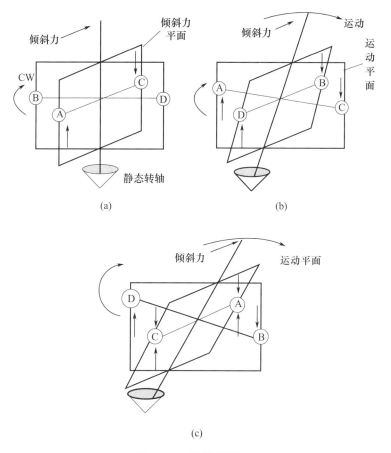

图 4 - 12　陀螺仪原理

(a)倾斜力作用在轴顶部；(b)轴在运动平面中运动；(c)边缘旋转 180°。

倾斜力平面上运动。倾斜力推轴的力量越大,当边缘旋转大约 180° 时,另一侧的边缘推动轴向回运动。

实际上,轴在这个情况下将会在倾斜力的平面上旋转。轴之所以会旋转是因为质点 A、C 在向上和向下运动的一些能量用尽导致轴在运动平面内运动。当质点 A、C 最后旋转到大致上相反的位置上时,倾斜力比向上和向下的阻碍运动的力要大。

(3) 陀螺仪的特性

① 定轴性:高速旋转的转子具有力图保持其旋转轴在惯性空间内方向稳定性不变的特性。

② 进动性:当陀螺转子以高速旋转时,如果施加的外力矩是沿着除自转轴以外的其他轴向,陀螺并不顺着外力矩的方向运动,其转动角速度方向与外力矩

作用方向相互垂直。进动现象如图4-13所示,若外力矩绕外框轴作用,陀螺仪将绕内框轴转动;若外力矩绕内框轴作用,陀螺仪将绕外框轴转动。进动角速度的大小取决于转子动量矩 H 和外力矩 M 的大小。其计算公式为 $\omega = M/H$,即外力矩越大,其进动角速度也越大。干扰力矩引起转子的进动角速度称为陀螺的漂移率,单位为(°)/h,是衡量陀螺仪性能的主要指标。

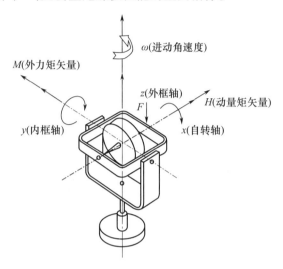

图4-13　陀螺仪进动现象

（4）角速度陀螺仪的选择

机器人中常用的几种陀螺仪如下:

① 微机械陀螺仪。最新的 MEMS 陀螺仪——HTG 系列陀螺仪(图4-14)是用来测量角速率的固态传感器,采用 MEMS 芯片,采用 BIMOS 生产工艺和载流焊工艺技术制造。HTG 系列 MEMS 陀螺仪具有高可靠性和高封装坚固性,可用于惯性测量元件、汽车电子及机器人等系统。

图4-14　HTG 系列陀螺仪

②光纤陀螺仪。光纤陀螺仪 VG910(图 4－15)以量程宽,响应快,灵敏度高,模拟和数字输出,坚固可靠,不受电磁、振动影响等优点,而成为稳定控制、高精度角速度测量的首选。

图 4－15　VG910 光纤陀螺仪

③激光陀螺仪。JG100D 激光陀螺仪(图 4－16)是针对惯性级应用自主研发的数字化、高精度激光陀螺产品,数字化输出,无需辅助控制电路,应用便捷,可靠性高,环境适应性强,适用于车载和机载定位导航系统、惯性导航系统、姿态测量系统、移动测量系统等。

图 4－16　JG100D 激光陀螺仪

4.1.3　压力传感器

压力传感器是工业实践、仪器仪表控制中最为常用的一种传感器,广泛应用于各种工业自控环境,涉及水利水电、铁路交通、航空航天、军工、石化、油井、电力、船舶、机床、管道等众多行业。压力传感器的种类繁多,如电阻应变片压力传感器、半导体应变片压力传感器、压阻式压力传感器、电感式压力传感器等。下面简单介绍常用压力传感器原理及其应用。

1）压电压力传感器

压电材料在施加一定电压后将会收缩,而在受到挤压时将会产生一定的电压,可将压电材料输出的模拟电压经过调整及放大后用于测量机器人中的压力,压电传感器的结构如图4-17所示。

压电传感器中主要使用的压电材料包括有石英、酒石酸钾钠和磷酸二氢胺。其中石英(二氧化硅)是一种天然晶体,压电效应就是在这种晶体中发现的,在一定的温度范围之内,压电性质一直存在,但温度超过这个范围之后,压电性质完全消失(这个高温就是所谓的"居里点")。由于随着应力的变化电场变化微小(也就是说压电系数比较低),所以石英逐渐被其他的压电晶体所替代。而酒石酸钾钠具有很高的压电灵敏度和压电系数,但是它只能在室温和湿度比较低的环境下应用。磷酸二氢胺属于人造晶体,能够承受高温和相当高的湿度,所以已经得到了广泛的应用。

现在压电效应也应用在多晶体上,比如现在的压电陶瓷,包括钛酸钡压电陶瓷、PZT、铌酸盐系压电陶瓷、铌镁酸铅压电陶瓷等。

压电效应是压电传感器的主要工作原理,压电传感器不能用于静态测量,因为经过外力作用后的电荷,只有在回路具有无限大的输入阻抗时才得到保存。此电荷经电荷放大器和测量电路放大并变换阻抗后输出与所受外力成正比的电量,所以这决定了压电传感器只能够测量动态的应力。

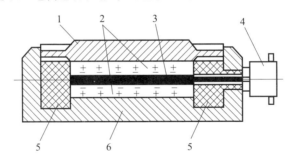

图4-17　压电传感器

1—传力上盖；2—压电片；3—电极；4—电极引出插头；5—绝缘材料；6—底座。

2）陶瓷压力传感器

抗腐蚀的陶瓷压力传感器没有液体的传递,压力直接作用在陶瓷膜片的前表面,使膜片产生微小的形变,厚膜电阻印制在陶瓷膜片的背面,连接成一个惠斯通电桥,由于压敏电阻的压阻效应,使电桥产生一个与压力成正比的高度线性、与激励电压也成正比的电压信号,标准的信号根据压力量程的不同标定为2.0mV/V、3.0mV/V、3.3mV/V等,可以和应变式传感器兼容。通过激光标定,传感器具有很高的温度稳定性和时间稳定性,传感器自带温度补偿 0 ~ 70℃ ,并可以和绝大多数介质直接接触。

陶瓷是一种公认的高弹性、抗腐蚀、抗磨损、抗冲击和振动的材料。陶瓷的热稳定特性及它的厚膜电阻可以使它的工作温度范围高达 – 40 ~ 135℃ ,而且具有测量的高精度、高稳定性。电气绝缘程度大于 2kV,输出信号强,长期稳定性好。高性能、低价格的陶瓷传感器将是压力传感器的发展方向,在欧美国家有全面替代其他类型传感器的趋势,在中国也有越来越多的用户使用陶瓷压力传感器替代扩散硅压力传感器。

陶瓷压力传感器如图 4 – 18 所示。

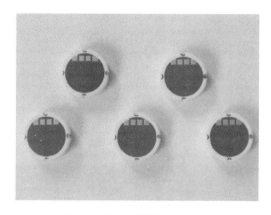

图 4 – 18　陶瓷压力传感器

3）扩散硅压力传感器

硅单晶材料在受到外力作用产生极微小应变时,其内部原子结构的电子能级状态会发生变化,从而导致其电阻率剧烈变化(G 因子突变)。用此材料制成的电阻也就出现极大变化,这种物理效应称为压阻效应。利用压阻效应原理,采用集成工艺技术经过掺杂、扩散,沿单晶硅片上的特定晶向,制成应变电阻,构成惠斯通电桥,利用硅材料的弹性力学特性,在同一硅材料上进行各向异性微加工,就制成了一个集力敏与力电转换检测于一体的扩散硅传感器。

扩散硅压力传感器结构如图 4 – 19 所示。扩散硅压力传感器外形如图 4 – 20 所示。

扩散硅压力传感器抗过载和抗冲击能力强,过压可达量程的数倍;稳定性高;温度漂移小,具有很高的测量精度,且受温度梯度影响极小;抗电击穿性能强,耐腐蚀性好;同时适用性广,安装维护方便,可在任意位置安装。

4）蓝宝石压力传感器

利用应变电阻式工作原理,采用硅 – 蓝宝石作为半导体敏感元件,在压力的

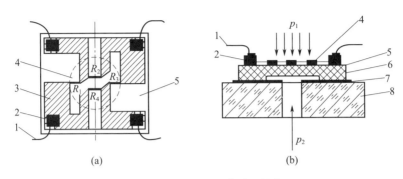

图 4 - 19 扩散硅压力传感器结构图

(a)俯视图;(b)侧视图。

1—引出线;2—电极;3—扩散电阻引线;4—扩散型应变片;5—单晶硅膜片;

6—硅环;7—玻璃黏结剂;8—玻璃基板。

图 4 - 20 扩散硅压力传感器

作用下,钛合金接收膜片产生形变,该形变被硅 - 蓝宝石敏感元件感知后,其电桥输出会发生变化,变化的幅度与被测压力成正比。传感器的电路能够保证应变电桥电路的供电,并将应变电桥的失衡信号转换为统一的电信号输出(4 ~ 20mA 或 0 ~ 5V)。在压力传感器和变送器中,蓝宝石薄片与陶瓷基极玻璃焊料连接在一起,起到了弹性元件的作用,将被测压力转换为应变片形变,从而达到压力测量的目的,具有无与伦比的计量特性。

蓝宝石由单晶体绝缘体元素组成,不会发生滞后、疲劳和蠕变现象;蓝宝石比硅要坚固,硬度更高,不怕形变;蓝宝石有着非常好的弹性和绝缘特性(1000℃以内),因此,利用硅 - 蓝宝石制造的半导体敏感元件,对温度变化不敏感,即使在高温条件下,也有着很好的工作特性;蓝宝石的抗辐射特性极强;另外,硅 - 蓝宝石半导体敏感元件,无 P - N 漂移,因此,从根本上简化了制造工艺,提高了重复性,确保了高成品率。

用硅 - 蓝宝石半导体敏感元件制造的压力传感器和变送器,可在最恶劣的工作条件下正常工作,并且可靠性高,精度好,温度误差极小,性价比高。

蓝宝石压力传感器外形如图 4-21 所示。

图 4-21　蓝宝石压力传感器

5）应变片压力传感器

在了解压阻式压力传感器前,首先认识一下电阻应变片这种元件。电阻应变片是一种将被测件上的应变变化转换成为一种电信号的敏感器件,它是压阻式应变传感器的主要组成部分之一。电阻应变片应用最多的是金属电阻应变片和半导体应变片两种。金属电阻应变片又有丝状应变片和金属箔状应变片两种。通常是将应变片通过特殊的黏合剂紧密地黏合在产生力学应变基体上,当基体受力发生应力变化时,电阻应变片也一起产生形变。应变片的输出是与其形变成正比的电阻值,而形变本身又与施加的力成正比。于是,通过测量应变片的电阻,就可以确定施加的力的大小。这种应变片在受力时产生的阻值变化通常较小,一般用这种应变片都组成应变电桥,并通过后续的仪表放大器进行放大,再传输给处理电路(通常是 A/D 转换和 CPU)显示或执行机构。

应变片压力传感器的核心部分是电阻应变片,如图 4-22 所示。

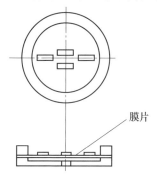

膜片

图 4-22　应变片压力传感器

金属导体的电阻值可用下式表示:

$$R = \rho \cdot L/S \tag{4-8}$$

式中:ρ 为电阻材料的电阻率;L 为电阻材料的长度(m);S 为电阻材料的截面面积(cm^2)。

当金属丝受外力作用时,其长度和截面积都会发生变化,从式(4-8)中很容易看出,其电阻值也会发生改变,假如金属丝受外力作用而伸长时,其长度增加,而截面积减少,电阻值便会增大。当金属丝受外力作用而压缩时,长度减小而截面增加,电阻值则会减小。只要测出加在电阻上的变化(通常是测量电阻两端的电压),即可获得应变金属丝的应变情况。应变片常用于测量末端执行器和机器人腕部的作用力。

6)压力传感器的选择

机器人常用的几种压力/压强传感器如下:

① Arduino FSR406 压力传感器,如图4-23所示。

图4-23　Arduino FSR406 压力传感器

Arduino FSR406 是著名 Interlink Electronics 公司生产的一款重量轻、体积小、感测精度高、超薄型电阻式压力传感器。这款压力传感器是将施加在 FSR 传感器薄膜区域的压力转换成电阻值的变化,从而获得压力信息。压力越大,电阻越低。可用于机械夹持器末端感测有无夹持物品、仿生机器人足下地面感测等。

② FlexiForce Sensor 1lb/450g 压力传感器,如图4-24所示。FlexiForce Sensor 1lb/450g 压力传感器是一款 Sparkfun 原装进口压阻式测力传感器,越用

图 4 - 24　FlexiForce Sensor 1lb/450g 压力传感器

力按压传感器其电阻值就会越低。传感器本身轻薄、柔软且易于弯曲,当传感器受力弯曲时其阻值不改变,只有当压力施加到传感器圆形区域时,该传感器的电阻才会发生变化。

③ Honeywell FSS 小型压力传感器,如图 4 - 25 所示。FSS 系列压力传感器具有精密可靠的压力感性能,封装在小型商品等级的包装中,价格便宜。该传感器的特色是采用了可靠的传感技术,使用专门设计的精制压敏电阻硅传感元件。小功率,无放大、无补偿的惠斯通电桥可在力承受范围内输出稳定的毫伏级电压。

图 4 - 25　Honeywell FSS 小型压力传感器

4.1.4　加速度传感器

加速度传感器是一种能够测量加速度的传感器。加速力就是当物体在加速过程中作用在物体上的力,例如重力。加速度可以是个常量,比如 g,也可以是变量。加速度传感器可以使机器人了解它现在身处的环境:是在爬山? 还是在走下坡? 摔倒了没有? 对于飞行类的机器人(无人机),加速度传感器对控制飞行姿态也是至关重要的。由于加速度传感器可以测量重力加速度,因此可以利用这个绝对基准为陀螺仪等其他没有绝对基准的惯性传感器进行校正,消除陀螺仪的漂移现象。

加速度传感器有两种:一种是角加速度传感器,是由陀螺仪(角速度传感器)改进的;另一种就是线加速度传感器。这里主要介绍线加速度传感器。

1)加速度传感器工作原理

线加速度传感器的原理是惯性原理,也就是力的平衡,a(加速度)$=F$(惯性力)$/M$(质量),我们只需要测量 F 就可以了。怎么测量 F?用电磁力去平衡这个力,就可以得到 F 对应于电流的关系,而通过实验就可以标定这个比例系数。当然中间的信号传输、放大、滤波就是电路的工作了。

技术成熟的加速度传感器分为三种:压电式、容感式、热感式。压电式加速度传感器运用的是压电效应,其内部有一个刚体支撑的质量块,在运动的情况下质量块会产生压力,刚体产生应变,把加速度转变成电信号输出。容感式加速度传感器内部也存在一个质量块,从单个单元来看,它是标准的平板电容器,加速度的变化带动活动质量块的移动,从而改变平板电容两极的间距和正对面积,通过测量电容变化量来计算加速度。而热感式加速度传感器内部没有任何质量块,它的中央有一个加热体,周边是温度传感器,里面是密闭的气腔,工作时在加热体的作用下,气体在内部形成一个热气团,热气团的密度和周围的冷气是有差异的,通过惯性热气团的移动形成的热场变化让感应器感应到加速度值。

多数加速度传感器是根据压电效应的原理来工作的。

对于不存在对称中心的异极晶体,加在晶体上的外力除了使晶体发生形变以外,还将改变晶体的极化状态,在晶体内部建立电场,这种由于机械力作用使介质发生极化的现象称为压电效应。

一般加速度传感器就是利用了其内部的由加速度造成的晶体变形这个特性。由于这个变形会产生电压,只要计算出产生电压和所施加的加速度之间的关系,就可以将加速度转化成电压输出。当然,还有很多方法来制作加速度传感器,如压阻效应、电容效应、热气泡效应、光效应,但是最基本的原理都是由于加速度使某个介质产生变形,通过测量其变形量并用相关电路转化成电压输出。

2)加速度传感器的选择

(1)模拟输出还是数字输出

这个取决于机器人系统和加速度传感器之间的接口。一般模拟输出的电压和加速度是成比例的,比如 2.5V 对应 $0g$ 的加速度,2.6V 对应 $0.5g$ 的加速度。数字输出一般使用脉宽调制(PWM)信号。

（2）要几个测量轴

对于多数地面机器人项目来说，两轴的加速度传感器即能满足多数应用。如果机器人上配备三轴加速度计，通过测量 x、y、z 三个正交轴上的角速度，就可以得到机器人的当前姿态。例如，通过测量由于重力引起的加速度在 x、y、z 三个轴上的分量，就可以计算出机器人相对于水平面的俯仰角度和滚转角度。通过分析动态加速度，还可以得出机器人的移动方式。

（3）最大量程

如果只需要测量机器人相对于地面的倾角，用一个 $\pm 1.5g$ 加速度传感器就足够了。但是如果需要测量机器人的动态性能，$\pm 2g$ 也应该足够了。要是机器人会有突然启动或者停止的情况出现，那可能需要一个 $\pm 5g$ 甚至更大量程的传感器，才能够准确测量这些高动态过程中的加速度。

（4）需要多大的带宽

这里的带宽实际上指的是刷新率。也就是说，每秒传感器会产生多少次读数。对于一般只要测量姿态的应用，100Hz 的带宽应该足够了，也就是说，机器人的姿态传感信息会每秒更新 100 次。但是如果需要测量动态性能，比如振动，500Hz 以上带宽的传感器会让测量更精确。

（5）输出阻抗

对于有些微控制器上的 A/D 转换器来说，其输入阻抗有限制。例如，其连接的传感器阻抗必须小于 $10k\Omega$。

4.2　服务机器人外部传感器

4.2.1　接近觉传感器

机器人接近觉传感器是能感知相距几毫米到几厘米内对象或障碍物的距离、对象的表面性质等的传感器，其目的是在接触对象前得到必要的信息，以便后续动作。接近觉传感器有许多不同的类型，如电磁式、涡流式、霍尔效应式、光学式、超声波式、电感式和电容式等。

接近觉传感器用于探测两个物体接触之前一物体向另一物体接近的场景。在机器人的研究和应用中，接近觉传感器扮演着十分重要的角色。它是机器人获得有关物体信息和作业环境信息的重要感觉器官。

接近觉传感器介于触觉传感器与视觉传感器之间，不仅可以测量距离和方位，而且可以融合视觉和触觉传感器的信息。接近觉传感器可因辅助视觉系统的功能，来判断对象的方位、外形，同时识别其表面的形状。因此，为准确定位抓

取部件,对机器人的接近觉传感器的精度要求比较高。接近觉传感器的作用可归纳如下:

① 发现前方障碍物,限制机器人的运动范围,避免发生碰撞。

② 在接触对向前得到必要信息,如与物体的相对距离、相对倾角,以便为后续动作做准备。

③ 获取对象物表面各点间的距离,从而得到有关对象物表面形状的信息。

机器人接近觉传感器分为接触式和非接触式两种测量方法,测量周围环境的物体或被操作物体的空间位置。接触式接近觉传感器主要采用机械机构完成;非接触式接近觉传感器的测量根据原理不同,采用的装置各异。对机器人而言,根据所采用的原理不同,机器人接近觉传感器可分为感应式、电容式、超声波、光电式等。

1)接触式接近觉传感器

接触式接近觉传感器采用最可靠的机械检测方法,用于检测接触与确定位置。机器人通过微动开关和相应机械装置(如探针、探头)结合实现接触检测。

接触式接近觉传感器的检测信号有如下几种形式:物体接触或不接触所引起的开关接通或断开,检测物体与触点电流的有无,弹性变形产生的应变片电阻的变化等。图4-26是接触式接近觉传感器的结构图。

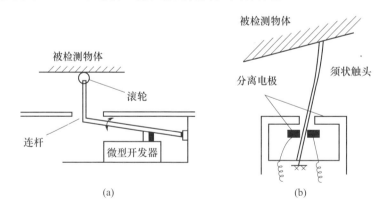

图4-26 接触式接近觉传感器结构图

(a)微型开发器和连杆构成的接近觉传感器;(b)须状接触式接近觉传感器。

2)感应式接近觉传感器

感应式接近觉传感器主要有三种类型:电涡流式、电磁感应式及霍尔效应式。

（1）电涡流式传感器

导体在一个不均匀的磁场中运动或处于一个交变磁场中时,其内部就会产生感应电流,这种感应电流称为电涡流,这一现象称为电涡流现象,利用这一原理可以制作电涡流传感器。电涡流传感器的工作原理如图 4 - 27 所示。电涡流传感器通过通有交变电流的线圈向外发射高频变化的电磁场,处在磁场周围的被测导电物体就产生了电涡流。由于传感器的电磁场方向相反,两个磁场相互叠加削弱了传感器的电感和阻抗。用电路把传感器电感和阻抗的变化转换成转换电压,则能计算出目标物与传感器之间的距离。该距离与转换电压成正比,但存在一定的线性误差。钢或铝等材料的目标物线性误差为 ±0.5% 。

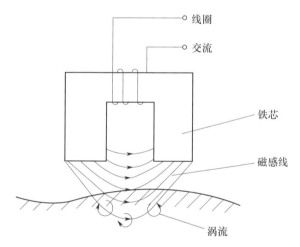

图 4 - 27　电涡流传感器的工作原理

电涡流传感器外形尺寸小,价格低廉,可靠性高,抗干扰能力强,而且检测精度高,能够检测到 0.02mm 的微位移。但是该传感器检测距离短,一般小于 13mm,且只能对固态导体进行检测,这是其不足之处。

（2）电磁感应接近觉传感器

如图 4 - 28(a)所示,电磁感应传感器的核心由线圈和永久磁铁构成。当传感器远离铁磁性材料时,永久磁铁的原始磁力线如图 4 - 28(a)所示;当传感器靠近铁性材料时,引起永久磁铁磁力线的变化,如图 4 - 28(b)所示,从而在线圈中产生电流。这种传感器在与被测物体相对静止条件下,由于磁力线不发生变化,因而线圈中没有电流,因此电磁感应传感器只是在外界物体与之产生相对运动时,才能产生输出。同时,随着距离的增大,输出信号明显减弱,因而这种类型的传感器只能用于很短距离的测量,一般仅为零点几毫米。

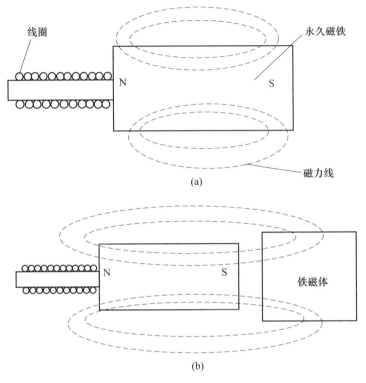

图 4-28　电磁感应式接近觉传感器
(a)原始磁力线；(b)磁力线的变化。

（3）霍尔效应接近觉传感器

保持霍尔元件的激励电流不变,使其在一个均匀梯度的磁场中移动时,则其输出的霍尔电动势取决于它在磁场中的位移量。根据这一原理,可以对磁性体微位移进行测量。霍尔效应接近觉传感器原理如图 4-29 所示,由霍尔元件和永久磁体以一定方式联合使用构成,可对磁体进行检测。当附近没有铁磁物体时霍尔元件感受一个强磁场;铁磁体靠近接近觉传感器时,磁力线被旁路,霍尔元件感受的磁场强度减弱,引起输出的霍尔电动势变化。

3）光纤式传感器

光纤是一种新型的光电材料,在远距离通信和遥测方面应用广泛。用光纤制作接近觉传感器可以用来检测机器人与目标物间较远的距离。这种传感器具有抗电磁干扰能力强、灵敏度高、响应快的特点。光纤式传感器有三种不同的形式。第一种为射束中断型,如图 4-30(a)所示。这种光纤传感器如果光发射器和接收器通路中的光被遮断,则说明通路中有物体存在,传感器便能检测出该物

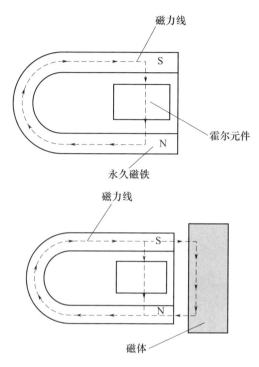

图 4 - 29　霍尔效应接近觉传感器

体。这种传感器只能检测出不透明物体,对透明或半透明的物体无法检测。第二种为回射型,如图 4 - 30(b)所示。不透光物体进入 Y 形光纤束末端和靶体之间时,到达接收器的反射光强度大为减弱,故可检测出光通路上是否有物体存在。与第一种相比,这一种类型的光纤式传感器可以检测出透光材料制成的物体。第三种为扩散型,如图 4 - 30(c)所示,与第二种相比少了回射靶。因为大部分材料都能反射一定量的光,这种类型可检测透光和半透光。

4）超声波传感器

超声波接近觉传感器利用超声波测量距离。声波传输需要一定的时间,其时间与超声波的传播速度和距离成正比,故只要测出超声波到达物体的时间,就能得到距离值。

超声波传感器利用超声波发射和反射接收的时间间隔进行测量。由于声源与目标之间的距离和声波在声源与目标之间往返传播所需的时间成正比,通过测量声波往返传播时间就可间接求得距离。

在这种传感器中,超声波发射器能够间断地发出高频声波(通常在 200kHz 范围内)。超声波传感器有两种工作模式,即对置模式和回波模式。在对置模式中,接收器放置在发射器对面;在回波模式中,接收器放置在发射

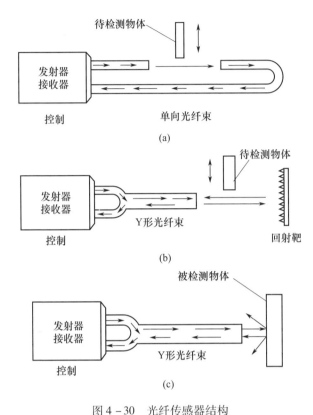

图 4 – 30   光纤传感器结构

(a)射束中断型光纤传感器；(b)回射型光纤传感器；(c)扩散型光纤传感器。

器旁边或与发射器集成在一起,负责接收反射回来的声波。如果接收器在其工作范围内(对置模式)或声波被靠近传感器的物体表面反射(回波模式),则接收器就会检测出声波,并将产生相应的信号。否则,接收器就接收不到声波,也就没有信号。

超声波传感器测距原理如图 4 – 31 所示。传感器由一个超声波发射器、一个超声波接收器、定时电路及控制电路组成。待超声波发射器发出脉冲式超声波关闭发射器,同时打开超声波接收器。该脉冲到达物体表面后返回到接收器,定时电路测出从发射器发射到接收器接收的时间。该时间设为 T,而声波的速度为 v,被测距离为

$$L = \frac{vT}{2} \tag{4 – 9}$$

超声波的传输速度与其波长和频率成正比,只要这两者不变,速度就为常数,但随着环境温度的变化,波速会有一定变化。

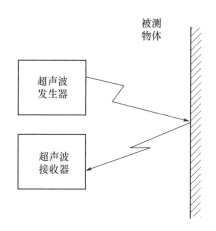

图 4 - 31 超声波传感器原理图

5）电容式接近觉传感器

电容式接近觉传感器的结构和原理十分简单,它是通过距离变化使电容值发生改变来实现测量的。电容式接近觉传感器能对多种金属、非金属进行检测,使用范围较广,但有效范围小(一般为 1~40mm)。

电容式接近觉传感器能够对任何介电常数在 1.2 以上的物体作出反应。在这种情况下,被测物体作为电容器提高了传感器探头的电容总容量,这将触发内部振荡器启动输出单元从而产生输出信号。于是,传感器能够检测到一定范围内物体的有无。

电容式接近觉传感器用于避障有许多优点。它对物体的颜色、构造、表面形状等都不敏感,且由于它的检测原理是根据障碍物接近引起电容变化而得到传感器与障碍物的接近度信息,所以实时性较好。

与只能检测铁磁材料的感应型接近觉传感器不同,电容式接近觉传感器(具有不同的灵敏度)能够检测所有固体和液体材料。正如名字本身所表明的那样,电容式接近觉传感器工作的基础在于检测物体表面靠近传感元件时的电容变化。

图 4 - 32 为电容式接近觉传感器的基本构成。敏感元件为电容器,它由传感器电极和参考电极组成,例如,可用一个金属盘和一个金属环并在二者中间加入绝缘材料构成。

通常在电容元件后面放置干燥空气腔体作为隔离。传感器的组成部分还包括电路,它可作为传感器件的一部分,用树脂封装在筒体内。根据电容的变化检测接近程度的电子学方法有若干种,其中最简单的一种是将电容器作为振荡电路的部分,设计成只有在传感器的电容值超过某一预定阈值时才产生振荡。

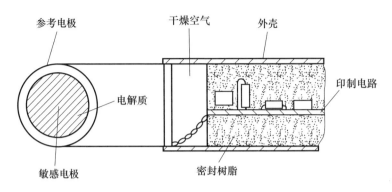

图 4 – 32　电容式接近觉传感器

6）光电式接近觉传感器

光电式接近觉传感器由用作发射器的光源和接收器两部分组成,光源可以在内部,也可以在外部,接收器能够感知光线的有无。

光电式接近觉传感器结构如图 4 – 33 所示,由发光二极管和光敏晶体管组成,采用最简单的光强法检测。发光二极管发出的光经过反射被光敏晶体管接收,接收到的光强和传感器与目标的距离有关,输出信号 U_{out} 是距离 x 的函数:$U_{out} = f(x)$。输出信号的大小反映了从目标物体反射回接收元件的光强。这个信号大小不仅与检测距离有关,同时也受被测物体表面光学特性和表面倾斜等因素的影响。将红外信号调制成某一待定频率,可大大提高信噪比。

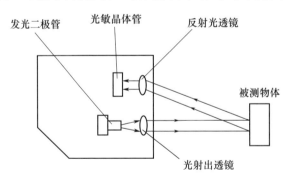

图 4 – 33　光电式接近觉传感器

作为接近觉传感器,发射器及接收器的配置准则是:发射器发出的光只有在物体接近时才能被接收器接收。除非能反射光的物体处在传感器作用的范围内,否则接收器接收不到光线,也就不能产生信号。

光电式接近觉传感器具有测量速度快、抗干扰能力强、测量点小、适用范围广等优点,是目前机器人上应用最多的接近觉传感器。

4.2.2 触觉传感器

机器人触觉传感器是用来判断机器人(主要指四肢)是否接触到外界物体或测量被接触物体特征的传感器。传感器输出信号常为 0 或 1,最经济实用的形式是各种微动开关。常用的微动开关由滑柱、弹簧、基板和引线构成,具有性能可靠、成本低、使用方便等特点。触觉传感器不仅可以判断是否接触物体,而且还可以大致判断物体的形状。一般传感器装在末端的执行器上,除了微动开关外,还采用碳素纤维及聚氨基甲酸酯为基本材料构成触觉传感器。机器人与物体接触,通过碳素纤维与金属针之间建立导通电路,与微动开关相比,碳素纤维具有更高触电安装密度,更好的柔性,可以安装在机器手的曲面手掌上。

1)触须和触角传感器

触须或触角传感器实质上是本体感受和触觉信息的混合。对于这种传感形式的研究始于 20 世纪 90 年代早期,比如,Russell 研制了一种附着在机器人手臂上来探测它周围环境的触须传感器,它具有一个根部角度传感器和末梢接触传感器。Kaneko 等人把一个硬弹性钢触角固定在一个单自由度旋转轴上,使触角像昆虫那样左右扫动。这种扫掠运动,配合关节角度传感器和转矩传感器一起来对碰到的接触进行评估。Cowan 等人使用多段压阻式触角来辅助一个仿昆虫六足机器人完成沿墙运动控制任务。

2)动态触觉传感器

早期基于位移的专用滑动传感器是检测移动元件的运动,比如服务机器人夹持器表面的滚轮或针状物。最新的方法是使用一个热传感器和一个热源,当被抓的物体开始滑动时,先前传感器下温暖的表面移开了,导致传感器下方表面的温度下降。非接触光学方法使用相关性来检测物体表面的运动。许多研究者提出使用传统阵列进行滑动检测,但是阵列必须具有足够高的分辨率和扫描频率,从而能足够迅速地检测到物体特征的运动,以阻止抓取物体的滑落。Rebman 和 Kallhammer 使用阵列传感器中的单个元件来检测接触表面的法向振动。Dario 和 Derossi 以及 Cutkosky 和 Howe 指出位于接触面附近的压电聚合物对振动非常敏感,可以用于滑动检测。

3)柔性触觉传感器

(1)柔性薄层触觉传感器

柔性薄层触觉传感器有获取物体表面形状二维信息的潜在能力,是采用柔性聚氨基甲酸酯泡沫材料的传感器。柔性薄层触觉传感器如图 4 – 34 所示,泡沫材料用硅胶薄层覆盖。这种传感器结构跟其他物体周围的轮廓相吻合,移去物体时,传感器恢复到最初形状。导电橡胶应变片连到薄层内表面,拉紧或压缩应变片时薄层的形变被记录下来。

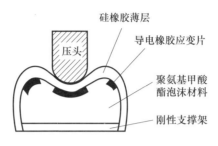

图 4-34　柔性薄层触觉传感器

（2）电流变流体触觉传感器

图 4-35 所示为电流变流体触觉传感器，此传感器共分为三层，上层是带有条形导电橡胶电极的硅橡胶层，它决定触觉传感器空间分布率。导电橡胶与硅胶橡胶基体集成橡胶薄膜，具有很好的弹性，柔性硅胶层有多条导电橡胶电极。中间层是 ERF 聚氨酯泡沫层，是一种充满电流变流体的泡沫结构，充当上下电极形成的电容器的介电材料，同时防止极板短路。传感器的第三层是带有下栅极的印制电路板，有电极和 DIP 插座，可与测试采集电路连接，上层导电橡胶行电极与下层印制电路板的列电极在空间上垂直放置，形成电容触觉单元阵列。

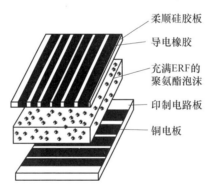

图 4-35　电流变流体触觉传感器

4）阵列传感器

阵列传感器可再分为两种主要类型：测量压力的和测量传感器皮肤表面挠度的。触觉压力阵列是目前更为普遍的。压力阵列往往是相对坚硬的，采用多种转换方法和固体力学来计算接触压力分布。压力阵列的皮肤变形/挠度为 1~2mm。另一方面，皮肤挠度传感器的结构形式允许接触过程中传感器皮肤的明显变形，这有助于提高抓取的稳定性[12]。

（1）压力感测阵列

① 电容式压感阵列。触觉压力阵列是最早并且最普遍的触觉传感器类型之一，嵌入机器人指尖的电容式触觉压力阵列，适用于灵巧操作。这些传感器阵列由重叠的行电极和列电极组成，它们被弹性电介质分开形成电容阵列。在个别交叉点处压紧行列隔板间的电介质会导致电容的变化。

② 压阻式压感阵列。很多研究者研发出的触觉传感器阵列实质上是压阻式的。这些传感器一般来说不是采用批量模塑的导电橡胶，就是采用压阻油墨，油墨通常通过丝网印刷或压印方式形成图案。它们都是利用导电添加剂来产生导电/压阻特性。

③ MEMS 压感阵列。微机电（MEMS）技术可以制造高集成度封装的触觉感测及相关连线和电子器件。早期的器件是通过标准硅微加工技术在硅上制作的。这些传感器在实验室能够良好地运行，但不能在碰撞或恶劣的环境下工作。

（2）皮肤挠度感测

Brocket 等人首先提出使用可变形薄膜机器人指尖的想法。使用可变形指尖比使用更坚硬的机器人指尖有若干优势，可提高抓取的稳定性，降低振动，降低嵌入的传感元件的疲劳。Russell 关于制作柔性硅橡胶机器人手指（见图 4－36）的研究是可变形指尖的早期研究工作之一。他制作的传感器手指使用硬质衬底和聚氨酯泡沫为传感器皮肤提供恢复力。导电橡胶应变片元件列阵和它们的相互连接被切割成适当的形状，并且被黏合到硅橡胶皮肤的背面。导电橡胶就是简单的硅橡胶，只是选择具有最小力学滞后特性的并混合了石墨。对某一给定行的电气连接沿着长度方向按一定间隔接入导电橡胶应变片，从而细分为几个单独的应变测量部分，形成一个分压电路。

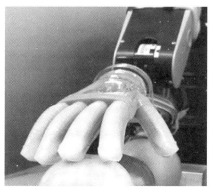

图 4－36　柔性硅橡胶机器人手指

5）滑觉传感器

机器人在抓取不知属性的物体时,其自身应能够确定最佳握紧力的给定值。当握紧力不够时,要检测被测握紧物体的滑动,利用该检测信号,在不损害物体的前提下,实现可靠的夹持,实现此功能的传感器成为滑觉传感器。滑觉传感器有滚动式、球式和振动检测三种。

图4-37是滚轮滑觉传感器的典型结构。物体在传感器表面上滑动时,和滚轮相接触,把滑动变成转动。在图4-37(a)中的传感器中,滑动物体引起滚轮转动,用磁铁和静止的磁头或用光传感器进行检测,如图4-37(b)所示。这种传感器只能检测一个方向的滑动。

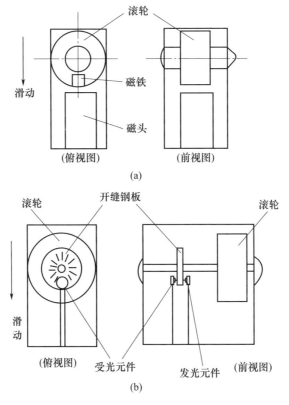

图4-37　滚动式滑觉传感器

(a)磁动式；(b)光学式。

若用球代替滚轮,传感器的球面凸凹不平,球转动时碰撞一个触针,使导电圆盘振动,从而可知接点的开关状态,可以检测各个方向的滑动。图4-38是球式滑觉传感器的典型结构。传感器的球面有黑白相间的图形,黑色为导电部分、白色为绝缘部分,两个电极和球面接触。根据电极间导通状态的变化,就可以检测球的转动,即检测滑觉。传感器表面伸出的触针能和物体接触,物体滑动时,触针与物体接触,在触针上输出脉冲信号,脉冲信号的频率反映了滑动速度,脉冲信号的个数对应滑动距离。

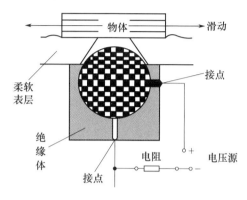

图 4-38　球式滑觉传感器

图 4-39 所示是根据振动原理制成的滑觉传感器。图中钢球指针伸出传感器表面,并与被抓物体接触。若工件滑动,则指针振动,线圈输出信号。使用橡胶和油两种阻尼器可降低传感器对机械手本身振动的敏感。

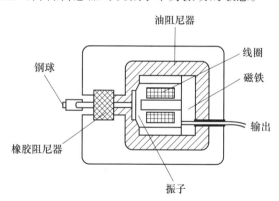

图 4-39　振动式滑觉传感器

6）仿生皮肤

仿生皮肤是集触觉、滑觉和温觉传感器于一体的多功能复合传感器,具有类似人类皮肤的多种感觉功能,仿生皮肤采用具有压电效应和热释电效应的聚偏氟乙烯（PVDF）敏感材料,具有温度范围宽、体电阻高和频率响应宽等特点,容易热成形加工成薄膜、细管或微粒。

集触觉、滑觉和温觉的 PVDF 仿生皮肤传感器结构剖面如图 4 - 40 所示传感器表层为保护层(橡胶包封表皮),上层为两面镀银的整块 PVDF,分别从两面引出电极。下层由特种镀膜形成条状电极,引线由导电胶粘接后引出。在上下两层 PVDF 之间,由电加热层和柔性隔热层(软塑料泡沫)形成两个不同的物理测量空间。上层 PVDF 获取温觉和触觉信号,下层条状 PVDF 获取压觉和滑觉信号。

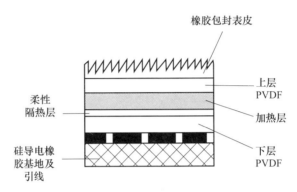

图 4 - 40   PVDF 仿生皮肤传感器结构剖面图

为了使 PVDF 具有温觉功能,电加热层将上层 PVDF 温度维持在 55°C 左右,当待测物体接触传感器时,其与上层 PVDF 层存在温差,导致热传递的产生,使 PVDF 的极化面产生相应数量的电荷,从而输出电压信号。

采用阵列 PVDF 形成多功能复合仿生皮肤,模拟人类用触摸识别物体形状的机能,传感器结构剖面如图 4 - 41 所示。

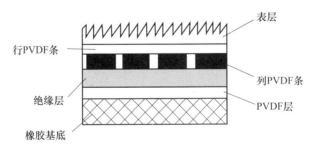

图 4 - 41   阵列式仿生皮肤传感器结构剖面

阵列式仿生皮肤传感器层状结构主要由表层、行 PVDF 条、列 PVDF 条、绝缘层、PVDF 层和硅导电橡胶基底构成。行、列 PVDF 条两面镀银,用微细切割方法制成细条,分别粘贴在表层和绝缘层上,由33根导线引出。行、列 PVDF 导线各16条,以及1根公共导线形成256个触点单元。PVDF 层也采用两面镀银,引出 2 根导线。当 PVDF 层受到高频电压激发时,发出超声波使行列 PVDF 条共振,输出一定幅值的电压信号。仿生皮肤传感器接触物体时,表面受到一定压力,相应受压触点单元的幅值会降低。根据这一机理,通过行列采样数据处理,可以检测物体的重心、形状和压力的大小,以及物体相对于传感器表面的滑移位移。

7）触觉传感器的选择

选择机器人触觉传感器应达到如下要求:

① 传感器有很好的适应性,并且耐磨。

② 空间分辨率为 1～2mm,这种分辨率接近人指的分辨率(人指皮肤敏感分离两点的距离为 1mm)。

③ 每个指尖有 50～200 个触觉单元(即 5×10,10×20 阵列单元数)。

④ 触源的力灵敏度小于 0.05N,最好能达到 0.01N。

⑤ 输出动态范围最好能达到 1000∶1;

⑥ 传感器的稳定性、重复性好,无滞后;

⑦ 输出信号单值,线性度良好;

⑧ 输出频响 100Hz～1kHz。

4.2.3　力觉传感器

力觉传感器是用来检测机器人自身力与外部环境力之间相互作用力的传感器。力觉传感器经常装在机器人关节处,通过检测弹性体变形来间接测量所受的力。装在机器人关节处的力觉传感器常以固定的三坐标形式出现,有利于满足控制系统的要求。目前出现的六维力觉传感器可实现全力信息的测量,因其主要安装于腕关节处所以称为腕力觉传感器。腕力觉传感器大部分采用应变电测原理,按其弹性体结构形式可分为两种:筒式和十字形腕力觉传感器。其中筒式具有结构简单、弹性梁利用率高、灵敏度高的特点;而十字形的传感器结构简单、坐标建立容易,但加工精度高。

1）力和力矩的一般检测方法

力和力矩传感器是用来检测设备内部力或与外界环境相互作用力的。力不是直接可测量的物理量,而是通过其他物理量间接测量出的。

力觉传感器主要使用的元件是电阻应变片。电阻应变片利用了金属丝拉伸时电阻变大的现象,它被贴在加力的方向上。电阻应变片用导线接到外部电路上可测定输出电压,得出电阻值的变化。

如图 4 - 42 所示,电阻应变片作为电桥电路一部分,把图 4 - 42(a)改写成图 4 - 42(b),在不加力的状态下,电桥上的四个电阻有同样的电阻值 R。假如应变片被拉伸,电阻应变片的电阻增加 ΔR。电路上各部分的电流和电压如图 4 – 42(b)所示,它们之间存在下面的关系:

$$
\begin{cases}
V = (2R + \Delta R)I_1 = 2RI_2 \\
V_1 = (R + \Delta R)I_1 \\
V_2 = RI_2
\end{cases}
\tag{4 – 10}
$$

由此可得

$$
\Delta V = V_1 - V_2 \approx \frac{\Delta R V}{4R}
\tag{4 – 11}
$$

因而,电阻值的变化为

$$
\Delta R = \frac{4R \Delta V}{V}
\tag{4 – 12}
$$

如果已知力和电阻值的变化关系,就可以测出力。

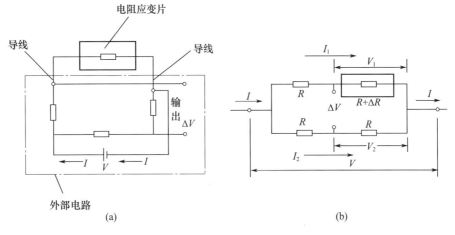

图 4 – 42   应变片组成的电桥

(a)外部电路;(b)检测时的状态。

上面的电阻应变片测定的是一个轴方向的力,若要测定任意方向上的力,应在三个轴方向分别贴上电阻应变片。

2)腕力传感器

作用在一点的负载包含力的三个分量和力矩的三个分量,能够同时测出这六个分量的传感器是六轴力觉传感器。机器人的力控制主要控制机器人手爪任意方向的负载分量,因此需要六轴力觉传感器。六轴传感器一般安装在机器人手腕上,因此也称为腕力传感器。

（1）筒式腕力传感器

筒式腕力传感器又称六轴力觉传感器。六轴力觉传感器虽然具有各种不同的结构,但它们的基本结构大致相同,可用图 4-43 表示。图中的法兰 A 和 B 传递负载,承受负载的结构体 K(传感器部件)具有足够强度,将法兰 A、B 连接起来。结构体 K 上贴着多个应变检测元件 S。根据应变片检测元件 S 输出的信号,计算出作用于传感器基准点 O 的各个负载分量 F。

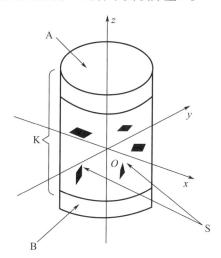

图 4-43　六轴力觉传感器基本结构

（2）十字形腕力传感器

图 4-44 为美国最早提出的十字形弹性体构成的腕力传感器结构原理示意图。十字形所形成的四个臂作为工作梁,在每个梁的四个表面上选取测量敏感点,通过粘贴应变片获取电信号。四个工作梁的一端与外壳连接。在外力作用下,设每个敏感点所产生的力的单元信息按直角坐标定为 $W_1,W_2,\cdots,W_8$,那么,根据

$$\begin{bmatrix} F_x \\ F_y \\ F_z \\ M_x \\ M_y \\ M_z \end{bmatrix} = \begin{bmatrix} 0 & 0 & K_{13} & 0 & 0 & 0 & K_{17} & 0 \\ K_{21} & 0 & 0 & 0 & K_{25} & 0 & 0 & 0 \\ 0 & K_{32} & 0 & K_{34} & 0 & K_{36} & 0 & K_{38} \\ 0 & 0 & 0 & K_{44} & 0 & 0 & 0 & K_{13} \\ 0 & K_{52} & 0 & 0 & 0 & K_{56} & 0 & 0 \\ K_{61} & 0 & K_{63} & 0 & K_{65} & 0 & K_{67} & 0 \end{bmatrix} \begin{bmatrix} W_1 \\ W_2 \\ \vdots \\ W_8 \end{bmatrix}$$

可解算出该传感器围绕三个坐标轴的六个分量值。式中 K_{mn} 值一般通过试验给出。

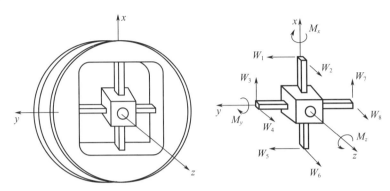

图 4-44　十字形腕力传感器结构原理示意图

图 4-45 为 SAFS-1 型十字形腕力传感器实体结构图。它是将弹性体 3 固定在外壳 1 上,而弹性体另一端与端盖 5 相连接。图中 2 为线路板,4 为过载保护用的限位器。

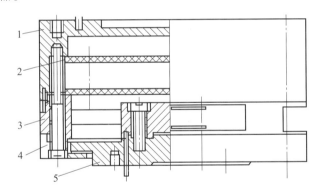

图 4-45　SAFS-1 型十字腕力传感器实体结构图
1—外壳;2—线路板;3—弹性体;4—限位器;5—端盖。

十字形腕力传感器的特点是结构比较简单,坐标容易设定并基本上认为其坐标原点位于弹性体几何中心,但要求加工精度比较高。图 4-46 所示为该传感器系统构成框图。该系统具有六路模拟量与数字量两种输出功能。

3)力觉传感器的选择

应用应变片的力觉传感器中,应变片的好坏与传感器结构同样重要,甚至比结构更为重要。多轴力觉传感器的应变片检测部分应该具有如下特性:

① 至少能获取六个以上独立的应变测量数据;

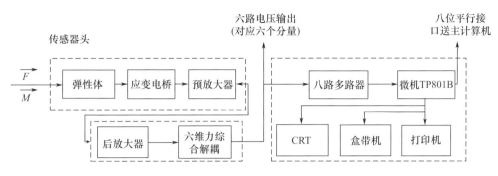

图 4 - 46　十字形腕力传感器系统构成框图

② 由黏结剂或涂料引起的滞后现象或输出的非线性现象尽量小;

③ 不易受温度和湿度影响。

选用力觉传感器时,首先要特别注意额定值。人们往往只注意作用力的大小,而容易忽视作用力到传感器基准点的横向距离,即忽视作用力矩的大小。一般传感器力矩额定值的裕量比力额定值的裕量小。因此,虽然控制对象是力,但是在关注力的额定值的同时,千万不要忘记检查力矩的额定值。

其次,在机器人通常的力控制中,力的精度意义不大,重要的是分辨率。为了实现平滑控制,力觉信号好的分辨率非常重要。高分辨和高精度并非是统一的,在机器人负载测量中,一定要分清分辨率和测量精度究竟哪一个更重要。

力控制技术尚未实用化的主要原因之一,是现有的机器人技术还尚未完全达到实现力控制的水平,另一个原因是力控制的理论体系尚未完善。此外,从理论上掌握机器人动作和环境的系统配置及相应的通用机器人语言还有待于进一步研究。这一系列研究开发工作需要实现传感器反馈控制,具有通用硬件和软件的机器人控制系统,而现在商业化的机器人主要是以位置控制为基础的控制或示教方式。

4.2.4　温度传感器

温度传感器是检测温度的器件,其种类最多,应用最广,发展最快。众所周知,日常使用的材料及电子元件大部分特性都随温度而变化,在此介绍最常用的热电阻和热电偶两类产品。

1) 温度传感器的工作原理

(1) 热电偶的工作原理

当两种不同的导体(或半导体)A 和 B 组成一个回路,其两端相互连接时,只要两结点处的温度不同,一端温度为 T,称为工作端或热端,另一端温度为 T_0,称为自由端(也称参考端)或冷端,则回路中就有电流产生,如图 4-47(a)所示,即回路中存在的电动势称为热电动势。这种由于温度不同而产生电动势的现象称为泽贝克效应。与泽贝克有关的效应有两个:其一,当有电流流过两个不同导体的连接处时,此处便吸收或放出热量(取决于电流的方向),称为佩尔捷效应;其二,当有电流流过存在温度梯度的导体时,导体吸收或放出热量(取决于电流相对于温度梯度的方向),称为汤姆孙效应。两种不同导体或半导体的组合称为热电偶。热电偶的热电势 $E_{AB}(T,T_0)$ 是由接触电势和温差电势合成的。接触电势是指两种不同的导体(或半导体)在接触处产生的电势,此电势与两种导体(或半导体)的性质及接触点的温度有关。温差电势是指同一导体(或半导体)在温度不同的两端产生的电势,此电势只与导体(或半导体)的性质和两端的温度有关,而与导体的长度、截面大小、沿其长度方向的温度分布无关。无论接触电势或温差电势都是由于集中于接触处端点的电子数不同而产生的电势,热电偶测量的热电势是二者的合成。当回路断开时,在断开处 A、B 之间便有一电动势差 ΔV,其极性和大小与回路中的热电势一致,如图 4-47(b)所示。并规定在冷端,当电流由 A 流向 B 时,称 A 为正极,B 为负极。实验表明,当 ΔV 很小时,ΔV 与 ΔT 成正比。定义 ΔV 对 ΔT 的微分热电势为热电势率,又称泽贝克系数。泽贝克系数的符号和大小取决于组成热电偶的两种导体的热电特性和结点的温度差。

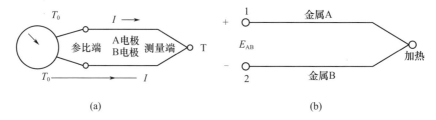

图 4-47   热电偶基本结构图

目前,国际电工委员会(IEC)推荐了 8 种类型的热电偶作为标准化热电偶,即 T 型、E 型、J 型、K 型、N 型、B 型、R 型和 S 型。

(2)热电阻的工作原理

如图 4-48 所示,热电阻(如 Pt100)是利用其电阻值随温度的变化而变化这一原理制成的将温度量转换成电阻量的温度传感器。温度变送器通过给热电阻施加一已知激励电流测其两端电压的方法得到电阻值(电压/ 电流),再将电阻值转换成温度值,从而实现温度测量。利用此原理构成的传感器就是热电阻,主要用于 $-200\sim500℃$ 温度范围内的温度测量。

t(℃)

显示仪表   热电阻

图 4 - 48 热电阻工作原理图

纯金属是热电阻的主要制造材料,热电阻的材料应具有以下特性:

① 电阻温度系数要大而且稳定,电阻值与温度之间应具有良好的线性关系。

② 电阻率高,热容量小,反应速度快。

③ 材料的复现性和工艺性好,价格低。

④ 在测温范围内化学物理特性稳定。

目前,在工业中应用最广的铂和铜已制作成标准测温热电阻。

热电阻和温度变送器之间有二线制、三线制、四线制三种接线方式。

① 二线制,如图 4 - 49 所示。变送器通过导线 L_1、L_2 给热电阻施加激励电流 I,测得电势 V_1、V_2。

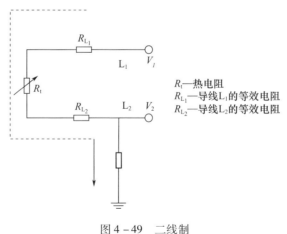

R_t——热电阻
R_{L_1}——导线 L_1 的等效电阻
R_{L_2}——导线 L_2 的等效电阻

图 4 - 49 二线制

计算得

$$\frac{V_1 - V_2}{I} = R_t + R_{L_1} + R_{L_2}$$

$$R_t = \frac{V_1 - V_2}{I} - (R_{L_1} + R_{L_2}) \qquad (4-13)$$

由于连接导线的电阻 R_{L_1}、R_{L_2} 无法测得,而被计入到热电阻的电阻值中,使测量结果产生附加误差。如在 100℃ 时 Pt100 热电阻的热电阻率为 $0.379\Omega/℃$,这时若导线的电阻值为 2Ω,则会引起的测量误差为 5.3℃。

② 三线制,是实际应用中最常见的接法。如图 4-50 所示,增加一根导线用以补偿连接导线的电阻引起的测量误差。三线制要求三根导线的材质、线径、长度一致,且工作温度相同,使三根导线的电阻值相同,即 $R_{L_1} = R_{L_2} = R_{L_3}$。通过导线 L_1、L_2 给热电阻施加激励电流 I,测得电势 V_1、V_2、V_3。导线 L_3 接入高输入阻抗电路,$I_{L_3} = 0$。

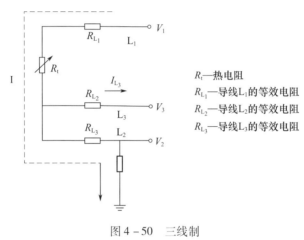

图 4-50　三线制

热电阻的阻值计算过程如下:

$$\frac{V_1 - V_2}{I} = R_t + R_{L_1} + R_{L_2}$$

$$\frac{V_3 - V_2}{I} = R_{L_2}$$

$$R_{L_1} = R_{L_2} = R_{L_3} \qquad\qquad (4-14)$$

$$R_t = \frac{V_1 - V_2}{I} - 2R_{L_2} = \frac{V_1 + V_2 - 2V_3}{I}$$

由此可得三线制接法可补偿连接导线的电阻引起的测量误差。

③ 四线制,是热电阻测温理想的接线方式。如图 4-51 所示,通过导线 L_1、L_2 给热电阻施加激励电流 I,测得电势 V_3、V_4。导线 L_3、L_4 接入高输入阻抗电路,$I_{L_3} = 0$,$I_{L_4} = 0$,因此 $V_4 - V_3$ 等于热电阻两端电压。

热电阻的电阻值为

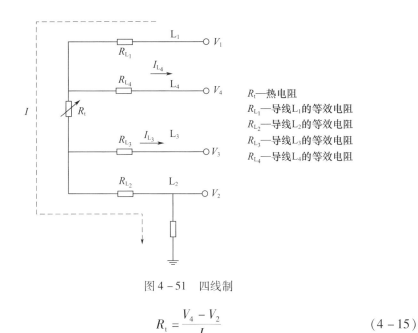

图 4 - 51　四线制

$$R_t = \frac{V_4 - V_2}{I} \qquad\qquad (4-15)$$

由此可得,四线制测量方式不受连接导线电阻的影响。

2)温度传感器的分类

(1)模拟温度传感器

传统的模拟温度传感器,如热电偶、热敏电阻和 RTDS 对温度的监控,在一定温度范围内线性度不好,需要进行冷端补偿或引线补偿;热惯性大,响应时间慢。集成模拟温度传感器与之相比,具有灵敏度高、线性度好、响应速度快等优点,而且它还将驱动电路、信号处理电路以及必要的逻辑控制电路集成在单片集成电路上,有实际尺寸小、使用方便等优点。常见的集成模拟温度传感器有 LM3911、LM335、LM45、AD22103 电压输出型、AD590 电流输出型,这里主要介绍几个典型器件。

① AD590 温度传感器。AD590 是美国模拟器件公司的电流输出型温度传感器,供电电压范围为 3～30V,输出电流 223(-50℃)～423μA(+150℃),灵敏度为 1μA/℃。当在电路中串接采样电阻 R 时,R 两端的电压可作为输出电压。注意 R 的阻值不能取得太大,以保证 AD590 两端电压不低于 3V。AD590 输出电流信号传输距离可达到 1km 以上。

② LM135/235/335 温度传感器。LM135/235/335 系列是美国国家半导体公司(NS)生产的一种高精度易校正的集成温度传感器,工作特性类似于齐纳稳压管。该系列器件灵敏度为 10mV/K,具有小于 1Ω 的动态阻抗,工作电流范围

从 400μA 到 5mA，精度为 1℃，LM135 的温度范围为 −55 ~ +150℃，LM235 的温度范围为 −40 ~ +125℃，LM335 为 −40 ~ +100℃。封装形式有 TO − 46、TO − 92、SO − 8。该系列器件广泛应用于温度测量、温差测量及温度补偿系统中。

（2）逻辑输出型温度传感器

在许多应用中，我们并不需要严格测量温度值，只关心温度是否超出了一个设定范围，一旦温度超出所规定的范围，则发出报警信号，启动或关闭风扇、空调、加热器或其他控制设备，此时可选用逻辑输出式温度传感器。LM56、MAX6501/02/03/04、MAX6509/6510 是其典型代表。

① LM56 温度开关。LM56 是 NS 公司生产的高精度低压温度开关，内置 1.25V 参考电压输出端。最大只能带 50μA 的负载。电源电压为 2.7 ~ 10V，工作电流最大为 230μA，内置传感器的灵敏度为 6.2mV/℃，传感器输出电压为 6.2mV/℃ × T + 395mV。

② MAX6501/02/03/04 温度监控开关。MAX6501/02/03/04 是具有逻辑输出和 SOT − 23 封装的温度监视器件开关，它的设计非常简单：用户选择一种接近于自己需要的控制的温度门限（由厂方预设在 −45 ~ +115℃，预设值间隔为 10℃）。直接将其接入电路即可使用，无需任何外部元件。其中 MAX6501/MAX6503 为漏极开路低电平报警输出，MAX6502/MAX6504 为推/拉式高电平报警输出，MAX6501/MAX6503 提供热温度预置门限（35 ~ +115℃），当温度高于预置门限时报警；MAX6502/MAX6504 提供冷温度预置门限（−45 ~ +15℃），当温度低于预置门限时报警。

（3）数字式温度传感器

① MAX6575/76/77 数字温度传感器。如果采用数字式接口的温度传感器，上述设计问题将得到简化。同样，当 A/D 和微处理器的 I/O 管脚短缺时，采用时间或频率输出的温度传感器也能解决上述测量问题。以 MAX6575/76/77 系列 SOT − 23 封装的温度传感器为例，这类器件可通过单线和微处理器进行温度数据的传送，提供三种灵活的输出方式——频率、周期和定时，并具备 ±0.8℃ 的典型精度，一条线最多允许挂接 8 个传感器，150μA 典型电源电流和 2.7 ~ 5.5V 的宽电源电压范围及 −45 ~ +125℃ 的温度范围。

② 可多点检测、直接输出数字量的数字温度传感器 DS1612。DS1612 是美国达拉斯半导体公司生产的 CMOS 数字式温度传感器。内含两个不挥发性存储器，可以在存储器中任意的设定上限和下限温度值进行恒温器的温度控制，由于这些存储器具有不挥发性，因此一次定入后，即使不用 CPU 也可以独立使用。

温度测量原理和精度：在芯片上分别设置了一个振荡频率温度系数较大的

振荡器(OSC1)和一个温度系数较小的振荡器(OSC2)。在温度较低时,由于 OSC2 的开门时间较短,因此温度测量计数器计数值(n)较小;而当温度较高时,由于 OSC2 的开门时间较长,其计数值(m)较大。如果在上述计数值基础上再加上一个同实际温度相差的校正数据,就可以构成一个高精度的数字温度传感器。将这个校正值定入芯片中的不挥发存储器中,这样传感器输出的数字量就可以作为实际测量的温度数据,而不需要再进行校准。

4.2.5　气体传感器

气体传感器是一种将气体的成分、浓度等信息转换成可以被人员、仪器仪表、计算机等利用的信息的装置。气体传感器是化学传感器的一大门类。从工作原理、特性分析到测量技术,从所用材料到制造工艺,从检测对象到应用领域,都可以构成独立的分类标准,衍生出一个个纷繁庞杂的分类体系,尤其在分类标准的问题上目前还没有统一,要对其进行严格的系统分类难度颇大。

通常检测气体的浓度依赖于气体检测变送器,传感器是其核心部分,按照检测原理的不同,主要分为半导体式传感器、电化学型气体传感器、固体电解质气体传感器、接触燃烧式气体传感器、光学式气体传感器、高分子气体传感器、定电位电解式气体传感器、迦伐尼电池式氧气传感器、红外式传感器、PID 光离子化传感器等。

1) 半导体气体传感器

半导体气体传感器是采用金属氧化物或金属半导体氧化物材料做成的元件,与气体相互作用时产生表面吸附或反应,引起以载流子运动为特征的电导率或伏安特性或表面电位变化。这些都是由材料的半导体性质决定的。半导体气体传感器已经成为当前应用最普遍、最具有实用价值的一类气体传感器,根据其气敏机制可以分为电阻式和非电阻式两种。

(1) 电阻式半导体气体传感器

电阻式半导体气体传感器主要是指半导体金属氧化物陶瓷气体传感器,是一种用金属氧化物薄膜(例如:SnO_2、$ZnOFe_2O_3$、TiO_2 等)制成的阻抗器件,其电阻随着气体含量不同而变化,如图 4 - 52 所示。

以 SnO_2 半导体传感器为例,其表面的敏感层与空气接触时,空气中的氧分子靠电子亲和力捕获敏感层表面的自由电子而吸附在 SnO_2 表面上,从而在晶界上形成一个势垒,限制了电子的流动,导致器件的电阻增加,使 SnO_2 表面带负电。当传感器被加热到一定温度并与 CO 和 H_2 等还原性气体接触时,还原性气体分子与 SnO_2 发生化学反应,降低了势垒的高度,使电子容易流动,从而降低了器件电阻值。SnO_2 半导体传感器就是根据输出的电压变化来检测

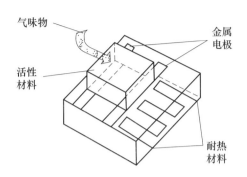

图 4 − 52　金属氧化物半导体传感器

特定气体。

（2）非电阻式半导体气体传感器

非电阻式半导体气体传感器是 MOS 二极管式和结型二极管式及场效应管式（MOSFET）半导体气体传感器。其电流或电压随着气体含量而变化，主要检测氢和硅烷等可燃性气体。其中，MOSFET 气体传感器工作原理是挥发性有机化合物（VOC）与催化金属接触发生反应，反应产物扩散到 MOSFET 的栅极，改变了器件的性能。通过分析器件性能的变化而识别有机化合物。通过改变催化金属的种类和膜厚可优化灵敏度和选择性，并可改变工作温度。MOSFET 气体传感器灵敏度高，但制作工艺比较复杂，成本高。

2）电化学型气体传感器

电化学型气体传感器可分为原电池式、可控电位电解式、电量式和离子电极式四种类型。原电池式气体传感器通过检测电流来检测气体的体积分数，市售的检测缺氧的仪器几乎都配有这种传感器；近年来，又开发了检测酸性气体和毒性气体的原电池式传感器。可控电位电解式传感器是通过测量电解时流过的电流来检测气体的体积分数，和原电池式不同的是，需要由外界施加特定电压，除了能检测 CO、NO、NO_2、O_2、SO_2 等气体外，还能检测血液中的氧体积分数。电量式气体传感器是通过被测气体与电解质反应产生的电流来检测气体的体积分数。离子电极式气体传感器出现得较早，通过测量离子极化电流来检测气体的体积分数。电化学式气体传感器主要的优点是灵敏度高、选择性好。

3）固体电解质气体传感器

固体电解质气体传感器（见图 4 − 53）是一种以离子导体为电解质的化学电池。20 世纪 70 年代开始，固体电解质气体传感器由于电导率高、灵敏度和选择性好，获得了迅速的发展，现在几乎应用于环保、节能、矿业、汽车工业等各个领域，其产量大、应用广，仅次于金属氧化物半导体气体传感器。近来国外有些学

者把固体电解质气体传感器分为下列三类:

①　材料中吸附待测气体派生的离子与电解质中的移动离子相同的传感器,如氧气传感器等。

②　材料中吸附待测气体派生的离子与电解质中的移动离子不相同的传感器,例如用于测量 O_2 的由固体电解质 SrF_2H 和 Pt 电极组成的气体传感器。

③　材料中吸附待测气体派生的离子与电解质中的移动离子以及材料中的固定离子都不相同的传感器,例如新开发高质量的 CO_2 固体电解质气体传感器是由固体电解质 NaSiCON($Na_3Zr_2Si_2PO_{12}$)和辅助电极材料 $Na_2CO_3 - BaCO_3$ 或 $Li_2CO_3 - CaCO_3$,$Li_2CO_3 - BaCO_3$ 组成的。

图 4 - 53　固体电解质气体传感器

目前开发的高质量固体电解质传感器绝大多数属于第三类。又如:用于测量 NO_2 的由固体电解质 NaSiCON 和辅助电极 $NO_2 - Li_2CO_3$ 制成的传感器;用于测量 H_2S 的由固体电解质 $YST - Au - WO_3$ 制成的传感器;用于测量 NH_3 的由固体电解质 $NH_4 - Ca_2O_3$ 制成的传感器;用于测量 NO_2 的由固体电解质 $Ag_{0.4}Na_{7.6}$ 和电极 $Ag - Au$ 制成的传感器等。

4)　接触燃烧式气体传感器

接触燃烧式气体传感器可分为直接接触燃烧式和催化接触燃烧式,其工作原理是气敏材料(如 Pt 电热丝等)在通电状态下,可燃性气体氧化燃烧或者在催化剂作用下氧化燃烧,电热丝由于燃烧而升温,从而使其电阻值发生变化。这种传感器对不燃烧气体不敏感,例如在铅丝上涂敷活性催化剂 Rh 和 Pd 等制成的传感器,具有广谱特性,即能检测各种可燃气体。这种传感器有时称为热导性传感器,普遍适用于石油化工厂、造船厂、矿井隧道和浴室厨房的可燃性气体的监测和报警。该传感器在环境温度下非常稳定,并能对处于爆炸下限的绝大多数可燃性气体进行检测。

5）光学式气体传感器

光学式气体传感器包括红外吸收型、光谱吸收型、荧光型、光纤化学材料型等，主要以红外吸收型气体分析仪为主，由于不同气体的红外吸收峰不同，通过测量和分析红外吸收峰来检测气体。目前已研制开发出流体切换式、流程直接测定式和傅里叶变换式在线红外分析仪。该传感器具有高抗振能力和抗污染能力，与计算机相结合，能连续测试分析气体，具有自动校正、自动运行的功能。光学式气体传感器还包括化学发光式、光纤荧光式和光纤波导式，其主要优点是灵敏度高、可靠性好。

光纤气敏传感器的主要部分是两端涂有活性物质的玻璃光纤。活性物质中含有固定在有机聚合物基质上的荧光染料，当 VOC 与荧光染料发生作用时，染料极性发生变化，使荧光发射光谱发生位移。用光脉冲照射传感器时，荧光染料会发射不同频率的光，检测荧光染料发射的光，可识别 VOC。

6）高分子气体传感器

近年来，国外在高分子气敏材料的研究和开发上有了很大的进展，高分子气敏材料具有易操作性、工艺简单、常温选择性好、价格低廉、易与微结构传感器和声表面波器件相结合等特点，在毒性气体和食品鲜度等方面的检测具有重要作用。高分子气体传感器根据气敏特性主要可分为以下几种：

（1）高分子电阻式气体传感器

该类传感器是通过测量高分子气敏材料的电阻来测量气体的体积分数，目前的材料主要有酞菁聚合物、LB 膜、聚吡咯等。其主要优点是制作工艺简单、成本低廉。但这种气体传感器要通过电聚合过程来激活，既耗费时间，又会引起各批次产品之间的性能差异。

（2）浓差电池式气体传感器

浓差电池式气体传感器的工作原理是：气敏材料吸收气体时形成浓差电池，测量输出的电动势就可测量气体体积分数，目前主要有聚乙烯醇－磷酸等材料。

（3）声表面波（SAW）式气体传感器

SAW 式气体传感器制作在压电材料的衬底上，一端的表面为输入传感器，另一端为输出传感器。两者之间的区域淀积了能吸附有机化合物的聚合物膜。被吸附的分子增加了传感器的质量，使得声波在材料表面上的传播速度或频率发生变化，通过测量声波的速度或频率来测量气体体积分数。主要气敏材料有聚异丁烯、含氟聚醚多元醇等，用来测量苯乙烯和甲苯等有机蒸气。其优势在于选择性高、灵敏度高、很宽的温度范围内稳定、对湿度响应低和良好的可重复性。SAW 式传感器输出为准数字信号，因此可方便地与微处理器接口。此外，SAW 式传感器采用半导体平面工艺，易于将敏感器与相配的电子器件结合在一起，实现微型化、集成化,从而降低测量成本。

（4）振子式气体传感器

石英振子微秤(QCM)由直径为数微米的石英振动盘和制作在盘两边的电极构成。当振荡信号加在器件上时,器件会在它的特征频率约 30MHz 处发生共振。振动盘上沉积了有机聚合物,聚合物吸附气体后,使器件质量增加,从而引起石英振子的共振频率降低,通过测定共振频率的变化来识别气体。

高分子气体传感器对特定气体分子的灵敏度高、选择性好,且结构简单,可在常温下使用,补充其他气体传感器的不足,发展前景良好。

7）红外线光电传感器

红外线光电传感器基于在给定的光程上,红外线通过气体后,光强及光谱峰的位置和形状均会发生变化,即可对被测气体的成分和浓度进行分析。红外线光电传感器在一定的变化范围内,传感器的输出与被测对象的浓度基本成线性关系。红外线光电传感器利用各种元素对某个特定波长的吸收原理,具有抗中毒性好、反应灵敏、对大多数碳氢化合物都有反应的特点,但结构复杂、成本高。

8）定电位电解式气体传感器

定电位电解式气体传感器是目前测毒类现场最广泛使用的,在此方面国外技术领先,因此此类传感器大都依赖进口。定电位电解式气体传感器通常在一个塑料制成的筒状池体内安装工作电极、对电极和参比电极,在电极之间充满电解液,由多孔四氟乙烯做成的隔膜,在顶部封装。前置放大器与传感器电极连接,在电极之间施加了一定的电位,使传感器处于工作状态。气体与电解质内的工作电极发生氧化或还原反应,再对电极发生还原或氧化反应,电极的平衡电位发生变化,变化值与气体浓度成正比。

9）隔膜迦伐尼电池式氧气传感器

隔膜迦伐尼电池式氧气传感器的结构如图 4 - 54 所示。在塑料容器的一面装有对氧气透过性良好的、厚 10 ~ 30μm 的聚四氟乙烯透气膜,在其容器内侧紧粘着贵金属(铂、金、银等)阴电极,在容器的另一面内侧或容器的空余部分形成阳极(用铅、镉等离子化倾向大的金属)。氧气在通过电解质时在阴阳极发生氧化还原反应,使阳极金属离子化,释放出电子,电流的大小与氧气的多少成正比,由于整个反应中阳极金属有消耗,所以传感器需要定期更换。目前国内技术已日趋成熟,完全可以国产化。

10）光离子化气体传感器(PID)

PID 由紫外灯光源和离子室等主要部分构成,在离子室有正负电极,形成电场,待测气体在紫外灯的照射下离子化,生成正负离子,在电极间形成电流,经放大输出信号。PID 具有灵敏度高、无中毒问题、安全可靠等优点。

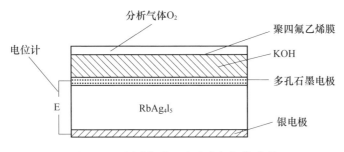

图4-54 隔膜伽伐尼电池式氧气传感器

4.2.6 听觉传感器

听觉传感器是将声音源通过空气振动产生的声波转换成电信号的换能设备，机器人的听觉传感器相当于机器人的"耳朵"，要具有接收声音信号的功能。

听觉传感器内置一个对声音敏感的电容式驻极体话筒。声波使话筒内的驻极体薄膜振动，导致电容的变化，而产生与之对应变化的微小电压。这一电压随后被转化成 $0 \sim 5V$ 的电压，经过 A/D 转换被数据采集器接收，并传送给计算机。听觉传感器的作用相当于一个话筒。它用来接收声波，显示声音的振动图像，但不能对噪声的强度进行测量。机器人上最常用的听觉传感器就是传声器。常见的传声器包括动圈式传声器和驻极体电容传声器。

1）动圈式传声器

动圈式传声器是将声信号转换为电信号。麦克风的振膜可以随声音振动。麦克风的振膜非常薄，贴于振膜上并悬浮在磁场中，可随振膜的振动而运动，当动圈在磁场中运动时，动圈中可产生感应电动势。此电动势与振膜振动的振幅和频率相对应，因而动圈输出的电信号与声音的强弱、频率的高低相对应。动图式传声器工作原理图如图4-55所示。这样传声器就将声音转换成了音频电信号输出。

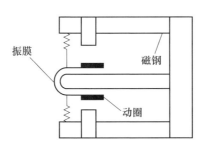

图4-55 动圈式传声器工作原理图

动圈式传声器的主要特点是音质好,不需要电源供给,但价格相对较高而且体积庞大。

2）驻极体电容传声器

驻极体电容传声器的工作原理图如图 4 - 56 所示,它是由固定电极和振膜构成一个电容,经过电阻将一个极化电压加到电容的固定电极上。当声音传入时,振膜可随声音发生振动,此时振膜与固定电极间电容量也随声音而发生变化。此电容的阻抗也随之发生变化,将变化的信号输入到前置放大器,经放大输出音频信号。

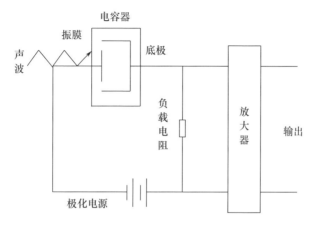

图 4 - 56　驻极体电容传声器工作原理图

驻极体电容传声器尺寸小,功耗低,价格低廉而性能不错,是手机、电话机等常用的声音传感器。大量具有声音交互功能的机器人,例如 SONY AIBO、本田 ASIMO,均采用这类传声器作为声音传感器。

3）MEMS 电容传声器

图 4 - 57 所示为 MEMS 电容传声器的结构原理,背极板与声觉膜共同组成一个平行板电容器。在声压的作用下,声学膜将向背极板移动,两极板之间的电容值发生相应的改变,从而实现声信号向电信号的转换。对于硅基电容式微传声器来说,由于狭窄气隙中存在空气流阻抗,引起高频情况下灵敏度的降低,通过在背极板上开大量声学孔以降低空气流阻抗的方法来解决。

4）光纤传声器

当光纤受到很微小的外力作用时,就会产生微弯曲,造成传光能力发生很大的变化以及传输光的损耗等,光纤声传感器就是基于此原理制成的。

以声/光转换为机制的光纤类传声器具有检测灵敏度高、频带宽、形小质轻、柔性灵活、耐热、抗电磁干扰、抗辐照等优点。

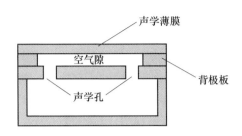

图 4 - 57 MEMS 电容传声器的结构原理图

5）传声器的选择

（1）灵敏度

当给予传声器一定的音压时，在其输出端上能产生输出电压的值，一般以 dB·V/Pa 表示。传统上以传声器输出之 dB（分贝）和一标准电平来做比较，所有的标准电平皆超过传声器的输出电平。因此所测出的 dB 数据都是负值。所以传声器测出来的结果若为 - 55dB 时，是比 - 60dB 的传声器在感度上更佳，而除比较 dB 值外，也可由输出电压大小来判断传声器的感度高低，输出电压越大，感度越高。

（2）输出阻抗

传声器最重要的特性是输出阻抗，这是一种回流至传声器的 AC 阻抗的计算。一般来说，传声器可分为低阻抗（50 ~ 1000Ω）、中阻抗（5000 ~ 15000Ω）及高阻抗（20000Ω 以上）。

（3）频率响应

将待测的传声器置于规定的音压下，记录其各频率点之输出大小，描点成线，为频率响应图。对于特定应用的机器人，应该选择它需要采集的那一段频率响应好的传声器，例如，主要用于人机对话的传声器，就应该选择频率响应为 20Hz ~ 20kHz 的传声器。如果采集超声波，就应该选择频率响应在 20kHz 以上的传声器。

（4）信噪比

可以简单地理解为信号与传声器本体所产生的杂音之比。

（5）功耗

典型的驻极体式电容传声器在驱动 JFET 时所需的电流为 50μA ~ 1mA，功率不到 10mW。

（6）指向性

以指向性来区分可将传声器分为三类：全指向性（Omni - directional）——任何一方向来的音源能量均被拾取转为电能；单指向性（Uni - directional）——正

前方(0°)的声波能量被拾取的比例最大;双指向性(Bi – directional)——前后方
(0°与180°)被拾取的能量最大。

4.2.7　视觉传感器

机器人视觉(见图 4 – 58)一般指与之配合操作的工业视觉系统,把视觉系
统引入机器人以后,可以大大地扩大机器人的使用性能,帮助机器人在完成指定
任务的过程中,具有更大的适应性,机器人视觉除要求价格经济外,还具有对目
标有好的辨别能力、实时性、可靠性、通用性等方面的要求,近年来对机器人视觉
的研究成为国内外机器人领域的研究热点之一,也陆续地提出许多提高视觉系
统性能的方案。

图 4 – 58　视觉传感器

视觉传感器是视觉系统的核心,是提取环境特征最多的信息源,主要由一个
或者两个图形传感器组成,有时还要配以光投射器及其他辅助设备。视觉传感
器的主要功能是获取足够的机器视觉系统要处理的最原始图像。图像传感器可
以使用激光扫描器、线阵和面阵 CCD 摄像机或者 TV 摄像机,也可以是最新出现
的数字摄像机等。

1) 视觉传感器测量方式

视觉传感器是非接触型的。它是电视摄像机等技术的综合,是机器人众多
传感器中最稳定的传感器。机器人的视觉传感器有以下三种测量方式:

① 直接处理电视摄像机所摄取的 6 分图像的深浅图像处理方式。把亮度
信息数字化,通常为 4 ~10bit,作为 64 像素 ×64 像素 ~ 1024 像素 ×1024 像素输
出处理部分。然后,利用已知算法,为线条进行解释,识别被加工物。这种图像
处理法的困难是需要处理庞大的输出数据,费时太多。作为机器人的视觉,往往
简化成双值,再利用专用处理装置快速处理。

121

② 把深浅图像双值化再处理的方式。

③ 根据距离信息测量物体的开关和位置的方式。该方法有采用三角测量法和利用两台电视摄像机的立体视觉法等多种方案。

2）视觉传感器的基本原理

视觉传感器能从一幅图像中捕获数以千计的像素。图像的清晰和细腻程度通常用分辨率来衡量,以像素数量表示。Banner 工程公司提供的部分视觉传感器能够捕获 130 万像素。因此,无论距离目标数米还是数厘米远,传感器都能"看到"十分细腻的目标图像。

在捕获图像之后,视觉传感器将其与内存中存储的基准图像进行比较,以做出分析。例如,若视觉传感器被设定为辨别正确地插有 8 颗螺栓的机器部件,则传感器"知道"应该拒收只有 7 颗螺栓的部件,或者螺栓未对准的部件。此外,无论该机器部件位于视场中的哪个位置,无论该部件是否在 360°范围内旋转,视觉传感器都能做出判断。

3）视觉传感器的分类

（1）电视摄像机

电视摄像机由二维图像传感器和扫描电路等外围电路组成。只要接上电源,摄像机就能输出被摄图像的标准电视信号,大多数摄像机镜头可以通过一个叫作 C 透镜接头的1/2 英寸①的螺纹来更换,为了实现透镜的自动聚焦,多数摄影透镜带有自动光圈的驱动端子。彩色摄像机中,多数是在图像传感器上镶嵌配置红（R）、绿（G）、蓝（B）色滤色器以提取颜色信号的单板式摄像机。光源不同而需要调整色彩时,方法很简单,通过手动切换即可。

（2）CDD 摄像机

CCD 即电子耦合组件,它是一种半导体成像器件,具有灵敏度高、抗强光、畸变小、体积小、寿命长、抗振动等优点。

被摄物体的图像经过镜头聚焦至 CCD 芯片上,CCD 根据光的强弱积累相应比例的电荷,各个像素积累的电荷在视频时序的控制下,逐点外移,经滤波、放大处理后,形成视频信号输出。视频信号连接到监视器或电视机的视频输入端便可以看到与原始图像相同的视频图像。

它就像传统相机的底片一样,是感应光线的电路装置,可以将它想象成一颗颗微小的感应粒子,铺满在光学镜头后方,当光线与图像从镜头透过、投射到 CCD 表面时,CCD 就会产生电流,将感应到的内容转换成数码资料储存起来。CCD 像素数目越多、单一像素尺寸越大,收集到的图像就会越清晰。因此,尽管

---

① 1 英寸 = 0.0254m。

CCD 数目并不是决定图像品质的唯一重点,仍然可以把它当成相机等级的重要判别标准之一。

4) 视觉传感器的选择

(1) 两自由度摄像云台 SONY D100

两自由度摄像云台 SONY D100 如图 4 - 59 所示。

图 4 - 59　两自由度摄像云台 SONY D100

SONY D100 摄像机可以在远程控制旋转/倾斜/变焦的运作下要获得高质量的彩色图像,并且封装简易、紧密。此摄像机具有高速、在宽视场范围内旋转/倾斜运作安静的特点;同时具有 36 倍变焦,可快速稳定地自动聚焦及自动曝光来控制背光补偿,同时适于用于光线不好的条件下;具有 470 线分辨率的 AV 输出、10 倍光学变焦,画质优秀,但需要配合视频采集卡使用。其云台精度较差,不是很适合视觉伺服等应用。

(2) 全景摄像机

自主移动机器人往往采用摄像机作为视觉传感器,但是普通的摄像机无法同时覆盖机器人四周的环境。一种解决办法是采用两自由度云台,利用云台的旋转、俯仰来获得更大的视角范围;但是这种方式也有响应速度慢、无法实时做到 360°全方位监视的问题,并且机械旋转部件在机器人运动时会产生抖动造成图像质量下降、图像处理难度增加。全景摄像机是一种具有特殊光学系统的摄像机。它的 CCD 传感器部分与普通摄像机没有太大区别,但是配备了一个特殊的镜头,因此可以得到镜头四周 360°的环形图像(图像有一定畸变)。图像数据经过软件展平后即可得到正常比例的图像。

4.2.8　深度传感器

深度传感器又称为深度相机,随着技术的发展,近年来涌现出许多新的扫描设备,诸如 TOF 相机、PrimeSensor 相机、Kinect 相机、RealSense 相机等,这类设备由于使用方便,能够快速地获取视角范围内的物体点云,越来越得到研究者的关注,尤其在人机交互、游戏、机器视觉、增强现实等领域得到广泛应用。

1)深度相机的原理

市场上深度相机是多种多样的,按照技术实现原理可分为两大类;一类可以称为 TOF 相机,通过测量光线发射到物体表面后反射回来的时间差,从而计算出物体表面的深度值,主要由 Mesa Imaging、PMD Technologies 等公司生产;另一类成为基于红外散斑原理的深度相机,通过记录视角范围内光斑的形变来测量物体表面深度值,如 PrimeSensor、Kinect、RealSense 等相机。

(1)TOF 相机

TOF 是 Time of Flight 的简写,直译为飞行时间,通过给待测物体连续发送光脉冲,然后用传感器接收从物体返回的光,统计其飞行时间来得到待测物体的距离。TOF 技术采用主动光探测方式,对光进行高频调制之后再进行发射。与立体相机或三角测量系统比,TOF 相机(见图 4 – 60)体积小巧,非常适合于一些需要轻便、小体积相机的场合;精度值的计算不受物体表面灰度和特征影响,可以非常准确地进行三维探测,而双目立体相机则需要目标具有良好的特征变化,否则会无法进行深度计算;同时,计算精度不会随着景深的变化而改变,能稳定在厘米级别,对于一些大范围运动的应用场景有着不可或缺的意义。

图 4 – 60 TOF 相机

(2)红外散斑原理深度相机

基于红外散斑原理深度相机,是利用光编码方法实现深度数据获取的。通常来说,激光照射到粗糙物体或是穿透毛玻璃,会形成随机的反射斑点(称为化光散斑),散斑会随着景深的不同而形状不同,通过统计学的研究,找出散斑的强度分布和运动规律。我们可以发现,散斑具有高度的随机性,且空间任意两点的散斑都不相同,具体统计流程为:每隔一段距离(比如 1cm),取一个参考平面,将参考平面上的散斑图案记录下来,记录整个空间的散斑图案,测量时拍摄一幅待测场景的红外图像,将拍摄红外图像和保存下来的参考图依次统计,当视角范围内存在待测物体时,散斑图案就会发生变化,统计这些变化,就可以获得待扫描物体所处的空间位置了,其可以称为一个具有三维纵深的"体编码",但计算精度会随着景深的变化而变化,一般可靠范围为相机前 0.4~1.5m。

红外散斑原理如图 4-61 所示。

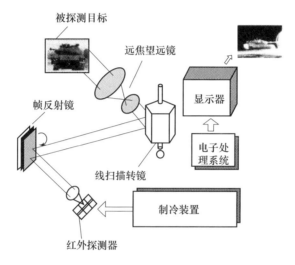

图 4-61　红外散斑原理

2)深度相机的比较

目前的深度相机有 TOF、结构光、激光扫描等几种,主要用于机器人、互动游戏等应用,其中较多的是 TOF 相机。目前主流的 TOF 相机厂商有 PMD、MESA、Optrima、微软等几家,其中 MESA 在科研领域使用较多,相机紧凑性好,而 PMD 是唯一一款能够在户内、户外均能使用的 TOF 相机,并且能够具有多种探测距离,可用于科研、工业等各种场合。而 Optrima、微软(还不是真正的 TOF 技术)的相机主要面向家庭、娱乐应用,价位较低。

(1)MESA 系列介绍

MESA Imaging AG 成立于 2006 年 7 月,致力于生产销售世界领先的 3D TOF 深度测绘相机。该相机采用的图像芯片技术,能够实时采集三维数据列(通常称为深度图像),并集成于一个紧凑的固件内。MESA 的产品能够进行单相机 3D 成像。它采用 TOF 法,通过给目标连续发送光脉冲,然后用传感器接收从物体返回的光、探测光脉冲的飞行(往返)时间来得到目标物距离。相比于其他立体成像方式,这种方式具有实时性好、无死区等特点。

SR4500 3D(见图4-62)是该公司推出的一款激光测距相机,能以视频帧速率实时输出三维距离值和振幅值。基于TOF原理,相机包括一个内置的激光光源,发射光经场景中的物体反射后返回相机,每个图像传感器中的像素点都分别精确测量该时间间隔,并独立算出距离值。设计用于户外环境,SR4500可以经以太网(Ethernet)接口连接到计算机或者网络中,快速生成实时深度图。SR4500随机包括驱动和软件接口程序,用户可以通过接口程序创建更多的应用。探测距离为10m,通信接口为Ethernet,视场角可选择标准或者宽视场角。代表着MESA公司第4代TOF原理相机,它可输出稳定的距离值,外形美观、坚固,体积小(65mm×65mm×68mm)。

图4-62　SR4500 3D

(2)PMD Tec系列

PMD Tec公司是一家德国公司,其原身是德国锡根大学一个研究传感器系统(ZESS)的中心实验室,2002年从德国锡根大学分离出来组建了公司,后被另一家公司收购组建了现在的PMD Tec公司。该公司研究3D TOF技术超过了10年。该公司的产品已经开发到了第三代——Cam Cube 3.0。

Cam Cube 3.0(见图4-63)是全球第一款可应用于室外环境的高精度深度相机,这为移动机器人等应用带来了便利。3D摄像头的分辨率为200×200,可以以每秒40帧的速度获取场景的深度信息和灰度图像。Cam Cube 3.0具有非常高的灵敏度,它可以在较短的快门时间内获得更高精度和更远的探测距离。由于独家的SBI技术,Cam Cube 3.0是少有的既可以用于室内,又可以用于室外的相机,并可以探测快速运动目标。

图 4 – 63　Cam Cube 3.0 相机

（3）Natal

Natal 技术是微软公司基于高端研究推出来的一个产品,现更名为 Kinect（见图 4 – 64）。Natal 并不是基于 ToF 的原理,Prime Sense 为微软提供了其三维测量技术,并应用于 Project Natal。Natal 使用的是一种光编码（light coding）技术。不同于传统的 TOF 或者结构光测量技术,光编码技术使用的是连续的照明（而非脉冲）,也不需要特制的感光芯片,而只需要普通的 CMOS 感光芯片。

图 4 – 64　Kinect

光编码技术,是用光源照明给需要测量的空间编上码,即一种结构光技术。与传统的结构光方法不同的是,其光源打出去的不是一副周期性变化的二维图像编码,而是一个具有三维纵深的"体编码"。这种光源叫做激光散斑（laser speckle）,是当激光照射到粗糙物体或穿透毛玻璃后形成的随机衍射斑点。这些散斑具有高度的随机性,而且会随着距离的不同变换图案。也就是说,空间中任意两处的散斑图案都是不同的。只要在空间中打上这样的结构光,整个空间就都被做了标记,把一个物体放进这个空间,只要看看物体上面的散斑图案,就可以知道这个物体在什么位置了。当然,在这之前要把整个空间的散斑图案都记录下来,所以要先做一次光源的标定。每隔一段距离,取一个参考平面,把参考平面上的散斑图案记录下来。

标定方法:假设 Natal 规定的用户活动空间是距离电视机 1～4m 的范围,每隔 10cm 取一个参考平面,那么标定下来就已经保存了 30 幅散斑图像。需要进行测量的时候,拍摄一副待测场景的散斑图像,将这幅图像和保存下来的 30 幅参考图像依次做互相关运算,这样会得到 30 幅相关度图像,而空间中有物体存在的位置,在相关度图像上就会显示出峰值。把这些峰值一层层叠在一起,再经过一些插值,就会得到整个场景的三维形状了。

(4) Inter Real Sense

目前 Inter Real Sense 产品共有四种型号,SR300、R200、LR200 和 ZR300。其中 SR300(见图 4 - 65)主要用于近距离使用,R200 和 LR200 用于远距离使用,而 ZR300 除了远距离使用外,精度更高,还可以感知物体运动,非常适合自主机器人、无人机、虚拟和增强现实及其他用途。这里主要介绍 Intel Real Sense ZR300 摄像头,ZR300 开发套件是一款先进的视觉和感应平台,内置 Intel Real Sense ZR300 摄像头。该设备实际上将三个摄像头的功能融为一体:1 个 1080p 高清摄像头、1 个红外摄像头和 1 个红外激光投影仪。将这些摄像头结合在一起,像人眼一样感知深度并跟踪运动。摄像头 ZR300 的特色包括惯性测量单元(IMU)和跟踪模块,能够通过 USB 连接方便地集成至嵌入式平台。ZR300 具备精确的运动跟踪系统,可以在 6 个自由度的 3D 空间进行运动感知,能够动态检测、识别和跟踪物体和人,还能实现密集重建和占据地图创建。

图 4 - 65　ZR300

4.3　服务机器人传感器的性能指标

移动机器人对传感器的依赖度很大。选择合适的传感器,可以大大减少运动控制和信号处理的工作量;反之,则要花很大精力去完成信号处理与应用。因此,我们需要了解传感器的性能,根据移动机器人的设计要求选择适当的传感器。

在选择传感器时,首先必须要搞清楚传感器的输入与输出是什么。一般来说,传感器的输入就是要测量的物理量,如加速度、速度、位置、压力、温度、图像等,而传感器的输出就是要处理的电量,它们可能是电流、电压、脉冲数,一般要经过信号变换以后才能转换成计算机所能接受并处理的形式,以及人们便于理解的形式。

在选择传感器时,需注意以下几个主要的性能指标。

(1) 测量范围

同一种传感器,不同的型号有不同的测量范围。首先,要确定被测物理量的范围,传感器的测量范围应当大于被测物理量的范围,例如,为被测物理量的 150% 。

(2) 精确度

传感器的精确度简称精度,它是说明测量结果偏离真实值的程度,即所测数值与被测物理量真值的符合程度。精确度通常是以测量误差的相对值来表示的。

精确度一般用传感器在规定条件下允许的最大绝对误差相对于传感器满量程输出的百分数来表示,即

$$A = \frac{\delta A}{Y} \tag{4-16}$$

式中:A 为传感器的精确度;δA 测量范围内允许的最大绝对误差;Y 为满量程输出。

在工程应用中为了简化传感器精度的表示方法,常采用精度等级概念。精度等级以一系列标准百分比数值分档表示。在购买的传感器上或其说明书中都有精度标注,其精度等级代表的误差是指传感器测量的最大允许误差。

(3) 灵敏度

传感器的灵敏度指到达稳定工作状态时,输出变化量与引起此变化的输入变化之比,用 S 表示,即 $S = \frac{dx}{dy}$。它是传感器静态特性曲线上各点的斜率,如

图 4 - 66 所示。线性特性的传感器中灵敏度 S 是常数。非线性特性的传感器中灵敏度 S 在整个量程范围内不是常数。

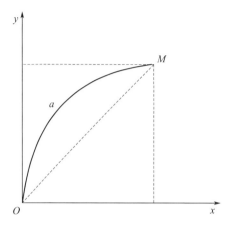

图 4 - 66　传感器的静态特性曲线

（4）分辨率

分辨率是指传感器输出值发生可检测或可察觉的最小变化时所需被测量的最小变化值。分辨率与灵敏度的概念容易混淆,有时候分辨率用来取代灵敏度。

（5）稳定性

传感器的稳定性包括其输入/输出的特性在时间上的稳定性与在工作环境上的稳定性。在时间上的稳定性由传感器和测量仪表中随机性变动、周期性变动、漂移等引起示值的变化程度。一般以精度的数值和时间长短一起表示,例如"输出变化值、小时"。工作环境的稳定性包括环境、温度、湿度、气压等外部环境状态变化对传感器和测量仪示值的影响,以及电源电压、频率等仪表工作条件变化对示值的影响。工作环境稳定性一般用影响系数来表示,例如"输出变化值/℃"表示环境温度变化1℃时输出值的变化值。

（6）重复性

重复性是指传感器在同一工作条件下,输入量按同一方向在全测量范围内连续变动多次所得到特性曲线的不一致。重复性所反映的是测量结果偶然误差的大小,而不表示与真值之间的差别。有时重复性虽然很好,但可能远离真值,这种情况下可以认为传感器中存在常值误差,应用统计方法可以将常值误差估计出来,然后在输出值中加以剔除。

（7）线性度

传感器的线性度用来说明输出量与输入量的实际关系曲线偏离直线的程度。具有理想线性度的传感器是,若输入为 x 时,输出为 $y + a_0$,则当输入为 nx

时,输出为 $ny + a_0$,其中 a_0 为零位偏差(零位偏差的理想值为 $a_0 = 0$)。实际上传感器不可能满足理想的线性度,一般要求传感器在输入值从零值到满量程的 70% ~80% 使用时满足理想的线性度,或者要求输入值在满量程的 5% ~95% 使用时间使用时满足理想的线性度。

此外还有一些其他性能指标,由于需要更专业的知识,在此没有列出。

在选择传感器时,有时性能指标之间会有矛盾。例如,传感器的测量范围比较大时,一般而言其分辨率与灵敏度会比较低。同时,随着性能指标的提高,传感器的价格会大大提高,因此要综合考虑自身的需要,选择适中的传感器。

4.4　多传感器信息融合技术

多传感器信息融合技术是把装备在室内智能移动机器人不同位置上的多个同类或不同类传感器所提供的局部环境的不完整信息加以综合,消除传感器间可能存在的冗余和矛盾的信息,加以互补,降低其不确定性,以形成对系统环境的相对完整一致的感知描述,从而提高机器人的决策、规划、反应的快速性和正确性,降低决策失误率。其优点如下:提高系统的可靠性和鲁棒性;扩展时间上和空间上的观测范围;增强数据的可信任度;增强系统的分辨能力。

多传感器信息融合技术源于 20 世纪 50 年代末期,首次将雷达与光学传感器应用于高炮精度瞄准。随着机器人与智能技术的发展,多传感器信息融合技术开始逐渐被应用于机器人系统中。

20 世纪 80 年代,基于视觉、听觉、激光测距仪传感器的机器人 Hilare 产生了,该机器人利用视觉和听觉传感器构建坐标图,激光测距传感器辅助判定机器人所处坐标位置,并通过约束来剔除无关的特征。每个传感器的不确定性分析首先假设为高斯分布,一旦所有传感器有相近的标准差,那么这些值就被加权平均并融合为对目标一个顶角的估计,否则,采用最小标准差的值。

机器人 Lias 是 20 世纪末由美国德雷克赛尔大学研究出的多传感器移动机器人,该机器人安装了位置和姿态传感器、超声波传感器、PLS 测距仪和声纳传感器。Lias 中超声波传感器负责机器人的定位,PLS 测距仪能够获取机器人周边环境的全景视图。红外传感器是在机器人运动中探测距离,和超声波传感器形成互补。因为超声波只能探测到声波发射方向最近的障碍物,无法探测角落等障碍物的距离。这两者结合就可以获取精确全面的环境信息。

自 20 世纪 80 年代以来,国内在机器人应用多传感器信息融合技术方面也有了很大的进展。中国科学院沈阳自动化研究所研制的基于非结构环境的移动机器人 Climber,拥有超声波传感器、红外传感器、摄像头和电子罗盘,超声波和红外传感器用于探测障碍物距离,实现机器人的避障。摄像头能大范围探测环境信息,罗盘则对机器人进行定位,达到机器人目标定位等目的。多传感信息融合之后的机器人能够在高低不平、有障碍物及楼梯等复杂多变环境中使用。

随着理论研究和技术的发展,可供智能移动机器人使用的传感器种类不断增加,性能不断提高,结构也越来越精巧,如何综合处理多种传感器的信息显得越来越重要。多传感器信息融合的理论和方法就是为了更有效地处理多传感器集成系统的设计和分析而发展起来的一个新的研究方向。经过融合处理后的多传感器系统更能完善地、精确地反映环境特征,与单一传感器相比,它具有信息的互补性、信息的冗余性、信息的实时性及信息的低成本性。多传感器信息融合技术有着广泛的应用前景,对于促进智能移动机器人的发展有着极其重要的意义。

4.4.1 多传感器信息融合的关键问题

多传感器数据融合的关键问题包括数据转换、数据相关、态势数据库、融合推理和融合损失等。

（1）数据转换

由于各传感器输出的数据形式、对环境的描述和说明等都不一样,数据融合中心为了综合处理这些不同来源的信息,首先必须把这些数据按一定的标准转换成相同的形式、相同的描述和说明之后,才能进行相关的处理。数据转换的难度在于,不仅要转换不同层次之间的信息,而且还要转换对环境或目标的描述或说明不同和相似之处。即使是同一层次的信息,也存在不同的描述和说明。

除此之外,坐标的变换是非线性的,其中的误差传播直接影响数据的质量和时空的校准,传感器信息异步获取时,若时域校准不好,将直接影响融合处理的质量。

（2）数据相关

数据相关的核心问题是克服传感器测量的不精确性和干扰等引起的相关二义性,即保持数据的一致;控制和降低相关计算的复杂性,开发相关处理、融合处理及系统模拟的算法和模型。

（3）态势数据库

态势数据库可分为实时数据库和非实时数据库。实时数据库的作用是把当前各传感器的测量数据及时提供给融合推理,并提供融合推理所需的各种其他数据;同时也存储融合推理的最终态势/决策分析结果和中间结果。非实时数据库存储传感器的历史数据、有关目标和环境的辅助信息及融合推理的历史信息。态势数据库所要解决的难题是容量要大,搜索要快,开放互联性好,并具有良好的用户接口,因此要开发更有效的数据模型、新的有效查找和搜索机制以及分布式多媒体数据库管理系统等。

(4)融合推理

融合推理是多传感器融合系统的核心,它需解决如下问题。

① 决定传感器测报数据的取舍。

② 对同一传感器相继测报的环境相关数据进行综合及状态估计,对数据进行修改验证,并对不同传感器的相关测报数据验证分析、补充综合、协调修改和状态跟踪估计。

③ 对新发现的不相关测报数据进行分析与综合。

④ 生成综合态势并实时地根据测报数据的综合态势进行修改。

⑤ 态势决策分析等。

融合推理所需解决的关键问题是如何针对复杂环境和目标时变动态特征,在难以获得先验知识的前提下,建立具有良好鲁棒性和自适应能力的目标机动与环境模型,以及如何有效地控制和降低递推估计的计算复杂性。

(5)融合损失

指融合处理过程中的信息损失。如目标配对和相关一旦出错,损失定位跟踪信息识别及态势评定也将出错;如各传感器数据中没有公共的性质,则将难以融合。

4.4.2　信息融合的具体方法

信息融合本质上是对多源信息的综合处理,是一个复杂的信息处理过程。传统的估计理论和识别算法为信息融合技术提供了坚实的理论基础。但近年来,出现了一些基于统计推断、人工智能及信息论的新方法,推动了信息融合技术向前发展。下面简要分析这些技术方法。

1)基于信号处理与估计理论的方法

信号处理和估计理论的方法包括小波变换技术、加权平均方法、最小二乘法、卡尔曼滤波方法等线性估计技术。当前,卡尔曼滤波方法受到了众多学者的关注,卡尔曼滤波方法用于动态环境中冗余传感器信息的实时融合,该方法同测量型的统计特性系统递推给出统计意义下的最优融合信息估计。如果系统具有线性动力学模型,且系统和传感器噪声是高斯分布的白噪声,卡尔曼滤波为融合信息提供一种统计意义下的最优估计。还有学者开始研究扩展卡尔曼滤波方法基于随机抽样技术的粒子滤波等非线性估计技术,取得了丰硕的研究成果。另外,期望极大化算法为求解具有不完全观测数据的情况下的参数估计与融合提出一个全新的思路,可以通过最优化方法来获取数据的最优估计值,主要方法有极小化风险法及极小化能量法等。

（1）决策论方法

决策论方法以运筹学为理论基础，是运筹学在数据融合领域的实际应用。根据传感器提供的数据及融合中心中的评价准则，用数量方法寻找最优决策方案的方法。通常用于决策级数据融合。

（2）统计推断方法

统计推断方法是根据问题的先验知识、统计规则和条件，对带噪声的监测数据进行判断，给出目标状态的决策推断，整个推断形式以概率的形式来表示。常用的主要方法包括经典推理、粗糙集理论、证据推理（Dempster-Shafer, DS）、随机集推理、贝叶斯理论和支持向量机理论等。

其中证据理论是贝叶斯方法的扩展，它将前提严格的条件从仅是条件的可能成立中分离开来，从而使任何涉及先验概率的信息缺乏得以显示化。它用信任区间描述的信息，不但表示了信息的已知性和确定性，而且能够区分未知性。多传感器信息融合时，将传感器采集的信息作为证据，在决策目标集上建立相应的基本可信度，这样，证据推理能在同一决策框架下，用 Dempster 合并规则将不同的信息合并成一个统一的信息表示。证据决策理论允许直接将可信度赋予传感器信息的合取，既避免了对未知概率分布所做的简化假设，又保留了信息，证据推理的这些优点使其广泛应用于多传感器信息的定性融合。

（3）人工智能

人工智能方法及其研究现已逐步融入各相关领域，主要方法包括模糊逻辑、遗传算法、神经网络、基于规则的推理及专家系统、逻辑模板法等算法。人工智能方法参照了人和其他生物的思维和行为方式，能对数据进行智能化处理，近30 年来获得了迅速发展，在机器翻译、智能控制、专家系统、机器人学、语言和图像理解等众多领域获得了广泛应用，取得了丰硕的成果。下面主要介绍模糊逻辑和神经网络。

模糊逻辑是一种多值型逻辑，指定一个 0～1 的实数表示其真实度。模糊融合过程直接将不确定性表示在推理过程中。如果采用系统中的方法对信息融合中的不确定性建模，则可产生一致性模糊推理。

神经网络根据样本的相似性，通过网络权值表述在融合的结构中，首先通过神经网络特定的学习算法来获取知识，得到不确定性推理机制，然后根据这一机制进行融合和再学习。神经网络的结构本质上是并行的，这为神经网络在多传感器信息融合中的应用提供了良好的前景。基于神经网络的多信息融合具有以下特点：

① 具有统一的内部知识表示形式，并建立基于规则和形式的知识库；

② 利用外部信息,便于实现知识的自动获取和并行联想推理;

③ 能够将不确定的复杂环境通过学习转化为系统可以理解的形式;

④ 神经网络的大规模并行处理信息能力,使系统的处理速度较快。

2)信息论方法

信息论方法以信息论为基础,通过对传感器数据包含的信息,利用优化信息度量的方法获取对问题的解决,主要方法有信息熵理论法、最小描述长度法等。

4.4.3 多传感器信息融合的结构和控制

多传感器信息融合的结构模型由特性来灵活确定,可以将结构模型分为三个类别,包括检测级融合结构模型、位置级融合结构模型和属性级融合结构模型。

(1)检测级融合结构模型

检测级融合结构是信息融合系统中最基础的融合结构,主要分为并行式结构、分散式结构、串行式结构和树状式结构四种结构类型。其中并行结构是先对系统中所有的传感器获取到的数据进行局部判决,最后在检测中心将各个分部的结果融合,得到最终的判决结果。分散结构与并行结构不同,它不对信息进行融合,即在判决过程中,它信任所有传感器获取的数据,认为它们获取的数据都是正确的,单独判决每个传感器获取的数据得到单个判决结果,最后综合每个传感器的判决结果,将其作为最终决策结果。串行结构是先对第一个传感器数据进行判决,然后将判决结果传送给下一个传感器,将这两个传感器的判决结果融合,再传给下一个传感器,以此类推,直至最后一个传感器得到最终判决结果。树状结构可以理解为串行和并行结构的混合结构,在最终获得融合判决结果。

(2)位置级融合结构模型

位置融合结构模型主要包括集中式机构、分散式结构和分级式结构,其中分级式结构又分为有反馈结构和无反馈结构,如图4-67所示。

以上是四种最基本的融合结构,还可以由这四种基本结构构成多种不同的混合结构,集中融合结构和分散融合结构是两种常用的融合结构。集中式结构简单,精度高,但它只有接收到来自所有的传感器信息后,才对信息进行融合。所以,通信负担重,融合速度慢。在分级融合中,信息从低层到高层逐层参与处理,高层节点接收低层节点的融合结果,在有反馈时,高层信息也参与低层节点的融合处理。分散式结构(包括分级结构),每个节点都有自己的处理单元,不必维护较大的集中数据库,都可以对系统作出自己的决策,融合速度快,通信负担轻,不会因为某个传感器的失效而影响整个系统正常工作。所以,它具有较高的可靠性和容错性,但融合精度不如集中式好。结构的选择应根据性能评估和设计权衡,由具体系统的指标要求而定。

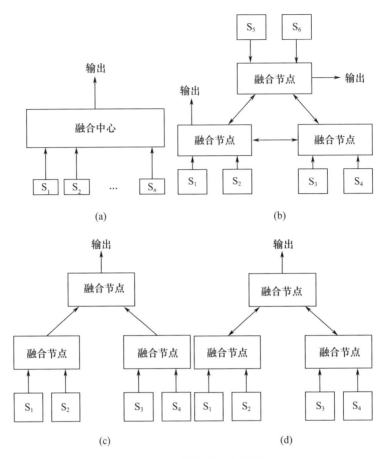

图 4 - 67   信息融合结构图

(a)集中式结构;(b)分散式结构;(c)无反馈分级结构;(d)有反馈分级结构。

（3）属性级融合结构模型

目标的属性是判断不同目标类型和类别的根本,所以目标识别的数据融合就是目标属性的融合与估计,即属性融合。属性级数据结构也分为三个类别,即数据级、特征级、决策级,如图 4 - 68 所示。

其中数据级融合是先对传感器获取的数据进行关联并融合,然后提取出特征并进行判决,但是此方法仅限同类或相同量级的传感器获取的数据融合。而特征级融合结构是先提取单个传感器的特征,包括速度方向和距离等,然后融合提取的特征信息,实现目标理解这样一个过程。该融合缺点在于计算量大,优势是应用范围广泛。决策级融合是在融合中心关联各个传感器的判决信息。这些传感器多种多样,包括同类或者异类传感器,首先对目标进行初步判决,即分别

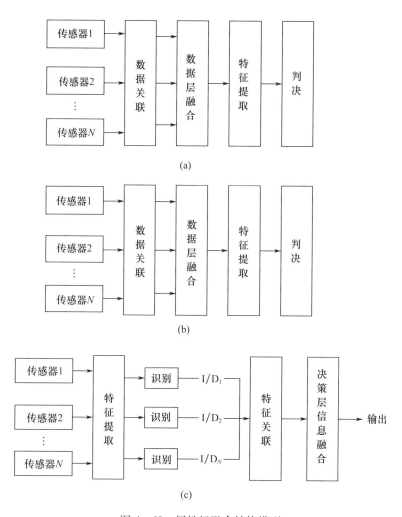

图 4 - 68 属性级融合结构模型

(a)数据级融合结构;(b)特征级融合结构;(c)决策级融合结构。

处理各个传感器采集的数据,提取所需目标的特征进行单一判决;实现初步判决后,在融合中心关联各个传感器的判决信息,获得最终融合结果。

第5章 服务机器人的控制技术

本章首先介绍服务机器人的经典控制技术,建立了模拟 PID 控制器和数字 PID 控制器的数学模型,随后介绍服务机器人的现代控制技术,并对变结构系统模型进行分析,最后介绍几种常见的智能控制算法,包括模糊控制、神经控制、迭代学习控制等。

5.1 服务机器人经典控制技术

5.1.1 模拟 PID 控制器的数学模型

常规的 PID 控制系统原理框图如图 5 – 1 所示,该系统主要由 PID 控制器和被控对象组成。作为一种线性控制器,它根据设定值 $r(t)$ 和实际输出值 $y(t)$ 之间形成控制偏差 $e(t)$,并将偏差按比例、积分和微分作用通过线性组合求出控制量 $u(t)$,从而实现对被控对象的控制。

PID 控制器根据给定值和实际输出值构成控制偏差,即偏差 $e(t) = r(t) - y(t)$,则 PID 控制器的时域微分方程为

$$u(t) = K_p \left[e(t) + \frac{1}{T_i} \int_0^t e(t)\,\mathrm{d}t + T_d \frac{\mathrm{d}e(t)}{\mathrm{d}t} \right] \qquad (5-1)$$

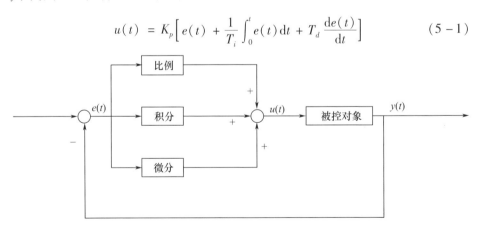

图 5 – 1 PID 控制系统原理框图

或者写成传递函数(频域)的形式为

$$U(s) = K_p \left(1 + \frac{1}{T_i s} + T_d s \right) E(s)$$

式中:K_p 为比例系数;T_i 为积分时间常数;T_d 为微分时间常数;$u(t)$ 为控制量。

PID 控制器各个参数对控制性能的影响如下。

(1) 比例作用对控制性能的影响

比例增益 K_p 的引入是为了及时地反映控制系统的偏差信号,一旦系统出现了偏差,比例环节立即产生调节作用,使系统偏差快速向减小的趋势变化。偏差越大,则纠正偏差的比例作用就越强。比例控制是最基本的控制,如果它过小,则基本控制作用就过小。当比例增益变大的时候,PID 控制器可以加快调节,但是过大的比例增益会使调节过程出现较大的超调量,从而降低系统的稳定性,在某些严重的情况下,甚至可能造成系统不稳定。

(2) 积分作用对控制性能的影响

积分作用的引入是为了消除系统的稳态误差,提高系统的无差度,以保证实现对设定值的无静差跟踪。积分项反映了对偏差历史值的积分,只要偏差不为零,积分项就持续变化,从而产生减小偏差的控制作用。只有当偏差为零时,积分项才不再变化,控制器的输出才为常数,此时系统达到稳态值。因此,从原理上看,只要控制系统存在动态误差,积分调节就产生作用,直至无差,积分作用就停止,此时积分调节输出为一常值。在一定范围内积分作用的强弱取决于积分时间常数 T_i 的大小:T_i 越小,积分作用越强;反之,则积分作用就越弱。当给定输入为常数时,比例项和微分项最终都趋于零,正是积分项这个不变量维持了系统的控制作用,从而使被控过程稳定。有时把积分项的这种作用称为对偏差历史值的"记忆"性。然而,积分项对系统的控制作用也有一些不良影响,比如,积分作用的引入会使系统稳定性下降,动态响应变慢。实际中,积分作用常与另外两种调节规律相结合组成 PI 控制器或者 PID 控制器。

(3) 微分作用对控制性能的影响

微分作用的引入,主要是为了改善控制系统的响应速度和稳定性。微分作用能反映系统偏差的变化律,预见偏差变化的趋势,因此能产生超前的控制作用。大体上说,当偏差不断变小时,意味着输出状态正向着期望的状态发展,则微分项是负值,以免控制量过大而引起过大的超调;而当偏差不断变大时,则微分项是正值,从而可以更快地纠正偏差。或者说,微分作用能在偏差还没有形成之前,就已经消除偏差。因此,微分作用可以改善系统的动态性能。在一定范围内,微分作用的强弱取决于微分时间 T_d 的大小,T_d 越大,微分作用越强,反之则越弱。在微分作用合适的情况下,系统的超调量和调节时间可以被有效地减小,有时把微分项的这种作用称为对偏差变化的"预测"性。从滤波器的角度看,微分环节还相当于一个高通滤波器,对偏差的变化比较敏感,因此它对噪声干扰有放大作用,而这是在设计控制系统时不希望看到的。所以不能过强地增加微分调节,否则会对控制系统抗干扰产生不利的影响。此外,微分作用反映的是偏差的变化率,当偏差没有变化时,微分作用的输出为零。

5.1.2 数字 PID 控制器的数学模型

在计算机控制系统中,使用的是数字 PID 控制器。数字 PID 控制算法通常又可分为位置式 PID 控制算法和增量式 PID 控制算法。

1) 位置式 PID 控制算法

由于计算机控制是一种采样控制,它只能根据采样时刻的偏差值计算控制量,因此,式(5-1)中的积分项和微分项不能直接使用,需要进行离散化处理。按模拟 PID 控制算法的算式,现以一系列的采样时刻点 kT 代替连续时间 t,以和式代替积分,以增量代替微分,则可作如下近似变换:

$$\begin{cases} t \approx kT \quad k = 0, 1, 2, \cdots \\ \int_0^t e(t)\mathrm{d}(t) \approx T \sum_{i=1}^k e(it) = T \sum_{i=1}^k e(i) \\ \dfrac{\mathrm{d}e(t)}{\mathrm{d}t} \approx \dfrac{e(kT) - e[(k-1)T]}{T} = \dfrac{e(k) - e(k-1)}{T} \end{cases} \quad (5-2)$$

式中:T 为采样时间。

显然,上述离散化过程中,采样周期 T 必须足够短,才能保证有足够的精度。为了书写方便,将 $e(kT)$ 乃简化表示为 $e(k)$ 等,即省去 T。将式(5-2)代入式(5-1)可得离散的 PID 控制器表达式,也就是对其进行后向差分离散化可得离散位置式 PID 的表达式为

$$u(k) = K_p\left\{e(k) + \frac{T}{T_i}\sum_{i=0}^k e(i) + \frac{T_d}{T}[e(k) - e(k-1)]\right\} \quad (5-3)$$

或

$$u(k) = K_p e(k) + K_i \sum_{i=1}^k e(i) + K_d[e(k) - e(k-1)] \quad (5-4)$$

式中:k 为采样序列,$k = 0, 1, 2, \cdots$;$u(k)$ 为第 k 次采样时刻的计算输出值;$e(k)$ 为第 k 次采样时刻的输入偏差值;$e(k-1)$ 为第 $(k-1)$ 次采样时刻的输入偏差值;K_i 为积分系数,$K_i = K_p T/T_i$;K_d 为微分系数,$K_d = K_p T_d/T$。

因此,如果采样周期足够短的话,那么由式(5-3)和式(5-4)得到的近似结果可获得足够的精度,此时离散的和连续的 PID 控制过程将十分接近。由

于式(5-3)和式(5-4)的控制算法是直接按式(5-1)给出的 PID 控制规律进行计算的,所以它给出了全部控制量的大小,因此通常将式(5-3)或(5-4)称为位置式 PID 控制算法。

这种算法的缺点是,由于输出控制量是全量输出,所以每次输出均与过去的状态有关,计算时要对 $e(k)$ 进行累加,从而增大了计算机运算时的工作量。而且,因为计算机的输出对应的是执行机构的实际位置,如计算机出现故障,$u(k)$ 的大幅度变化,会引起执行机构位置的大幅度变化,这种情况往往是生产实践中不允许的,在某些场合,还可能造成重大的生产事故,因而产生了增量式 PID 控制算法。

2) 增量式 PID 控制算法

当执行机构需要的是控制量的增量(如驱动步进电机)时,可由式(5-4)导出提供增量的 PID 控制算法。根据递推原理可得

$$u(k-1) = K_p e(k-1) + K_i \sum_{i=1}^{k} e(i) + K_d [e(k-1) - e(k-2)]$$

$$(5-5)$$

将式(5-4)和式(5-5)相减,可求得

$$\Delta u(k) = K_p [e(k) - e(k-1)] + K_i e(k) + K_d [e(k) - 2e(k-1) + e(k-2)]$$

$$(5-6)$$

即

$$\Delta u(k) = K_p \Delta e(k) + K_i e(k) + K_d [e(k) - \Delta e(k-1)]$$
$$u(k) = u(k-1) + \Delta u(k) \qquad (5-7)$$

式(5-6)中,$\Delta e(k) = e(k) - e(k-1)$,式(5-6)称为增量式 PID 控制算法。

可以看出,由于一般计算机控制系统采用恒定的采样周期 T,一旦确定了 K_p、K_i 和 K_d,只要使用前后三次测量值的偏差,即可由式(5-6)求出输出增量。

采用增量式 PID 控制算法时,计算机输出的控制增量 $\Delta u(k)$ 对应的是本次执行机构位置(如阀门开度)的增量。对应阀门实际位置的控制量,目前采用较多的是利用式(5-7)通过执行软件来实现对被控对象的输出控制。增量式控制虽然只是在算法上作了一点改进,但却带来了不少优点:

① 由于计算机输出控制增量,所以误动作时影响小,必要时还可以用逻辑判断的方法去除不符合要求的数值。

② 手动/自动切换时冲击小,便于实现无扰动切换。此外,当计算机发生故障时,由于输出通道或执行装置具有信号的锁存作用,因此依然能保持原值。

③ 增量算式中不需要累加,控制增量 $\Delta u(k)$ 的确定仅与最近三次的采样值

有关,所以较容易通过加权处理而获得较好的控制效果。

但增量式控制也有其不足之处:积分截断效应大,有静态误差,溢出的影响大。因此在选择时不可一概而论,一般认为在以晶闸管或调压块作为执行器或在控制精度要求高的系统中,可以采用位置式 PID 控制算法,而在以步进电机或电动阀门作为执行器的系统中,则可以采用增量式 PID 控制算法。

5.2 服务机器人现代控制技术

5.2.1 服务机器人变结构控制

服务机器人系统是一个高度复杂、高度非线性、高度耦合的系统,为了实现高精度的快速跟踪控制,需采用高级的控制策略,然而变结构系统因其滑动模态对系统的干扰和摄动具有完全的适应性,得到控制界的重视,并成功应用于服务机器人的控制中。

1)变结构控制系统的基本原理

为了说明变结构控制系统的基本概念,考虑下面相变量形式的单输入 n 阶线性时不变系统状态方程式。

$$
\begin{cases}
\dot{x}_1 = x_2 \\
\dot{x}_2 = x_3 \\
\quad \vdots \\
\dot{x}_n = \displaystyle\sum_{i=1}^{n} a_i x_i - bu
\end{cases}
\tag{5-8}
$$

式中:a_i, b 为已知定常参数。

变结构控制具有以下不连续形式,即

$$
u(x) = \begin{cases}
u^+(x) & (s(x) \geqslant 0) \\
u^-(x) & (s(x) < 0)
\end{cases}
\tag{5-9}
$$

其中,$u^+(x) \neq u^-(x)$,并且控制律的选择要满足式(5-9)给出的到达条件,即

$$
\lim_{s(x)\to 0^+} \dot{s}(x) < 0, \quad \lim_{s(x)\to 0^-} \dot{s}(x) > 0
\tag{5-10}
$$

而函数 $s(x)$ 称为切换函数,这里定义为状态向量的线性函数,即

$$
s(x) = c_1 x_1 + c_2 x_2 + \cdots + c_{n-1} x_{n-1} + x_n = 0
\tag{5-11}
$$

在 n 维相空间中,变结构控制中的滑动超平面为

$$c_1 x_1 + c_2 x_2 + \cdots + c_{n-1} x_{n-1} + x_n = 0 \qquad (5-12)$$

由于状态方程式为(5-8)为相变量形式,所以为了保证滑动模态阶段的稳定性,参数 $c_1, c_2, \cdots, c_{n-1}$ 的选择只需使特征方程 $\lambda^{n-1} + c_{n-1}\lambda^{n-2} + \cdots + c_2\lambda + c_1 = 0$ 的所有特征根均具有复实部即可。在滑动模态阶段,由切换函数 $s(x)$ 可以得到

$$x_n = -c_1 x_1 - c_2 x_2 - \cdots - c_{n-1} x_{n-1} \qquad (5-13)$$

进而还可以得出滑动模态阶段的状态方程

$$\begin{cases} \dot{x}_1 = x_2 \\ \dot{x}_2 = x_3 \\ \quad \vdots \\ \dot{x}_{n-1} = -c_1 x_1 - c_2 x_2 - \cdots - c_{n-1} x_{n-1} \end{cases} \qquad (5-14)$$

可以看出 n 阶状态方程式(5-8)在滑动模态阶段的动态行为可以由 $n-1$ 阶的状态方程式(5-14)来完全表征,并且此时系统的动态特征是完全独立于系统参数的。

当系统状态穿越滑动模面 $s(x)=0$,进入 $s(x)<0$ 时,控制量 $u(x)$ 从 $u^-(x)$ 变化为 $u^+(x)$,而达到式(5-10)条件,使得系统状态又迅速穿越滑动模面,进入 $s(x)>0$,从而形成了滑动运动。这里,仅为了能够形象地说明问题,给出了一个二阶系统状态轨迹示意图,如图 5-2 所示。

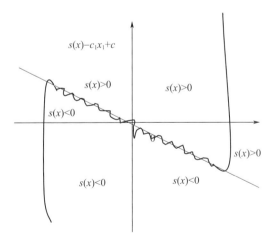

图 5-2　二阶系统的状态轨迹滑模运动示意图

从上面的分析可以看出:变结构控制系统实际上是将具有不同结构的反馈

控制系统按照一定逻辑切换变化得到的,并且具备了原来各个反馈控制系统并不具有的渐近稳定性,称这类组合系统为变结构系统或变结构控制系统。

根据控制系统反馈结构切换逻辑的不同,变结构控制系统具有两种截然不同的形式和系统特性。

形式 1:变结构控制系统的运动是各个子系统部分有益运动的"精心拼补"。此时,变结构控制系统的状态轨迹完全是由各个子系统状态轨迹的一段段拼接。无论各个子系统的稳定性如何,拼接出的组合运动都能保证渐近稳定性。这一形式的变结构控制系统在大大提高系统稳定性的时候,并没有考虑各个子系统所承受的参数变化和扰动等不确定性因素,因此系统的鲁棒性不能得到保证。

形式 2:变结构系统的运动不同于任一子系统的运动。上面的分析就是这种形式的变结构控制系统,变结构控制系统状态轨迹最终进入滑动模态 $s(x)=0$,这种运动是两种反馈结构所对应的子系统根本不能到达的新生状态轨迹。它是一种具有滑动运动的变结构控制系统,具有独立于各个子系统特性和对参数、扰动等不确定性不敏感的优良特性。显然,形式 2 变结构控制系统比形式 1 变结构控制系统具有更强的鲁棒性。本书研究的变结构控制系统就是形式 2 变结构控制系统,即具有滑动模态的变结构控制系统。

变结构控制系统滑动模态的一般定义如下:

定义 5-1 对于一个 n 阶系统,$x_n \in \mathbf{R}^n$ 为系统状态变量,$\tilde{S}(x)$ 是 n 维状态空间中状态域 $\tilde{S}(x)=0$ 的一个子域。如果对于每个 $\varepsilon > 0$,总有一个 $\delta > 0$ 存在,使得源于 $\tilde{S}(x)$ 的 n 维 δ 邻域的系统运动若要离开 $\tilde{S}(x)$ 的 n 维 ε 邻域,只能穿越 $\tilde{S}(x)$ 边界的 n 维 ε 邻域,那么 $\tilde{S}(x)$ 就是一个滑动模态域。系统在滑动模态中的运动称为滑动运动,这种特殊运动形式即为滑动模态。

2)变结构控制系统基本性质

本章以式(5-15)所示系统为例,简要说明变结构控制系统的性质。考虑 n 阶多变量系统,其状态方程为

$$\dot{X}(t) = AX(t) + BU(t) + DF(t) \qquad (5-15)$$

式中:系统状态 $X \in \mathbf{R}^n$,控制向量 $U \in \mathbf{R}^m$,扰动向量 $F \in \mathbf{R}^i$,A、B、D 均为具有适当维数的矩阵。在 n 维状态空间中设计 m 个切换函数为

$$S = GX \qquad (S \in \mathbf{R}^m) \qquad (5-16)$$

其中,$G \in \mathbf{R}^{m \times n}$。

性质 5-1 当式(5-15)所示系统的初始状态满足 $GX(0)=0$ 时,如果切

换函数 $s(x)$ 的设计保证矩阵 $\boldsymbol{GB}$ 非奇异,那么在如下等效控制 U_{eq} 的作用下,系统将沿着滑动模态 $S=0$ 运动。

$$U_{eq} = -(\boldsymbol{GB})^{-1}\boldsymbol{G}(\boldsymbol{AX}+\boldsymbol{DF}) \qquad (5-17)$$

性质 5 - 2　当式(5-15)所示系统具有滑动模态 $S=0$ 时,系统等价于下式的等效运动方程

$$\begin{cases} \dot{\boldsymbol{X}} = [\boldsymbol{I}-\boldsymbol{B}(\boldsymbol{GB})^{-1}\boldsymbol{G}](\boldsymbol{AX}+\boldsymbol{DF}) \\ S=0 \end{cases} \qquad (5-18)$$

这一等效运动方程称为滑动模态方程。

性质 5 - 3　式(5-18)所示等效运动系统的状态 $\boldsymbol{X}$ 属于 n 维状态空间中的 $(n-m)$ 维子空间,等效系统呈现 $(n-m)$ 阶降阶性质。

性质 5 - 4　式(5-15)所示系统中的扰动 $\boldsymbol{F}$ 满足

$$[\boldsymbol{I}-\boldsymbol{B}(\boldsymbol{GB})^{-1}\boldsymbol{G}]\boldsymbol{DF}=0 \qquad (5-19)$$

时,滑动模态方程变为

$$\begin{cases} \dot{\boldsymbol{X}} = [\boldsymbol{I}-\boldsymbol{B}(\boldsymbol{GB})^{-1}\boldsymbol{G}]\boldsymbol{AX} \\ S=0 \end{cases} \qquad (5-20)$$

于是,扰动 $\boldsymbol{F}$ 不再出现在方程中,滑动模态方程将不受 $\boldsymbol{F}$ 的影响。显然,当

$$\text{rank}[\boldsymbol{B},\boldsymbol{D}] = \text{rank}[\boldsymbol{B}] \qquad (5-21)$$

时,式(5-19)成立,称式(5-21)为变结构控制系统的扰动不变性条件。

性质 5 - 5　假设矩阵 $\boldsymbol{A},\boldsymbol{B}$ 中的参数具有不确定性。不妨设

$$\boldsymbol{A} = \boldsymbol{A}_0 + \Delta\boldsymbol{A},\boldsymbol{B} = \boldsymbol{B}_0 + \Delta\boldsymbol{B} \qquad (5-22)$$

其中,$\boldsymbol{A}_0,\boldsymbol{B}_0$ 分别为 $\boldsymbol{A},\boldsymbol{B}$ 的标称矩阵,而 $\Delta\boldsymbol{A},\Delta\boldsymbol{B}$ 则分别为 $\boldsymbol{A},\boldsymbol{B}$ 的摄动矩阵。显然,有:

(1) 当 $\text{rank}[\boldsymbol{B}_0,\Delta\boldsymbol{A}] = \text{rank}[\boldsymbol{B}_0]$ 时,变结构控制系统对 $\Delta\boldsymbol{A}$ 的影响具有不变性。

(2) 当 $\text{rank}[\boldsymbol{B}_0,\Delta\boldsymbol{B}] = \text{rank}[\boldsymbol{B}_0]$ 时,变结构控制系统对 $\Delta\boldsymbol{B}$ 的影响具有不变性。

可以看出,尽管结构的变化给系统带来了额外的复杂性,但同时也对系统赋予了固定结构系统所不包含的特性品质。总之,在一定的条件下,变结构控制系统具有如下特点。

① 在满足一定的匹配条件情况下,变结构控制系统的滑动模态对系统的扰动和参数摄动影响具有完全的鲁棒性或有不变特性。这个匹配条件所代表的物

理意义是系统所有参数摄动和扰动这些不确定因素均可以等价为输入通道中的不确定性。

② 在滑动模态阶段,变结构控制系统的动态特性可以由一个降阶的等效线性运动方程来完全表征,并且这个等效滑动模态方程的运动品质可以预先通过极点配置、最优控制等方法来保证。

③ 变结构控制系统的设计可以分解为两个完全独立的阶段:第一个阶段是到达阶段,系统能够在任意初始状态出发,在变结构控制律的作用下进入并到达滑动模态;第二个阶段则是滑动模态阶段,系统状态在滑动超平面上产生的滑动模态运动,趋向于状态空间原点。

④ 变结构控制系统理论的出现,突破了经典线性控制系统的品质限制,较好地解决了动态与静态性能指标之间的矛盾。

⑤ 变结构控制系统可以在保证稳定性的同时具有快速的响应特性。快速响应特性可以通过提高变结构控制系统的增益获得;而稳定性则可以通过选择合适的切换面来获得。

⑥ 相对其他的控制方法,变结构控制系统的物理实现较为简单。

3)变结构控制系统的设计

变结构控制系统设计方法多样,常常没有唯一的解答,这是由于以下几方面出现了多样性,增大了变结构控制器设计的多样性,分述如下。

(1)系统模型

系统的数学模型经过各种状态变换,会导致各种不同的简化方式。对线性系统有以下形式:①一般形式,即(A,B,C)模型;②简约型,即$B = \begin{bmatrix} 0^T & B_2^T \end{bmatrix}$,$B_2$是非奇异方阵;③可控典范型等。对非线性系统则类型更多,在此不再赘述。

(2)到达条件

滑动模态到达条件的类型有不等式形式与等式形式,每个切换面均为滑动模态区与所有切换面之交。

(3)变结构控制的结构

高为炳给出了多种变结构控制函数的结构,使变结构控制问题归结为求一定结构中所包含的系统及函数。

(4)切换函数形式

通常所用的切换函数是特殊的二次型函数,它一般可以化为两个线性函数,其中一个给出常点集,另一个给出止点集,从而构成滑动模态区或者线性函数。

(5)符号判定方法

在判定$S(X)$及$V(X)$的符号时,往往可以采用不同方法,从而导致不同的变结构控制律。

　　在变结构控制系统设计过程中,由于有上述几种多样性,所以可建立不同的变结构控制系统。如何选择一个良好的变结构控制器,很大程度上取决于工程实际。

　　为了便于理解变结构控制器的设计方法,这里给出一个主要思路,即把变结构控制系统的运动分为两个阶段,分阶段研究和设计。

　　第一阶段:系统状态由任意初始状态位置向滑动模 $S = 0$ 运动,直到进入并到达滑动模态。该阶段中 $S \neq 0$,此时的设计任务是使系统能够在任意状态进入并到达滑动模态。

　　第二阶段:系统状态进入滑动模并沿着滑动模运动的阶段。在该阶段中,$S = 0$,此时的设计任务是保证 $S = 0$,并使此时的等效运动具有期望的性能。因此,可以将变结构控制系统的设计分为互相独立的两个步骤。首先进行切换函数的设计,使得等效运动方程具有满意的性能;然后,根据滑动模态的到达条件进行变结构控制器的设计。其设计步骤如下:

　　步骤 1:切换函数的设计。以式(5 – 15)所示系统为例,当系统满足参数和扰动不变性条件时,式(5 – 20)所示滑动模态方程可以写成

$$\begin{cases} \dot{X} = \left[I - B_0 (GB_0)^{-1} G \right] A_0 X = A_{e\eta} X \\ S = 0 \end{cases} \qquad (5-23)$$

显然,上述等效系统是一个完全独立于参数和扰动不确定性的自治系统。其全部特性仅依赖于原系统的标称或不变参数及切换函数参数矩阵 G。而对于给定的 A_0 和 B_0,可以通过对参数矩阵 G 的合理选择,使 $A_{e\eta}$ 具有期望的几点位置,从而保证等效运动具有期望的稳定性和动态特性。这种切换面的设计原则是由苏联学者 Utkin 首先提出的,Zinober 和 Dorling 等将这一思想应用到了线性多变量系统的滑动超平面设计上,同时还将最优控制理论引入到滑动超平面的设计中,系统的性能指标由二次型最优性能指标规定。

　　此外,Ghezawei 等运用投影算子理论,从空间的角度提出了滑动超平面的广义逆矩阵设计方法。White 研究了单变量系统状态不能全部得到情况下的滑动超平面设计问题。

　　另外,Young 等运用奇异摄动理论分析研究了变结构控制系统的滑动模态运动,并讨论了滑动超平面的设计问题。Ghezawei 等将滑动超平面作为变结构控制系统的输出,利用等价控制概念,研究了变结构控制系统零输出及其计算方法。

　　近年来,变结构控制系统到达阶段的鲁棒性问题亦受到了广泛的重视。一些学者提出了动态时变滑模面的思想,消除变结构控制的到达阶段,从而保证了

系统全局的鲁棒性。如 Slotine 等通过强加初始误差为零这一限制条件设计了一种时变的滑模面;参考文献[3]设计的动态滑模面则可以保证系统轨迹从任意初始状态开始均在滑模面上运动;Lee 等还将模糊控制理论引入到动态时变滑模面设计中。

以上诸多滑动超平面的设计方法,为滑动模态参数矩阵的选取给予了很好的指导作用,避免了因"无章可循"而带来的试错过程,大大减少了控制系统设计的盲目性。

步骤 2:变结构控制律的设计。当变结构控制系统滑动模态的存在条件问题解决后,另一个重要的工作就是设计变结构控制律,驱使系统状态从任意初始点进入滑动模态,并将其稳定可靠地保持在滑动模态上。由此可以看出,变结构控制律设计的根本出发点为滑动模态的可达条件。

由于变结构控制律设计依据的是等式或不等式形式描述的滑动模态可达性条件,并且对于不同类型的可达性条件,有不同的分析设计方法,因此变结构控制律是具有不同结构的非连续函数状态反馈控制律。虽然变结构控制律具有丰富的形式,根据其特点可以将其归纳为几种常见的形式。在大多数情况下,变结构控制律 U 是由线性控制分量 U^L 和非线性控制分量 U^N 两部分组成,即

$$U = U^L + U^N = LX + [u_1^N, u_2^N, \cdots, u_m^N]^T \quad (L \in \mathbf{R}^{m \times n}) \quad (5-24)$$

线性控制分量 $U^L = LX$ 为线性状态反馈,其作用在于对原系统进行初步的校正,改变原系统的运动力学特性,使系统状态的运动轨迹指向滑动模态。

非线性控制分量 U^N 反映了变结构控制律的不连续性,其作用于维持系统状态不脱离滑动模态。非线性控制分量中最典型最常用的有以下四种形式:

① 常增益继电控制型为

$$u_i^N = m_i \mathrm{sgn}(s_i) \quad (m_i > 0) \quad (5-25)$$

② 变增益继电控制型为

$$u_i^N = m_i(X) \mathrm{sgn}(s_i) \quad (m_i(X) > 0) \quad (5-26)$$

③ 系统状态反馈控制型为

$$U^N = \Psi X, \quad \Psi = [\psi_{ij}]_{m \times n}$$

$$\psi_{ij} = \begin{cases} \alpha_{ij} & (s_i x_j > 0) \\ \beta_{ij} & (s_i x_j \leq 0) \end{cases} \quad (5-27)$$

④ 单位向量控制型为

$$U^N = \rho \frac{S}{\parallel S \parallel} \quad (\rho > 0) \quad\quad (5-28)$$

式(5-25)~式(5-27)所示的控制形式及其中的控制参数 m_i, $m_i(X)$, α_{ij} 和 β_{ij} 等是由滑动模态存在条件式(5-10)推导得到的,要求在每个切面上都存在局部滑动模态运动,其控制函数分量 u_i^N 在各自对应的切换超平面 $s_i = 0$ 上不连续。式(5-28)的非线性控制是由式(5-29)的拓广的滑动模态可达性条件得到的。

$$S^\mathrm{T} S < -\boldsymbol{\Psi}(S), \quad \boldsymbol{\Psi}(S) > 0 \quad\quad (5-29)$$

只有当系统状态穿越滑动模态(全部超平面之交)时,控制函数分量才发生切换,否则控制函数保持连续,在每个切换超平面上存在局部滑动模态运动。

在多变量变结构控制系统控制律的设计中,解偶变结构的设计方法比较常用。其基本思想是,如果滑动模态与控制输入的耦合矩阵为对角或对角优势矩阵,那么可将多变量控制问题转化为单变量控制问题,从而实现滑动模态与控制输入的解耦问题。李彦平还通过对系统进行投影算子几何变换,使得与各维滑动模态相应的控制分量的求解过程具有级联解耦特性,进而提出了级联解耦变结构控制方案。

此外,递阶滑动控制方案也是多变量变结构控制的重要方法之一,在多变量变结构控制邻域中占有重要的地位,被公认为是解决参数变化问题的一种有效方法。Habibi Richard、程勉和高为炳研究了线性时变系统的递阶滑动控制方法,这些递阶控制算法能使系统的状态按照一定的顺序依次进入各维局部滑动模式,最后趋向于各个滑动超平面的交界处,进入滑动模态。

4) 变结构控制系统稳定性分析

稳定性是评价一个变结构控制系统的重要因素。由于变结构控制系统的动态过程由到达阶段和滑动模态运动阶段构成,只要在到达阶段保证系统状态能趋近并进入滑动模态,在滑动模态运动阶段保证滑动运动稳定,那么变结构控制系统的稳定性即得到了保证。

变结构控制系统滑动模态运动的稳定性,完全取决于滑动模态的设计,因此只要保证滑动模态方程的稳定性,该阶段的运动一定是稳定。而这一要求在控制系统的设计阶段即可以得到保证,所以关键问题在于是否能设计出适当的变结构控制律使得控制系统状态进入滑动模态。

对滑动超平面 S 进行时间 t 微分可得

$$\dot{S} = \frac{\partial S}{\partial X} \dot{X} \quad\quad (5-30)$$

149

式$(5-30)$可视为式$(5-15)$通过积结函数$S=CX$产生的积结方程,那么滑动模态的存在性问题就转化为式$(5-30)$系统原点的镇定问题,可以通过李雅普诺夫稳定性理论分析解决。若选取李雅普诺夫函数为

$$V(X) - \frac{1}{2}S^{\mathrm{T}}S, \quad S \neq 0 \qquad (5-31)$$

可以得出其对时间的导数为

$$\dot{V}(X) = S^{\mathrm{T}}\dot{S} \quad (S \neq 0)$$

若$\dot{V} < 0(S \neq 0)$条件成立,则系统将最终到达并保持在滑动模$S=0$上。只要变结构控制律设计合理,就可以保证滑动模态的存在。

需要清楚的一点是,在控制不受限的情况下,变结构控制系统是可以保证全局渐近稳定的。但是当控制受限时,任何控制系统都是局部有条件稳定的,变结构控制系统也存在着稳定域问题,状态空间中只有满足一定条件的点才能在变结构控制律的作用下进去滑动模态,这就是滑动模态吸引域的问题。同样,滑动模态运动的状态点也只有在一定区域内时,才能趋于状态原点,保证系统是稳定的,这就是滑动模态的稳定域问题。滑动模态的吸引域和稳定域决定了在控制受限情况下变结构控制系统的稳定域。

5.2.2 服务机器人自适应控制

服务机器人的动力学模型存在非线性和不确定因素,这些因素包括未知的系统参数(如摩擦力)、非线性动态特性(如重力、哥式力、向心力的非线性),以及服务机器人在工作中环境和工作对象的性质和特征的变化。这些未知因素和不确定性,将使控制系统性能变差,采用一般的反馈技术不能满足控制要求。一种解决此问题的方法是在运行过程中不断测量受控对象的特性,根据测得的特征信息使控制系统按新的特性实现闭环最优控制,即自适应控制。自适应控制主要分模型参考自适应控制(model reference adaptive control,MRAC)和自校正自适应控制(self-turning adaptive control,STAC)。在此首先介绍自适应系统定义和机器人动力学特性的状态方程描述法,然后介绍几种机器人自适应控制方法。

1) 自适应系统定义

自适应系统定义的统一仍然是一个有很大争议的问题,现引入部分有关的定义[6]。

定义 5-2 自适应系统在工作过程中能不断地检测系统参数或运行指标,根据参数或运行指标的变化,改变控制参数或控制作用,使系统工作于最优工作

状态或接近于最优工作状态。

　　定义 5 - 3　自适应系统利用可调系统的输入量、状态变量及输出量来测量某种性能指标,根据测得的性能指标与给定的性能指标的比较,自适应机构修改可调系统的参数或者产生辅助输入量,以保持测得的性能指标接近于给定的性能指标,或者说使测得的性能指标处于可接受性能指标的集合内。

　　自适应系统的基本结构如图 5 - 3 所示。图中所示的可调系统可以理解为这样一个系统,即能够用调整其参数或者输入信号的方法来调整系统特性。判断一个系统是否真正具有自适应的基本特征,关键看是否存在一个对性能指标的闭环控制。

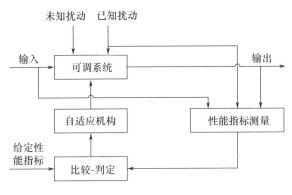

图 5 - 3　自适应系统的基本结构

　　性能指标的测量有直接测量和间接测量方法,例如通过系统动态参数的辨识来测量性能指标。

　　比较 - 判定是指在给定的性能指标与测得的性能指标之间做出比较,并判定所测的性能指标是否处于可接受性能指标的集合内。如果不是,自适应机构就是相应地动作,或者调整可调系统的参数,或者调整可调系统的输入信号,从而调整系统的特性。

　　2）服务机器人状态方程

　　为了阐述服务机器人自适应控制原理,需要把服务机器人动力学方程用状态方程描述。服务机器人状态方程具有在现代控制理论中描述系统动态特性的状态方程的形式,但它仍为复杂的时不变非线性方程。

　　服务机器人动力学方程的矢量形式为

$$\boldsymbol{F} = \boldsymbol{D}(q)\ddot{q} + \boldsymbol{C}(\dot{q},q) + \boldsymbol{G}(q) \tag{5 - 32}$$

　　如果定义

$$\boldsymbol{C}(\dot{q},q) = \boldsymbol{C}^{1}(\dot{q},q)\dot{q}, \quad \boldsymbol{G}(q) = \boldsymbol{G}^{1}(q)q \tag{5 - 33}$$

则式(5-33)可写成

$$F = D(q)\ddot{q} + C^1(\dot{q}, q)\dot{q} + G^1(q)q \qquad (5-34)$$

此式为服务机器人动力学的拟线性表达式。若定义服务机器人的状态向量为 $x = [q \quad \dot{q}]^T$，式(5-34)变为服务机器人的状态方程：

$$\dot{x} = A_p(x)x + B_p(x)F \qquad (5-35)$$

此方程为 $2n$ 维的，式中

$$A_p(x) = \begin{bmatrix} 0 & I \\ -D^{-1}G^1 & -D^{-1}G^{-1} \end{bmatrix}_{2n \times 2n}, \quad B_p(x) = \begin{bmatrix} 0 \\ D^{-1} \end{bmatrix}_{2n \times n}$$

式(5-35)表示的服务机器人动力学模型是服务机器人自适应控制器的调节对象。

3) 服务机器人模型参考自适应控制器

模型参考自适应控制法控制器的作用是使得系统的输出响应趋近于某种制定的参考模型，其结构如图5-4所示。指定的参考模型可选为一稳定的线性定常系统：

$$\dot{y} = A_m y + B_m r \qquad (5-36)$$

式中：y 为 $2n$ 参考模型状态向量；r 为 $2n$ 参考模型输入向量；且

$$A_m = \begin{bmatrix} 0 & I \\ -A_1 & -A_2 \end{bmatrix}, \quad B_m = \begin{bmatrix} 0 \\ A_1 \end{bmatrix}$$

其中：A_1 为含有 ω_i 项的 $n \times n$ 阶的对角矩阵；A_2 为含有 $2\xi_i\omega_i$ 项的 $n \times n$ 阶的对角矩阵。

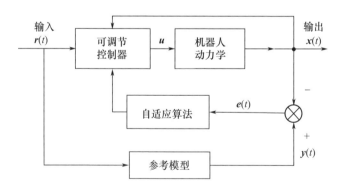

图5-4　模型参考自适应控制结构

方程式(5-37)表示 n 个含有指定参数 ω_i 和 ξ_i 的无耦联二阶线性常微分方程

$$\ddot{y}_i + 2_i\xi\omega_i\,\dot{y}_i + \omega_i^2 y_i = \omega_i^2 r \qquad (5-37)$$

式中:r 为此控制器输入。如图 5-4 所示,自适应控制器把系统状态 $x(t)$ 反馈给"可调节控制器",并通过调整,使服务机器人状态方程变为可调的。图 5-4 还表明,将系统的状态变量 $x(t)$ 与参考模型状态 $y(t)$ 进行比较,所得的状态误差 e 作为自适应算法的输入,其调节目标是使状态误差接近于零,以实现使机器人具有参考模型的动态特性。

控制器自适应算法应具有使自适应控制器渐近稳定的功能,可根据李雅普诺夫稳定性判据设计控制器的自适应算法。设机器人状态方程的输入为

$$u = -K_x x + K_u r \qquad (5-38)$$

式中:K_x,K_u 为 $n \times n$ 阶时变可调反馈矩阵和前馈矩阵,它是图 5-4 中"可调节控制器"的功能。

将由式(5-38)表示的输入代入状态方程式得闭环系统的状态方程为

$$\dot{x} = A_s(x)x + B_s(x)u \qquad (5-39)$$

式中

$$A_s = \begin{bmatrix} 0 & 1 \\ -J^{-1}(H + M_a K_{x1}) & -J^{-1}(E + M_a K_{x2}) \end{bmatrix}, \quad B_m = \begin{bmatrix} 0 \\ J^{-1}M_a K_u \end{bmatrix}$$

其中,K_{x1} 和 K_{x2} 是 K_x 的两个子矩阵。

正确的设计 K_x 和 K_u,可使服务机器人状态方程与参考模型匹配,使

$$e(t) = y - x \qquad (5-40)$$

趋于零,由式(5-40)、式(5-36)和式(5-39)可得

$$\dot{e} = (A_m - A_s)x + (B_m - B_s)r \qquad (5-41)$$

为了系统的稳定性,选取正定李雅普诺夫函数为

$$V = e^{\mathrm{T}}Pe + \mathrm{tr}\big[(A_m - A_s)F_A^{-1}(A_m - A_s)\big] + \mathrm{tr}\big[(B_m - B_s)F_B^{-1}(B_m - B_s)\big] \qquad (5-42)$$

利用式(5-40)和式(5-41),并对式(5-42)求导得

$$V = e^{\mathrm{T}}(A_m P + P A_m)e + \mathrm{tr}\big[(A_m - A_s)F_A^{-1}(PeX^{\mathrm{T}} - F_A^{-1}\dot{A}_s)\big]$$

$$+ \mathrm{tr}\big[(B_m - B_s)^{\mathrm{T}}F_A^{-1}(Per^{\mathrm{T}} - F_A^{-1}\dot{B}_s)\big] \qquad (5-43)$$

根据李雅普诺夫第二稳定理论,保证系统稳定的充分必要条件是 $\dot{V}$ 负定。所以可得

$$A_m^{\mathrm{T}}P + PA_m = -Q \qquad (5-44)$$

$$\dot{A}_s = F_A PeX^{\mathrm{T}} \approx B_p \dot{K}_x \qquad (5-45)$$

$$\dot{B}_s = F_B Per^{\mathrm{T}} \approx B_p \dot{K}_u \qquad (5-46)$$

以及

$$\dot{K}_u = K_u B_m^+ F_B Per^{\mathrm{T}}, \qquad \dot{K}_x \approx K_u B_m^+ F_A Pex^{\mathrm{T}} \qquad (5-47)$$

式中:P 和 Q 为对称正定矩阵;B_m^+ 和 B_m 为伪逆矩阵;F_A 和 F_B 为正定自适应增益矩阵。

满足这些条件的 K_x 和 K_u 可使系统渐近稳定,进而实现自适应控制的目的。

4) 服务机器人自校正自适应控制

服务机器人自校正自适应控制是把机器人状态方程在目标轨迹附近线性化,形成离散摄动方程,用递推最小二乘法辨识摄动方程中的系统参数,并在每个采样周期更新和调整线性化系统参数和反馈增益,以确定所需的控制力。其结构原理如图5-5所示。

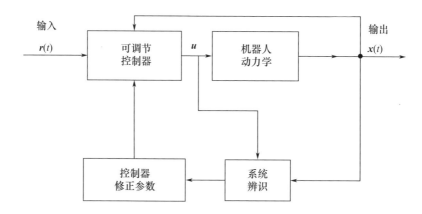

图5-5 自校正自适应控制系统结构

服务机器人的状态方程式可写成如下形式:

$$\dot{x} = f(x, u) \qquad (5-48)$$

用泰勒级数将式(5-48)在目标轨迹附近展开,得系统的线性化摄动方程为

$$\delta\dot{x}(t) = A(t)\delta x(t) + B(t)\delta u(t) \qquad (5-49)$$

其中,$A(t)$ 和 $B(t)$ 为系统的时变参数矩阵,分别是沿目标轨迹计算的雅可比矩阵,即

$$A(t) = \frac{\partial f}{\partial x}, \quad B(t) = \frac{\partial f}{\partial u} \quad\quad (5-50)$$

在实际的控制系统中,用参数辨识技术确定其中的未知元素。若目标输出及对应的输入分别表示为 x_d 和 u_d,则 $\delta x(t) = x(t) - x_d(t)$,$\delta(u) = u(t) - u_d(t)$。

将方程式(5-49)离散化为

$$x(k+1) = A(k)x(k) + B(k)u(k) \quad\quad (k=0,1,\cdots,n-1) \quad (5-51)$$

由于 $A(t)$ 和 $B(t)$ 的阶数分别为 $(2n \times 2n)$ 和 $(2n \times n)$,所以在此模型中有 $6n^2$ 个参数需要辨识。在辨识中做以下假设:①当采样间隔取得足够小时,系统参数变化速度小于自适应的调节速度;②测量噪声可忽略;③系统(式(5-51))的状态变量可测。

在方程式(6-51)中第 k 时刻未知参数组成一个向量:

$$v_{i,k} = [a_{i,1}(k),\cdots,a_{i,2n}(k),b_{i,1}(k),\cdots,b_{i,n}(k)]^{\mathrm{T}} \quad (5-52)$$

将 k 时刻的状态和输入也组成一个向量:

$$\varphi_k = [x_1(k),\cdots,x_{2n}(k),u_1(k),\cdots,u_n(k)]^{\mathrm{T}} \quad (5-53)$$

方程式(5-51)中的状态向量可写为

$$x(k) = [x_1(k),\cdots,x_{2n}(k)]^{\mathrm{T}} = [x_{1,k},\cdots,x_{2n,k}]^{\mathrm{T}} \quad (5-54)$$

则方程式(5-51)的第 k 行可写为

$$x_{i,k+1} = \varphi_k^{\mathrm{T}} v_{i,k} \quad\quad (i=1,2,\cdots,2n) \quad (5-55)$$

此式为辨识参数的标准形式。递推最小二乘参数辨识的算法为

$$\hat{v}_{i,k+1} = \hat{v}_{i,k} - \dot{P}_k \varphi_k [\varphi_k^{\mathrm{T}} P_k \varphi_k + r]^{-1} [\varphi_k^{\mathrm{T}} \hat{v}_{i,k} - x_{i,k+1}] \quad (5-56)$$

式中:r 为大于零小于 1 的加权因子,P_k 为 $(3n \times 3n)$ 维对称正定矩阵,它的递推形式为

$$P_{k+1} = [P_k - P_k \varphi_k (\varphi_k^{\mathrm{T}} P_k \varphi_k + r)^{-1} \varphi_k^{\mathrm{T}} P_k] \quad (5-57)$$

线性化摄动系统的控制问题可化为一个线性二次型问题,在确定 $A(t)$ 和 $B(t)$ 之后,可寻求一个最优控制,使如下性能指标最小:

$$J(k) = \frac{1}{2}[x^{\mathrm{T}}(k+1)Qx(k+1) + u^{\mathrm{T}}(k)Ru(k)] \quad (5-58)$$

式中:Q 为 $2n \times 2n$ 维半正定矩阵;R 为 $n \times n$ 维正定矩阵。

满足方程式(5-54)和性能指标式(5-58)为最小的最优控制为

$$u(k) = -[R + B^{\mathrm{T}}(k)QB(k)]^{-1} B^{\mathrm{T}} QA(k)x(k) \quad (5-59)$$

一般选取 Q,R 及 P_k 的初值为常数乘以单位矩阵。

5.3 智能控制技术

机器人系统的控制方法是多种多样的。不仅传统的控制技术(如开环控制、PID反馈控制)和现代控制技术(如柔顺控制、变结构控制、自适应控制)均在机器人系统中得到不同程度的应用,而且智能控制(迭代学习控制、模糊控制、神经控制)也往往在机器人这一优良的"试验床"上最先得到开发。在这一节,我们将首先阐述智能控制的基本概念,接着讨论智能控制的类型,然后举例介绍几种机器人智能控制系统,包括机器人的模糊控制、神经控制和迭代学习控制等。

5.3.1 智能控制的基本概念

长期以来,自动控制科学已对整个科学技术的理论和实践做出了重要贡献,并为人类社会带来了巨大利益。然而,现代科学技术的迅速发展和重大进步,对控制和系统科学提出了更新、更高要求。机器人系统控制也正面临新的发展机遇和严峻挑战。传统控制理论,包括经典反馈控制和现代控制,在应用中遇到不少难题。多年来,机器人控制一直在寻找新的出路。现在看来,出路之一就是实现机器人控制系统的智能化,以期解决面临的难题。

自动控制科学面临的困难及其智能化出路说明自动控制既面临严峻挑战,又存在良好机遇。自动控制正是在这种挑战与机遇并存的情况下不断发展的。

1) 自动控制的前景

传统控制理论在应用中面临的难题包括:①传统控制系统的设计与分析是建立在已知系统精确数学模型的基础上,而实际系统由于存在复杂性、非线性、时变性、不确定性和不完全性等,一般无法获得精确的数学模型;②研究这类系统时,必须提出并遵循一些比较苛刻的假设,而这些假设在应用中往往与实际不相吻合;③对于某些复杂的和包含不确定性的对象,根本无法以传统数学模型来表示,即无法解决建模问题;④为了提高性能,传统控制系统可能变得很复杂,从而增加了设备的初始投资和维修费用,降低系统的可靠性。

在自动控制发展的现阶段,存在一些至关重要的挑战是基于下列原因的:①科学技术间的相互影响和相互促进,例如,计算机、人工智能和超大规模集成电路等技术;②当前和未来应用的需求,例如,空间技术、海洋工程和机器人技术等应用要求;③基本概念和时代进程的推动,例如,离散事件驱动、信息高速公路、网络技术、非传统模型和人工神经网络的连接机制等。

面对这一挑战,自动控制工作者的任务就是:①扩展视野,提出新的控制概念和控制方法,采用非完全模型控制系统;②采用在开始时知之甚少和不甚正确的,但可以在系统工作过程中加以在线改进,使之成为知之较多和愈臻正确的系统模型;③采用离散事件驱动的动态系统和本质上完全断续的系统。从这些任务可以看出,系统与信息理论以及人工智能思想和方法将深入建模过程,不把模型视为固定不变的,而是不断演化的实体。所开发的模型不仅含有解析与数值,而且包含定性和符号数据。它们是因果性的和动态的,高度非同步的和非解析的,甚至是非数值的。对于非完全已知的系统和非传统数学模型描述的系统,必须建立包括控制律、控制算法、控制策略、控制规则和协议等理论。实质上,这就是要建立智能化控制系统模型,或者建立传统解析和智能方法的混合(集成)控制模型,而其核心就在于实现控制器的智能化。

自动控制面临众多的挑战。这些挑战领域所研究的问题,广泛地存在于工程技术应用中。例如:航天器和水下运动载体的姿态控制、先进飞机的自主控制、空中交通控制、汽车自动驾驶控制和多模态控制、机器人和机械手的运动和作业控制、计算机集成与柔性加工系统、高速计算机通信系统或网络、基于计算机视觉和模式识别的在线控制以及电力系统和其他系统或设备的故障自动检测、诊断与自动恢复系统等。要解决面临的问题,开发大型的实时控制与信号处理系统是控制工程界面临的最具挑战的任务之一,这涉及硬件、软件和智能(尤其是算法)的结合,而系统集成又需要先进的工程管理技术。

人工智能的产生和发展为自动控制系统的智能化提供有力支持。人工智能影响了许多具有不同背景的学科,它的发展已促进自动控制向着更高的水平——智能控制(intelligent control)发展。人工智能和计算机科学界已经提出一些方法、示例和技术,用于解决自动控制面临的难题。

值得指出,自动控制面临的这一国际性挑战,不仅受到学术界的极大关注,而且得到众多工程技术界、公司企业和各国政府有关部门的高度重视。许多工业发达国家先后提出相关研究计划,提供研究基金,竞相开发智能控制技术。

综上所述,自动控制既面临严峻挑战,又存在良好机遇。为了解决面临的难题,一方面要推进控制硬件、软件和智能的结合,实现控制系统的智能化;另一方面要实现自动控制科学与计算机科学、信息科学、系统科学以及人工智能的结合,为自动控制提供新思想、新方法和新技术,创立边缘交叉新学科,推动智能控制的发展。

2）智能控制的发展

人类对智能机器(intelligent machine)及其控制的幻想与追求,已有三千多年的历史。然而,真正的智能机器只有在计算机技术和人工智能技术发展的基础上才能成为可能。人工智能已经促使自动控制向着它的当今最高层次——智能控制发展。智能控制代表了自动控制的最新发展阶段,也是应用计算机模拟人类智能,实现人类脑力劳动和体力劳动自动化的一个重要领域。越来越多的自动控制工作者认识到:智能控制象征着自动化的未来,是自动控制科学发展道路上的又一飞跃。

在电子计算机出现之前,自动化属于"刚性"自动化(hard automation)。电子计算机技术的发展与应用,突破了人类智力劳动的局限性,使人类用计算机,更准确地说,用智能机器来模仿和代替自身的部分脑力劳动。从此,人们开始提出"柔性"自动化(soft automation)的问题。

第一次工业革命中大功率动力机器和动力系统的产生和应用,使人类开始实现部分体力劳动的机械化与自动化。在初期的自动机器中,只采用开环控制和单一操作。当采用外部反馈控制和专用程序时,分别出现了自动化机器和数控机器。随着计算机系统可编程能力的提高,控制系统已具有可变编程能力、目标自设定能力及自编程和自学习能力,与此相适应的是具有不同程度人工智能和有机器人参与的自动化——柔性机器人、半自主和自主机器人、柔性加工系统(FMS)、计算机辅助制造系统(CAM)以及计算机集成制造系统(CIMS)和计算机集成生产(过程)系统(CIPS)等。人工智能技术已为高级自动化系统注入了新鲜血液。

智能控制是人工智能和自动控制的重要部分和研究领域,并被认为是当今通向自主机器递阶道路上自动控制的顶层。图5-6表示自动控制的发展过程和通向智能控制路径上控制复杂性增加的过程。从图5-6可知,这条路径的最远点是智能控制,至少在当前是如此。智能控制涉及高级决策并与人工智能密切相关。

人工智能的发展促进了自动控制向智能控制发展。智能控制思潮第1次出现于20世纪60年代,几种智能控制的思想和方法先后被提出并得以发展。

60年代中期,自动控制与人工智能开始交接。1965年,著名的美籍华裔科学家傅京孙首先把人工智能的启发式推理规则用于学习控制系统,然后,他又于1971年论述了人工智能与自动控制的交接关系。由于傅先生的重要贡献,他已成为国际公认的智能控制的先行者和奠基人。

模糊控制是智能控制的又一活跃研究领域。扎镕(Zadeh)于1965年发表了他的著名论文《模糊集合》(Fuzzy Sets),开辟了模糊控制的新领域。此后,在

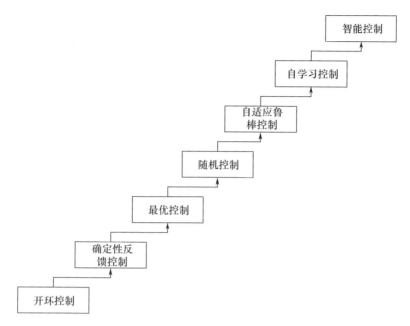

图 5-6　自动控制的发展过程

模糊控制的理论探索和实际应用两个方面,都进行了大量研究,并取得一批重要成果。值得一提的是,自 20 世纪 70 年代以来,模糊控制的应用研究获得广泛开展,并取得一批重要成果。

萨里迪斯(Saridis)对智能控制系统的分类做出了贡献。他把智能控制发展道路上的最远点标记为人工智能。他认为,人工智能能够提供最高层的控制结构,进行最高层的决策。萨里迪斯和他的研究小组建立的智能机器理论采用精度随智能降低而提高原理(IPDI)和三级递阶结构,即组织级、协调级和执行级。

奥斯特洛姆(Astrom)、迪·席尔瓦(de Silva)、周其鉴、蔡自兴、霍门·迪·梅洛(Homen de Mello)和桑德森(Sanderson)等人于 20 世纪 80 年代分别提出和发展了专家控制、基于知识的控制、仿人控制、专家规划和分级规划等理论。例如,奥斯特洛姆等 1986 年的论文《专家控制》(Expert Control)就是很有影响的,并促进了专家控制的发展。

早在 1943 年,麦卡洛克(McCulloch)和皮特茨(Pitts)就提出了脑模型,其最初动机在于模仿生物的神经系统。随着超大规模集成电路(VLSI)、光电子学和计算机技术的发展,人工神经网络(ANN)已引起更为广泛的注意。近年来,基于神经元控制的理论和机理已获进一步开发和应用。尽管基于神经元的控制能力还比较有限,但是由于神经网络控制器具有学习能力、记忆能力、概括能力、并行处理能力、容错能力和适于用 VLSI 制造等重要特性,仍然有许多基于 ANN 的控制器被设计出来。这类控制器称为神经控制器(neural controllers)。神经控制器具有并行处理、执行速度快、鲁棒性好、自适应性强和适于应用等优点,因而具有广泛的应用前景。

到 20 世纪 80 年代,智能控制新学科形成的条件逐渐成熟。1985 年 8 月,IEEE 在美国纽约召开了第一届智能控制学术讨论会。1987 年 1 月,在美国费城由 IEEE 控制系统学会与计算机学会联合召开了智能控制国际会议。这是有关智能控制的第 1 次国际会议,来自美国、欧洲、日本、中国以及其他发展中国家的 150 位代表出席了这次学术盛会。提交大会报告和分组宣读了 60 多篇论文及专题讨论,显示出智能控制的长足进展,同时也说明了由于许多新技术问题的出现以及相关理论与技术的发展,需要重新考虑控制领域及其邻近学科。这次会议及其后续相关事件表明,智能控制作为一门独立学科已正式在国际上建立起来。近十多年来,来自全世界各地的成千上万的具有不同专业背景的研究者,投身于智能控制研究行列,并做出很大成就。这也是对人工智能研究的一种促进。

3)什么是智能控制

智能控制至今尚无一个公认的统一的定义。然而,为了规定概念和技术,开发智能控制新的性能和方法,比较不同研究者和不同国家的成果,就要求对智能控制有某些共同的理解。

定义 5-4 智能机器

能够在各种环境中执行各种拟人任务(anthropomorphic tasks)的机器叫做智能机器。或者比较通俗地说,智能机器是那些能够自主代替人类从事危险、厌烦、远距离或高精度等作业的机器。例如,能够从事这类工作的机器人,就称为智能机器人。

定义 5-5 自动控制

能按规定程序对机器或装置进行自动操作或控制的过程。简单地说,不需要人工干预的控制就是自动控制。例如,一个装置能够自动接收所测得的过程物理变量,自动进行计算,然后对过程进行自动调节,它就是自动控制装置。反馈控制、最优控制、随机控制、自适应控制和自学习控制等均属于自动控制。

定义 5-6 智能控制

智能控制是驱动智能机器自主地实现其目标的过程。或者说,智能控制是一类无需人的干预就能够独立地驱动智能机器实现其目标的自动控制。对自主机器人的控制就是一例。

智能控制具有下列特点：

① 同时具有以知识表示的非数学广义模型和以数学模型表示的混合控制过程,也往往是那些含有复杂性、不完全性、模糊性或不确定性,以及不存在已知算法的非数字过程,并以知识进行推理,以启发来引导求解过程。因此,在研究和设计智能控制系统时,不是把主要注意力放在对数学公式的表达、计算和处理上,而是放在对任务和世界模型(world model)的描述、符号和环境的识别以及知识库和推理机的设计开发上。也就是说,智能控制系统的设计重点不在常规控制器上,而在智能机模型上。

② 智能控制的核心在高层控制,即组织级控制。高层控制的任务在于对实际环境或过程进行组织,即决策和规划,实现广义问题求解。为了实现这些任务,需要采用符号信息处理、启发式程序设计、知识表示以及自动推理和决策等相关技术。这些问题的求解过程与人脑的思维过程具有一定相似性,即具有不同程度的"智能"。当然,低层控制级也是智能控制系统必不可少的组成部分,不过,它往往属于常规控制系统,因而不属于本节研究范畴。

③ 智能控制是一门边缘交叉学科。实际上,智能控制涉及更多的相关学科。智能控制的发展需要各相关学科的配合与支援,同时也要求智能控制工程师是知识工程师(knowledge engineer)。

④ 智能控制是一个新兴的研究领域。无论在理论上或实践上它都还很不成熟、很不完善,需要进一步探索与开发。

图 5 – 7 为智能控制器的一般结构。

5.3.2　智能控制系统的分类

下面介绍智能控制系统的分类问题。所要研究的系统包括递阶控制系统、专家控制系统、模糊控制系统、神经控制系统、学习控制系统等。实际上,几种方法和机制往往结合在一起,用于实际的智能控制系统或装置,从而建立起混合或集成的智能控制系统。为了便于研究与说明,我们将逐一讨论这些控制系统。

1) 递阶控制系统

作为一种统一的认知和控制系统方法,由萨里迪斯和梅斯特尔(Mystel)等人提出的递阶智能控制是按照精度随智能降低而提高的原理(IPDI)分组分布的,这一原理是递阶管理系统中常用的。

在上面讨论智能控制的三元结构时,其递阶智能控制系统是由三个基本控制级构成的,级联交互结构如图 5 – 8 所示。图中,f_E^C 作为自执行级至协调级的在线反馈信号;f_C^O 为自协调级至组织级的离线反馈信号;$C = \{C_1, C_2, \cdots, C_m\}$ 为输入指令,$U = \{u_1, u_2, \cdots, u_m\}$ 为分类器的输出信号,即组织器的输入信号。

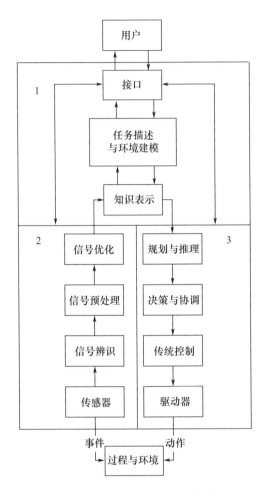

图 5-7 智能控制器的一般结构

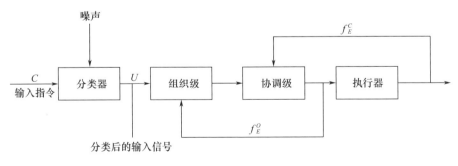

图 5-8 递阶智能机器的级联结构

这一递阶智能控制系统是个整体,它把定性的用户指令变换为一个物理操作序列。系统的输出是通过一组施于驱动器的具体指令来实现的。其中,组织级代表控制系统的主导思想,并由人工智能起控制作用。协调级是上(组织)级和下(执行)级间的接口,承上启下,并由人工智能和运筹学共同作用。执行级是递阶控制的底层,要求具有较高的精度和较低的智能,它按控制论进行控制,对相关过程执行适当的控制作用。

递阶智能控制系统遵循精度随智能降低而提高的原理。极率模型用于表示组织级推理、规划和决策的不确定性,指定协调级的任务以及执行级的控制作用。采用熵来度量智能机器执行各种指令的效果,并采用熵进行最优决策。

2)专家控制系统

顾名思义,专家控制系统是一个应用专家系统技术的控制系统,也是一个典型的和广泛应用的基于知识的控制系统。

海斯·罗思(Hayes Roth)等在 1983 年提出专家控制系统。他们指出,专家控制系统的全部行为能被自适应地支配。为此,该控制系统必须能够重复解释当前状况,预测未来行为,诊断出现问题的原因,制订补救(校正)规划,并监控规划的执行,确保成功。关于专家控制系统应用的第 1 次报道是在 1984 年,它是一个用于炼油的分布式实时过程控制系统。奥斯特洛姆等在 1986 年发表他们的题为"专家控制"的论文。从此之后,更多的专家控制系统获得开发与应用。专家系统和智能控制是密切相关的,它们至少有一点是共同的,即两者都是以模仿人类智能为基础的,而且都涉及某些不确定性问题。

专家控制系统因应用场合和控制要求不同,其结构也可能不一样。然而,几乎所有的专家控制系统(控制器)都包含知识库、推理机、控制规则集或控制算法等。

图 5 - 9 给出专家控制系统的典型结构。从性能指标的观点看,专家控制系统应当为控制目标提供与专家操作时一样或十分相似的性能指标。

本专家控制系统为一工业专家控制器(EC),它由知识库、推理机、控制规则集和特征识别信息处理等单元组成。知识库用于存放工业过程控制的领域知识。推理机用于记忆所采用的规则和控制策略,使整个系统协调地工作;推理机能够根据知识进行推理,搜索并导出结论。

特征识别与信息处理单元的作用是实现对信息的提取与加工,为控制决策和学习适应提供依据。它主要包括抽取动态过程的特征信息,识别系统的特征状态,并对特征信息作必要的加工。

EC 的输入集为 $E = (R, e, Y, U)$,S 为特征信息输出集,K 为经验知识集,G 为规则修改命令,I 为推理机构输出集,U 为 EC 的输出集。

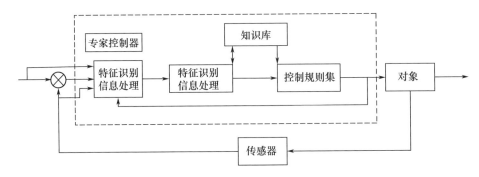

图 5 - 9   专家控制系统的典型结构

EC 的模型可表示为

$$U = f(E, K, I) \tag{5-60}$$

智能算子为几个算子的复合运算

$$f = g \cdot h \cdot p \tag{5-61}$$

其中

$$g: E \to S; h: S \times K \to I; p: I \times G \to U$$

式中:g、h 和 p 均为智能算子,形式为

$$\text{IF } A \text{ THEN } B \tag{5-62}$$

其中,A 为前提条件,B 为结论。A 和 B 之间的关系包括解析表达式、模糊关系、因果关系和经验规则等多种形式。$U_1(t) = U_{1m} \sin(\omega t)$ 还可以是一个子规则集。

3) 模糊控制系统

在过去 20 多年中,模糊控制器(fuzzy controllers)和模糊控制系统是智能控制中十分活跃的研究领域。模糊控制是一类应用模糊集合理论的控制方法。一方面,模糊控制提供一种实现基于知识(基于规则)的甚至语言描述的控制规律的新机理。另一方面,模糊控制提供了一种改进非线性控制器的替代方法,这些非线性控制器一般用于控制含有不确定性和难以用传统非线性控制理论处理的装置。

模糊控制系统的基本结构如图 5 - 10 所示。其中,模糊控制器由模糊化接口、知识库、推理机和模糊判决接口 4 个基本单元组成。

① 模糊化接口测量输入变量(设定输入)和受控系统的输出变量,并把它们映射到一个合适的响应论域的量程,然后,精确的输入数据被变换为适当的语言值或模糊集合的标识符;本单元可视为模糊集合的标记。

② 知识库涉及应用领域和控制目标的相关知识,它由数据库和语言(模糊)

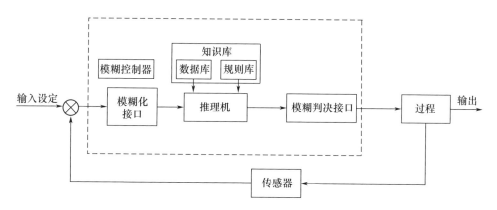

图 5 - 10 模糊控制系统的基本结构

控制规则库组成,数据库为语言控制规则的论域离散化和隶属函数提供必要的定义,语言控制规则标记控制目标和领域专家的控制策略。

③ 推理机是模糊控制系统的核心,以模糊概念为基础,模糊控制信息可通过模糊蕴涵和模糊逻辑的推理规则来获取,并可实现拟人决策过程。根据模糊插入和模糊控制规则,模糊推理求解模糊关系方程,获得模糊输出。

④ 模糊判决接口起到模糊控制的推断作用,并产生了一个精确的或非模糊的控制作用;此精确控制作用必须进行逆定标(输出定标),这一作用是在对受控过程进行控制之前通过量程变换来实现的。

4)迭代学习控制系统

迭代学习控制(iterative learning control)是智能控制中具有严格数学描述的一个分支,它以极为简单的学习方法,在给定的时间区间上实现未知被控对象以任意精度跟踪一给定的期望轨迹这样一个复杂问题。控制器在运行过程中不需要辨识系统的参数,属于基品质自学习控制。它特别适合具有重复运行的场合。它的研究对诸如机器人那样有着非线性、强耦合、难以精确建模以及高精度轨迹要求的场合有着重要的意义。

迭代学习控制的基本思想是:基于多次重复训练(运行),只要能保证训练过程的系统不变性,控制作用的确定就可以在模型不确定的情况下获得有规律的原则,使系统的实际输出逼近期望输出。图 5 - 11 描述了这种方法的迭代运行结构和过程。

若第 k 次训练时期望输出与实际输出的误差为

$$e_k(t) = y_d(t) - y_k(t) \tag{5-63}$$

第 $k + 1$ 次训练的输出控制 $u_{k+1}(t)$ 则为第 k 次训练的输入控制 $u_k(t)$ 与输入误差 $e_k(t)$ 的加权和,即

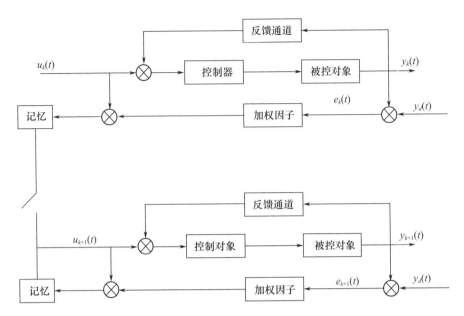

图 5 – 11   迭代学习控制方法的迭代运行结构和过程

$$u_{k+1}(t) = u_k(t) + We_k(t) \qquad (5-64)$$

迭代自学习控制方法已经证明,设每次重复训练时都满足初始条件 $e_k(0) = 0$,当 $k \to \infty$,即重复训练足够多时,可有 $e_k(t) \to \infty$,即实际输出逼近期望输出:

$$y_k(t) \to y_d(t) \qquad (5-65)$$

在迭代自学习控制系统中,控制作用的学习是通过对以往控制经验(控制作用与误差的加权)的记忆实现的。算法的收敛性依赖于加权因子 W 的确定。这种学习系统的核心是系统不变性的假设以及基于单元间断的重复训练过程,它的学习控制律极为简单,可实现训练间隙的离线计算,因而不但有较好的实时性,而且对干扰和系统模型的变化具有一定的鲁棒性。

学习控制系统是智能控制最早的研究领域之一。在过去 10 多年中,学习控制用于动态系统(如机器人操作控制和飞行器制导等)的研究,已成为日益重要的研究课题,经研究已提出许多学习控制方案和方法,并获得很好的控制效果。

5) 神经控制系统

基于人工神经网络的控制(ANN based control),简称神经控制(neurocontrol)或 NN 控制,是智能控制的一个新的研究方向,可能成为智能控制的"后起之秀"。

自 1960 年威德罗(Widrow)和霍夫(Hoff)率先把神经网络用于自动控制研

究以来,对这一课题的研究艰难地取得一些进展。基尔默(Kilmer)和麦克洛克(McCulloch)等根据脊椎动物神经系统网状结构的原理,提出了 KMB 模型,并应用于美国的阿波罗登月计划。1964 年,威德罗和史密斯(Smith)完成了基于神经网络控制应用的最早例子。20 世纪 60 年代末期至 80 年代中期,神经网络控制与整个神经网络研究一样,处于低潮,研究成果很少,甚至被许多人所遗忘。80 年代后期以来,随着人工神经网络研究的复苏和发展,对神经网络控制的研究也十分活跃。这方面的研究进展主要在神经网络自适应控制、模糊神经网络控制及机器人控制中的应用上。

尽管我们尚无法肯定神经网络控制理论及其应用研究将会有什么大的突破性成果;但是,可以确信的是,神经控制是个很有希望的研究方向。这不但是由于神经网络技术和计算机技术的发展为神经控制提供了技术基础,而且还由于神经网络具有一些适合于控制的特性和能力。这些特性和能力包括:

① 神经网络对信息的并行处理能力和快速性,适于实时控制和动力学控制。

② 神经网络的本质非线性特性,为非线性控制带来新的希望。

③ 神经网络可通过训练获得学习能力,能够解决那些用数学模型或规则描述难以处理或无法处理的控制过程。

④ 神经网络具有很强的自适应能力和信息综合能力,因而能够同时处理大量的不同类型的控制输入,解决输入信息之间的互补性和冗余性问题,实现信息融合处理。这特别适用于复杂系统、大系统和多变量系统的控制。

当然,神经控制的研究还有大量有待解决的问题。神经网络自身存在的问题,也必须影响到神经控制器的性能。现在,神经控制的硬件实现问题尚未真正解决;对实用神经控制系统的研究,也有待继续开展与加强。

由于分类方法的不同,神经控制器的结构很自然地有所不同。已经提出的神经控制的结构方案很多,包括 NN 学习控制、NN 直接逆控制、NN 自适应控制、NN 内模控制、NN 预测控制、NN 最优决策控制、NN 强化控制、CMAC 控制、分组NN 控制和多层 NN 控制等。

当受控系统的动力学特性是未知的或仅部分已知时,必须设法摸索系统的规律性,以便对系统进行有效的控制。基于规则的专家系统或模糊控制能够实现这种控制。监督(即有导师)学习神经网络控制(supervised neural control,SNC)为另一实现途径。

在控制领域,神经网络控制的应用可以分为两种。一种是将神经网络用于控制器,另一种是将神经网络用于对象的建模,如图 5 - 12 所示。其中,图 5 - 12(a)为神经网络用于控制器的结构示意图,图 5 - 12(b)为神经网络用于建模时的结构示意图。常用的神经网络有 BP 神经网络和小脑模型神经网络（CMAC），BP 网络包括高斯函数基、径向基（RBF）等神经网络。

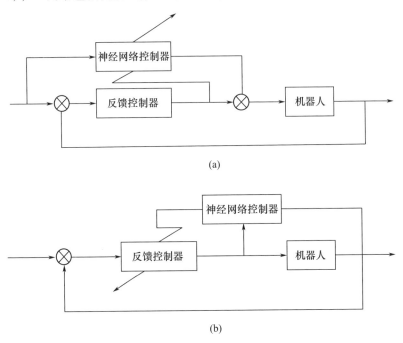

(a)

(b)

图 5 - 12　神经网络控制系统结构图

(a)神经网络用于控制器的结构示意图；(b)神经网络用于建模时的结构示意图

6）模糊神经网络控制

模糊神经网络是一种将模糊逻辑推理的知识型结构和神经网络的自学习能力结合起来的一种局部逼近网络，集学习、联想、识别、自适应及模糊信息处理于一体。模糊神经网络将模糊技术与神经网络技术进行结合，能有效发挥各自的优势，弥补不足；模糊技术的优点在于逻辑推理能力，容易进行高阶的信息处理，将模糊技术引入神经网络，可大大地拓宽神经网络处理信息的范围和能力，使其不仅能处理精确信息，也能处理模糊信息及其他不确定信息；不仅能实现精确性联想与映射，还可实现不精确联想与记忆。神经网络在学习和自动模式识别方面具有极强的优势，采取神经网络技术来进行模糊信息处理，则使得模糊规则的自动获取及模糊隶属函数的自动生成有可能得以实现。

模糊神经网络的结果与一般神经网络类似，模糊神经网络可以划分为前向型模糊神经网络和反馈型模糊神经网络两大类。前向型模糊神经网络是一类可实现模糊映像关系的模糊神经网络。这类神经网络通常由模糊化层、模糊关系映像层和去模糊化层构成。模糊化层对模糊信息进行预处理,主要由模糊化神经元构成。主要功能是对观测值和输入值进行规范化处理。模糊关系映像层是前向型神经网络的核心,可模拟执行模糊关系的映像,以实现模糊识别、模糊推理、模糊联想等。去模糊化层可对映像层的输出结果进行非模糊化处理。

反馈型模糊神经网络主要是一类可实现模糊联想存储与映射的网络,有时也被称为模糊联想存储器。与一般的反馈型神经网络不同的是:反馈型模糊神经网络中的信息处理单元即神经元,是模糊神经元,因而其所实现的联想与映射是一种"模糊"的联想与映射,这种联想与映射比一般的联想与映射具有更大的吸引力与容错能力。

基于上述讨论可以发现,如果能够将模糊逻辑与神经网络适当地结合起来,吸收两者的长处,则可组成比单独的神经网络系统或者模糊系统更好的性能。

5.3.3　移动机器人的轨迹跟踪迭代学习控制

1) 迭代学习过程控制

迭代学习过程控制如图 5 – 13 所示。

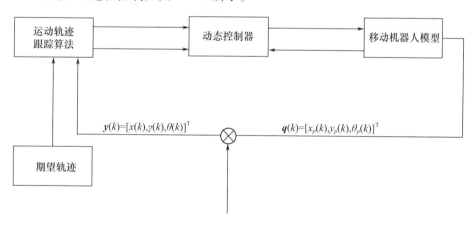

图 5 – 13　迭代学习过程控制图

移动机器人的离散运动学方程可描述如下:

$$\begin{aligned} \boldsymbol{q}(k+1) &= \boldsymbol{q}(k) + \boldsymbol{B}(\boldsymbol{q}(k),k)\boldsymbol{u}(k) + \boldsymbol{\beta}(k) \\ \boldsymbol{y}(k) &= \boldsymbol{q}(k) + \boldsymbol{\gamma}(k) \end{aligned} \tag{5-66}$$

式中:$\boldsymbol{\beta}(k)$ 为状态干扰;$\boldsymbol{\gamma}(k)$ 为输出测量噪声;$\boldsymbol{y}(k) = (x(k),\gamma(k),\theta(k))^{\mathrm{T}}$ 为系统输出;$\boldsymbol{u}(k) = (v(k),\omega(k))^{\mathrm{T}}$。

考虑迭代过程,由上述两式可得

$$q_i(k+1) = q_i(k) + B(q_i(k),k)u_i(k) + \beta_i(k) \qquad (5-67)$$

$$y_i(k) = q_i(k) + \gamma_i(k) \qquad (5-68)$$

式中：i 为迭代次数；k 为离散时间；$q_i(k)$、$u_i(k)$、$y_i(k)$、$\beta_i(k)$、$\gamma_i(k)$ 分别代表第 i 次的状态、输入、输出、状态干扰和输出噪声。

迭代学习控制律设计为

$$u_{i+1}(k) = u_i(k) + L_1(k)e_i(k+1) + L_2(k)e_i(k) \qquad (5-69)$$

移动机器人是一种在复杂的环境下工作的具有自规划、自组织、自适应能力的机器人。在移动机器人的相关技术研究中，控制技术是核心技术，也是实现真正的智能化和全自主移动的关键技术。移动机器人具有时变、强耦合和非线性的动力学特性，由于测量和建模的不精确，加上负载的变化以及外部扰动的影响，实际上无法得到移动机器人精确、完整的运动模型。

2）仿真实例

针对移动机器人的离散模型，每次迭代被控对象的初始值与理想值相同。采用迭代控制律，位置指令 $x_d(t) = \cos(\pi t)$，$y_d(t) = \sin(\pi t)$，$\theta_d(t) = \pi t + \dfrac{\pi}{2}$。取控制器的增益矩阵 $L_1(k) = L_2(k) = 0.1\begin{bmatrix} \cos\theta(k) & \sin\theta(k) & 0 \\ 0 & 0 & 1 \end{bmatrix}$，采样时间 $\Delta T = 0.001\text{s}$，迭代次数为 600 次，每次时间 2000 次。结果如图 5-14~图 5-16 所示。

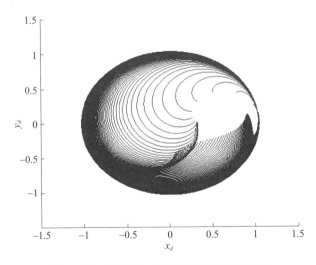

图 5-14　随迭代次数运动轨迹的跟踪过程

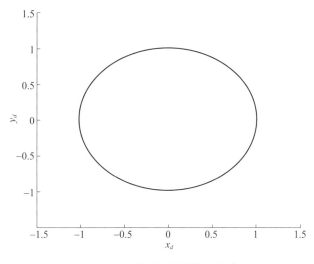

图 5 - 15　最后一次的位置跟踪

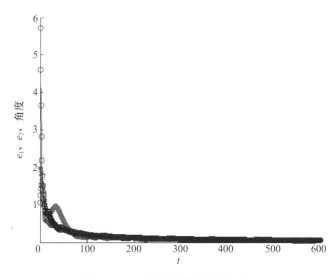

图 5 - 16　随迭代次数的收敛过程

5.3.4　移动机器人模糊神经网络避障

1）移动机器人的模糊神经网络避障算法

　　神经网络和模糊集理论都是介于传统的符号推理和传统控制理论的数值计算之间的方法。神经网络是通过许多简单的关系连接起来表示复杂的函数关系。这种简单关系往往是非 0 即 1 的简单逻辑关系,通过大量的简单关系的组

171

合就可以实现复杂的分类和决策功能。神经网络本质上是一个非线性动力系统,但是它并不依赖于模型。因此,神经网络可以看做是一种介于逻辑推理与数值计算之间的工具和方法。模糊理论则是介于两者之间的另一种方法,它形式上是利用规则进行逻辑推理,但其逻辑取值可在 0 和 1 之间连续取值,实际上是基于数值的方法而不是符号的方法。

对于移动机器人避障而言,这两种方法各有所长。一方面,用于移动机器人避障中的模糊逻辑控制器由于没有学习和自适应能力,要构成模糊逻辑系统,就要求设计者首先要了解整个避障系统的物理特性,并且要定义一系列有效的避障控制规则,用 IF – THEN 的表格形式表示出来,用来定义移动机器人的避障行为。但事实上并不总是内容能够实现的,由于移动机器人在避障过程中所处的环境比较复杂,意外情况很多,设计者不可能把所有的避障行为都成功地描述出来。就一般情况而言,当一个模糊系统有 20 个以上的规则时。人的智力要对这所有的因果关系进行理解就比较困难。然而,作为一种高度非线性系统的神经网络却比较擅长在海量数据中找到特定的模式,所以可以用神经网络来辨识因果关系。对于避障系统而言,可以通过在采样状态的障碍物信息的输入和输出控制数据中找出避障的各种行为模式,从而生成相应模糊逻辑控制规则。另一方面,神经网络虽然可以通过训练来学习给定的经验,并据此生成映射规则,但是这些映射规则在网络中是隐含而无法直接理解的。这样,想从神经网络内部去调整它的权值参数,进而改进它的性能有一定的难度。然而,如果把模糊逻辑控制引入神经网络中,就可以减少对存储器的要求,增加神经网络的泛化能力和容错能力等。

从以上的分析可以看出:模糊逻辑和神经网络这两种技术具有互补性,对于移动机器人避障这样复杂的系统,模糊神经控制技术具有巨大的优势。

下面以基于常规模型的模糊神经网络为例,描述利用模糊神经网络进行移动机器人避障的系统结构:

① 输入层。输入环境信息和移动机器人位姿信息,作用是将输入值传送到下一层。

② 模糊化层。使用模糊语言来反映输入量的变化,选取隶属函数计算隶属度,如果隶属函数采用高斯函数,则隶属函数计算公式如下:

$$u = \exp\left[-\frac{1}{2}\left(\frac{x - \omega_c}{(1/\omega_d)}\right)^2 \right] \qquad (5-70)$$

式中:w_c、w_d 为连接权重,决定了隶属函数的形状。

③ 模糊推理层。利用 IF – THEN 语句制定模糊规则,对输入量进行综合处理。

④ 去模糊化层。将输出模糊语言值清晰化,得出控制移动机器人避障的轮速度、转弯方向等具体输出数值。

⑤ 模糊神经网络中的权值训练流程如图 5 – 17 所示。

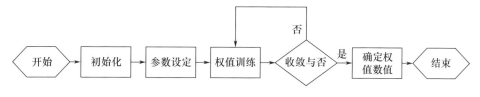

图 5 – 17　权值训练流程图

2) 基于 T – S 模型的模糊神经网络避障算法

(1) 系统结构图如图 5 – 18 所示。系统结构图

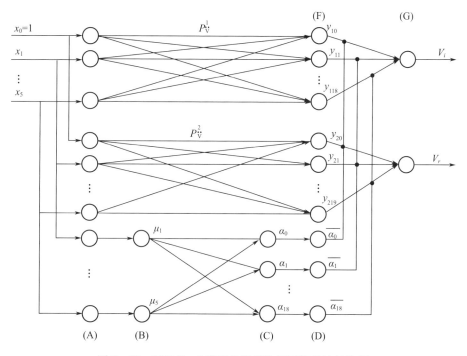

图 5 – 18　基于 T – S 模型的模糊神经网络系统结构图

(2) T – S 模型的隶属函数

移动机器人避障根据声纳采集到的数据,判断障碍物的类型,然后通过模糊神经网络算法控制移动机器人的动作,达到安全避障的目的。使用的移动机器人共有 16 个声纳。避障采用 0# ~ 8#和 15#。这 10 个声纳两两一组,即

0#和15#,1#和2#,3#和4#,5#和6#,7#和8#;取每个声纳的最小值作为移动机器人的输入,也就是输入变量 $x_1 \sim x_5$。将移动机器人探测到的 5 组距离值模糊化如下:

距离差值 x_i:较小(NB),小(NS),中(Z),大(PS),较大(PB)

采用的隶属函数如下:

$$NB,NS: u = \frac{1}{1 + \exp\left(\dfrac{x_i - a}{b}\right)} \qquad (5-71)$$

$$Z: u = \exp\left[-\left(\frac{x_i - a}{b}\right)\right]^2 \qquad (5-72)$$

$$PS,PB: u = \frac{1}{1 + \exp\left[-\left(\dfrac{x_i - a}{b}\right)\right]} \qquad (5-73)$$

式中:a、b 为网络权值,它们的大小将影响到隶属函数的形状。

(3)基于 T – S 模型的模糊神经网络避障算法

图 5 – 18 所示为基于 T – S 模型的模糊神经网络结构,计算模型如下。其中,设 I^j 为神经网络节点的输入值,$O_i^j = f_i^j(I^j)$ 为神经元节点的输出值,f_i^j 为非线性函数,上标代表神经元所在层。

A 层:将输入值传到下一层。

$$\begin{cases} I_i^A = 输入(x_i) \\ O_i^A = I_i^A \end{cases} \qquad (5-74)$$

其中:$i = 1,2,\cdots,5$。

B 层:模糊化层,即计算隶属函数,用模糊语言来反映输入量的变化。

NB,NS:

$$\begin{cases} I_i^B = \dfrac{O_i^A - a_i}{b_i} \\ O_i^B = \mu_i = 1/(1 + \exp(I_i^B)) \end{cases} \qquad (5-75)$$

Z:

$$\begin{cases} I_i^B = \left(\dfrac{O_i^A - a_i}{b_i}\right)^2 \\ O_i^B = \mu_i = \exp(\exp(-I_i^B)) \end{cases} \qquad (5-76)$$

PS,PB：

$$\begin{cases} I_i^B = \dfrac{O_i^A - a_i}{b_i} \\ O_i^B = \mu_i = 1/(1 + \exp(-I_i^B)) \end{cases} \tag{5-77}$$

其中：$i = 1,2,\cdots,5$。

C 层：求取模糊规则的适用度，α_j 为每条规则的适用度。

$$\begin{cases} I_j^C = \displaystyle\prod_{i=1}^{5} \mu_i = \mu_1 * \mu_2 * \cdots * \mu_5 \\ O_j^C = I_j^C = \alpha_j \end{cases} \tag{5-78}$$

其中：$j = 1,2,\cdots,5$。

D 层：归一化每条规则的适用度。

$$\begin{cases} I_j^D = O_j^C \Big/ \displaystyle\sum_{j=0}^{18} O_j^C = \alpha_j \Big/ \displaystyle\sum_{j=0}^{18} \alpha_j = \overline{\alpha_j} \\ O_j^D = I_j^D \end{cases} \tag{5-79}$$

其中：$j = 1,2,\cdots,5$。

E 层：提取输入值，准备计算输出。

$$\begin{cases} I_j^E = 输入变量 \quad (x_0 = 1) \\ O_j^E = I_j^E \end{cases} \tag{5-80}$$

其中：$i = 0,1,\cdots,5$，其作用是提供模糊规则中的常数项。

F 层：计算每条规则的输出值，其中，p_{ij}^k 为网络连接权值，O_{ij}^E 为每条规则的输出值。

$$\begin{cases} I_j^F = \displaystyle\sum_{i=0}^{5} p_{ij}^k O_{ij}^E \\ O_j^F = I_j^F = y_{kj} \end{cases} \tag{5-81}$$

其中：$i = 0,1,\cdots,5; j = 0,1,2,\cdots,18; k = 1,2$。

G 层：完成最后的控制动作，输出移动机器人的左、右轮速 V_l, V_r。

$$\begin{cases} I_k^G = \displaystyle\sum_{j=0}^{18} y_{kj} O_j^D = \displaystyle\sum_{j=0}^{18} y_{kj} \overline{\alpha} \\ O_1^G = V_l = I_l^G, O_2^G = V_r = I_2^G \end{cases} \tag{5-82}$$

其中：$j = 0,1,2,\cdots,18; k = 1,2$。

（4）障碍物模型及其识别

移动机器人要想在未知环境下自主工作，就必须具有对周围环境的感知能力，能够识别障碍物，所以我们将障碍物总结成以下 6 种模型，如图 5 – 19 所示。

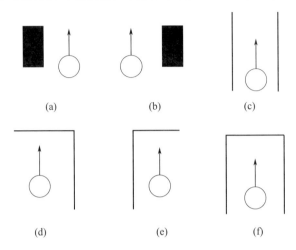

(a)　　　　　　　　(b)　　　　　　　　(c)

(d)　　　　　　　　(e)　　　　　　　　(f)

图 5 – 19　障碍物种类

(a)左侧；(b)右侧；(c)两侧；(d)右方和前方；(e)左方和前方；(f)左侧、右侧、前方。

Pioneer3 – DX 移动机器人有 16 个声纳，分布在机器人侧壁，能够有效探测 360°范围的物体。鉴于障碍物模型的种类，声纳选取 0# ~ 8#和 15#，它们在移动机器人的分布如图 5 – 20 所示。采集 0# ~ 8#和 15#声纳的数据样本见表 5 – 1，样本数据是在移动机器人中心距墙体 500mm 处测得。

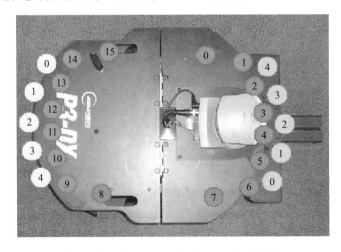

图 5 – 20　Pioneer3 – DX 机器人声纳分布图

表 5 - 1　0#～8#和 15#声纳数据样本　　　　　　　　单位:mm

	15#	0#	1#	2#	3#	4#	5#	6#	7#	8#
	348	359	2079	3000	3000	3000	3000	3000	3000	3000
	359	376	2269	3000	3000	3000	3000	3000	3000	3000
情况①	382	347	1079	2111	3000	3000	3000	3000	3000	3000
	353	364	1757	2203	3000	3000	3000	3000	3000	3000
	349	377	1234	2875	3000	3000	3000	3000	3000	3000
	3000	3000	3000	3000	3000	3000	2790	1099	367	382
	3000	3000	3000	3000	3000	3000	2976	1227	364	359
情况②	3000	3000	3000	3000	3000	3000	2712	1503	345	366
	3000	3000	3000	3000	3000	3000	2000	1644	352	376
	3000	3000	3000	3000	3000	3000	2564	1329	343	382
	354	349	1321	2770	3000	3000	3000	2056	373	344
	358	341	1749	1540	3000	3000	3000	2269	364	373
情况③	374	359	1118	2915	3000	3000	3000	1832	349	365
	362	351	1101	3000	3000	3000	3000	1284	374	344
	366	379	1320	3000	3000	3000	3000	1875	364	371
	3000	3000	2725	1224	326	314	1004	1754	345	359
	3000	3000	2356	1409	332	316	945	1600	377	342
情况④	3000	3000	2363	1613	344	345	1172	1248	369	349
	3000	3000	1388	1571	352	322	1275	1750	375	355
	3000	3000	2729	1568	333	355	1091	1832	374	382
	380	375	1315	1457	318	320	885	1786	3000	3000
	364	373	2096	1224	326	314	1114	2286	3000	3000
情况⑤	351	354	1807	1409	332	316	1245	2082	3000	3000
	377	363	2020	1109	336	313	1310	2734	3000	3000
	354	371	1543	1443	338	331	955	2713	3000	3000
	379	374	915	1168	330	344	1550	2210	343	353
	364	359	1754	1081	346	348	1074	1331	386	385
情况⑥	342	354	2246	1223	346	348	1074	1331	343	382
	368	343	2077	1308	324	317	1121	1131	343	344
	360	356	1496	1321	323	336	1581	1711	376	378

移动机器人中心距离墙体 500mm,已经是移动机器人行进过程中距离墙体的最近距离。也就是说如果移动机器人与墙体的距离更近,机器人会有和墙体发生碰撞的危险。另外,如果声纳的探测值在 1000mm 以上,则说明障碍物在该声纳方向距离移动机器人大于 1000mm,暂时不会对机器人的行动造成障碍。

因此,根据声纳数据样本可以推得:0#和15#声纳数值小于 1000mm,其余都大于 1000mm,移动机器人周围环境为障碍物模型(a);7#和8#声纳数值小于 1000mm,其余都大于 1000mm 时,为障碍物模型(b);0#、15#、7#和8#声纳数值小于 1000mm,其余都大于 1000mm 时,为障碍物模型(c);3#、4#、7#和8#声纳数值小于 1000mm,其余都大于 1000mm 时,为障碍物模型(d);3#、4#、0#和15#声纳数值小于 1000mm,其余都大于 1000mm 时,为障碍物模型(e);0#、15#、3#、4#、7#和8#声纳数值小于 1000mm,其余都大于 1000mm 时,为障碍物模型(f)。

移动机器人根据总结得出的 6 种障碍物模型制定躲避障碍物的模糊规则。例如,周围环境为障碍物模型(a)时,则输出控制移动机器人左右轮速度相同,保持前进方向,即 $V_l = V_r = 250mm/s$;周围环境为障碍物模型(e)时,则要求移动机器人左轮速度大于右轮速度,右转避开障碍物,即 $V_l = 350mm/s$, $V_r = 350mm/s$。

(5) 基于 T-S 模型的移动机器人实验

实验环境为有两扇门的长方形走廊。在移动机器人行驶路面状况等环境模型不变的情况下,分别进行两组实验,轨迹分别如图 5-21 和图 5-22 所示。

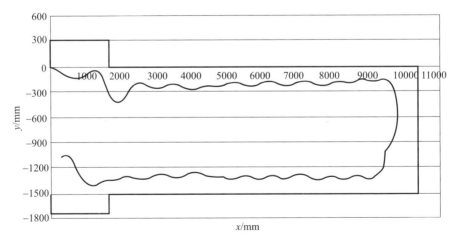

图 5-21　基于移动机器人运动模型的墙体避障

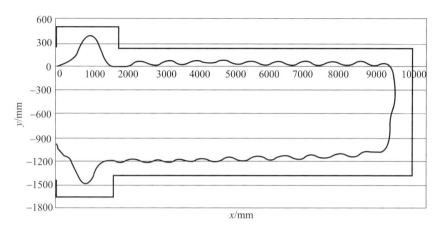

图 5 - 22　基于 T - S 模型的移动机器人墙体避障

　　图 5 - 21 所示的第一组实验未加载模糊神经网络算法,只是利用移动机器人运动模型和多次实验总结的规则进行避障。图 5 - 22 所示是加载了 T - S 模糊神经网络算法的墙体避障。比较图 5 - 21 和图 5 - 22 可以发现,未加载模糊神经网络的移动机器人墙体避障轨迹在经过两扇门的时候,虽然可以无碰撞地避开拐弯处,但避障的准确性比较差。移动机器人避障不仅仅是要求避开障碍物就完成任务,还需要移动机器人具有像人一样的行为。人躲避障碍物有两个特征,一是沿着障碍物轮廓,二是近距离躲避。比较图 5 - 21 和图 5 - 22 可以发现,加载了模糊神经网络的移动机器人墙体避障轨迹更符合这两个特征,能够准确地沿着障碍物轮廓避障,安全有效地完成避障工作。

第6章　服务机器人视觉与导航技术

因其获取信息量大、价格低廉,视觉导航逐渐成为移动服务机器人室内定位、导航应用中的主要方法,视觉导航技术对于在动态非结构环境下工作的移动机器人来说非常关键。

6.1　服务机器人视觉系统

机器人视觉系统可以定义为:通过光学装置和非接触传感器自动地接收和处理真实物体或环境图像,以获得所需信息或用于控制机器人运动的感知系统。具体到自主移动机器人,视觉系统的主要研究目标是实现类似人类视觉系统的高级感觉机构,使得机器人能够以智能和灵活的方式对其周围环境做出反应,并结合特定应用目标完成具体任务。因此,视觉系统的主要任务就是通过二维图像认知三维环境信息,不但能够判断出三维环境中物体的几何信息,而且还能够对它们进行描述、存储、识别和理解。

6.1.1　服务机器人视觉系统概述

在以视觉传感器为主的移动机器人中,视觉系统是移动机器人的重要组成部分。按照是否发射能量,视觉系统分为主动视觉系统和被动视觉系统。主动视觉系统在结构光、激光等聚光性比较强的光源照射下采集图像,并进行处理。由于光束在图像中比较好识别,因此图像匹配比较容易,其实质是光束引导下的图像匹配技术。主动视觉系统的优点是处理速度快,更能够满足实时性要求。被动视觉系统不向外发射光束,只采集外界环境的自然图像,并进行处理、分析、理解。由于图像数据量大,图像处理需要消耗大量时间,所以被动视觉系统的难点是如何解决图像处理的实时性问题,包括提高图像处理算法的实时性和硬件性能等。被动视觉系统的优点是不用发射光束,节省能源,隐蔽性强,应用范围更广,所以视觉系统一般是指被动视觉系统。

目前视觉系统主要有单目视觉系统、双目视觉系统、多目视觉系统、全景视觉系统、混合视觉系统。

赋予移动机器人以人类视觉功能,能像人一样通过视频处理从而具有从外部环境获取信息的能力,这可以提高机器人的环境适应能力、自主能力,最终达到无需人的参与,仿真人的行为,部分替代人的工作,对发展移动机器人是极其重要的。视觉系统包括硬件与软件两方面。前者奠定了系统的基础,而后者通常更是不可或缺的,因为它包含了图像处理的算法及人机交互的接口程序。

从广义上说,移动机器人的视觉即是通过传感器获得可视化的环境信息的过程,这不仅包括可见光的全部波段,还包括了红外光的某些波段,及特定频率的激光、超声波,如图6-1所示。超声波传感器使用简单,价格低,在过去的几十年内得到了大量的使用,但也存在不甚精确的缺点;激光传感器精确度高,虽然价格偏高但目前越来越多地得到人们的青睐;与前两者相比,工作于可见光频段的摄像机获取的环境信息则显得十分丰富,这为其后的图像处理提供了广阔的空间,本章主要放在这一部分的讨论上。

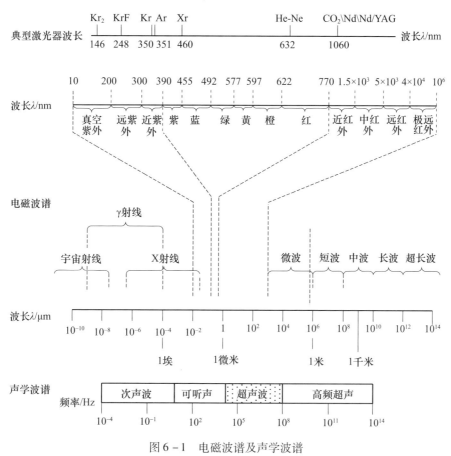

图6-1 电磁波谱及声学波谱

视觉传感器有主动传感器和被动传感器两类。包括人类在内的大多数动物具有使用双目的被动传感器,也有类似蝙蝠的动物,具有从自身发出的超声波测定距离的主动传感器。通常主动传感器的装置复杂,在摄像条件和对象物体材质等方面有一定限制,但能可靠地测得二维信息。被动传感器的处理虽然复杂,但结构简单,能在一般环境中进行检测。超声传感器与激光属于主动传感器,绝大部分情况下摄像机、红外传感器均属于被动传感器,只有在特定情况下,如深水移动机器人视觉传感器自身带有光源才属于主动传感器。传感器的选用要根据目的、物体、环境、速度等因素来决定,有时也可考虑使用多传感器并行协调工作。

应用于移动机器人导航的视觉算法有别于其他方面的应用,其具体要求主要体现在以下几方面。

1)实时性要求

即算法处理的速度要快,它不但直接决定了移动机器人能够行驶的最大速度,而且也切实关系到整个导航系统的安全性与稳定性。举例来说,机器人的避障算法都需要提前知道障碍物的方位以便及时动作,这种信息获得的时间越早,则系统就会有更多的时间对此正确地响应。视觉信息处理巨大的计算量对算法程序的压力很大,对室外移动机器人尤其如此。

2)鲁棒性要求

由于移动机器人的行驶环境是复杂多样的,要求所采用的立体视觉算法能够在各种光照条件、各种环境下都尽可能保证其有效性。室内环境的机器人导航环境相对较好,但对于室外移动机器人或者是陆地自主车ALV,不确定性因素增加了很多,比如光照变化、边缘组织等,也不存在道路平坦假设。为此,视觉导航算法在各种环境下都要求保证其有效性。

3)精确性要求

但这种精确性与虚拟现实或者三维建模所要求的精确性是有所差别的,因为立体视觉算法对道路地形进行重建的最终目的是为了检测障碍物,而不是为了精确描绘出场景。对于移动机器人来说,有时候忽略细节可以提高整个系统的稳定性。

一般说来,移动机器人的视觉系统有以下组成部分:

(1)光信号发生器,可以是天然光信号发射器(如物体环境光线的反射光),或者是人造光信号发射器(如闪光灯、激光光源)。

(2)用以接收物体反射光信号的传感器(例如摄像机,这种摄像机产生的图像是原始图像,但这种传感器不一定是光学传感器,也可以是超声波传感器)。

（3）图像采集卡,将接收的图像转换为计算机可以识别的二进制编码以便处理。

（4）对图像进行增强去噪并对其中的缺陷进行清除和校正等。

（5）将变换后的图像进行图像存储描述,给出必要的信息。

（6）特征抽取,根据各种定律、算法和其他准则导出相关信息。

（7）目标识别,用来把抽取的图像特征与在训练阶段记录下来的图像特征进行比较。识别可能是总体识别、局部识别或者零位识别。不管结果如何,机器人都必须按照识别过程的结果决定采取相应的动作。在这一阶段,任何误差都可能造成性能上的不确定性。

6.1.2　服务机器人单目视觉系统

单目视觉系统使用一个视觉传感器来获取外界的环境信息,系统配置简单,图像处理也较简单,一般情况下不能判断距离信息,但是在某些假设或者使用聚焦—散焦、变焦技术或者光流技术的条件下,也可以获得不精确的距离信息。Ghidar 研制的机器人视觉系统使用一个用软件可控制变焦的 SONY EVI - D30 摄像机,通过聚焦景深算法计算机器人和人之间的距离;由于变焦摄像机不易获取,Nourbakhsh 研制的机器人视觉避障系统使用三个不同焦距的摄像机充当一个可变焦的摄像机,利用聚焦景深算法获得深度信息并避开障碍物。梁冰开发了自主移动机器人比赛用的单目视觉跟踪系统,利用变焦技术计算深度信息,并调整焦距使被跟踪的物体处于图像中心,以便于跟踪。王元庆利用两个焦距的单目摄像机计算深度信息。Souhila 等人研制的自主移动机器人导航系统使用 WAT - 902HS 单目摄像机,通过图像序列的光流定位障碍物并为机器人提供导航。单目视觉系统仅能获取粗略的深度信息,应用上受到很大限制,高精度的单目视觉系统在理论和实践上还需要深入研究。双目视觉系统由两个摄像机组成,利用三角测量原理获得场景的深度信息,并且可以重建周围景物的三维形状和位置,类似人眼的体视功能,原理简单。

单目视觉系统只使用一个视觉传感器。这种视觉系统对于环境的表达完全体现在二维图像的明暗度、纹理、表面轮廓线、阴影和运动等因素之中。

单目视觉系统在成像过程中损失了成像点的深度信息,这是此类视觉系统的一个主要缺点。此外,通常情况下单目视觉系统的感知范围有限,拓宽其感知视野往往需要以增大图像畸变为代价。尽管如此,由于单目视觉系统结构简单、算法成熟且计算量较小,在自主移动机器人中业已得到广泛应用,如用于目标跟踪、基于平面假设的自运动估计和障碍物检测、基于单目特征的室内定位导航等。更为重要的是,单目视觉是其他视觉系统的基础,如双目立体视觉、多目视觉、结构光主动视觉及主动控制视觉等,都是在单目视觉系统的基础上,通过附加其他手段和措施而实现的。

摄像机可以分为模拟摄像机和数码摄像机,模拟摄像机以前也称为电视摄像机,现在的应用已经较少,数码摄像机即常用的 CCD(charge couple device)摄像机,即现在常说的摄像机。从移动机器人的视觉技术来看,可以分为单目、双目、全景三类。摄像机通常是由模型来表示的,对于单目摄像机,一般采用最简单的针孔模型。

1)摄像机参考坐标系

摄像机的针孔成像模型有四种参考坐标系。

(1)图像坐标系

摄像机采集的数字图像在计算机内可以存储为数组,数组中的每一个元素的值即是图像点的亮度(灰度)。如图 6 – 2 所示,在图像上定义直角坐标系 u – v,每一像素的坐标 (u,v) 分别是该像素在数组中的列数和行数。故 (u,v) 是以像素为单位的图像坐标系坐标。

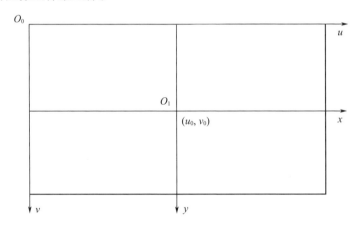

图 6 – 2   像坐标系和成像平面坐标系

(2)成像平面坐标系

由于图像坐标系只表示像素位于数字图像的列数和行数,并没有用物理单位表示出该像素在图像中的物理位置,因而需要再建立以物理单位(如 mm)表示的成像平面坐标系 x – y,如图 6 – 2 所示。用 (x,y) 表示以物理单位度量的成像平面坐标系的坐标。在 x – y 坐标系中,原点 O_1 定义在摄像机光轴和图像平面的交点处,称为图像的主点,该点一般位于图像中心处,但由于摄像机制作的原因,可能会有些偏离。O_1 在图像坐标系下的坐标为 (u_0,v_0),每个像素在 x 轴和 y 轴方向上的物理尺寸为 dx、dy,两个坐标系的关系如下:

$$\begin{bmatrix} u \\ v \\ 1 \end{bmatrix} = \begin{bmatrix} 1/\mathrm{d}x & s' & u_0 \\ 0 & 1/\mathrm{d}y & v_0 \\ 0 & 0 & 1 \end{bmatrix} = \begin{bmatrix} x \\ y \\ 1 \end{bmatrix} \qquad (6-1)$$

式中：s' 表示因摄像机成像平面坐标轴相互不能正交引出的倾斜因子。

（3）摄像机坐标系

摄像机成像几何关系可由图 6 - 3 表示，其中 O 点称为摄像机光心，X_C 轴和 Y_C 轴与成像平面坐标系的 x 轴和 y 轴平行，Z_C 轴为摄像机的光轴，和图像平面垂直。光轴与图像平面的交点为图像主点 O_1，由点 O 与 X_C、Y_C、Z_C 轴组成的直角坐标系称为摄像机坐标系。OO_1 为摄像机焦距。

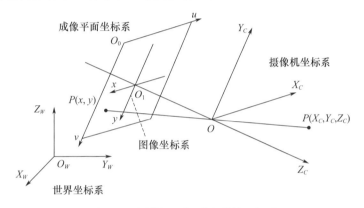

图 6 - 3　摄像机坐标系和世界坐标系

（4）世界坐标系

在环境中还选择一个参考坐标系来描述摄像机和物体的位置，该坐标系称为世界坐标系，也称为真实坐标系或者客观坐标系。摄像机坐标系和世界坐标系之间的关系可用旋转矩阵 $\boldsymbol{R}$ 与平移向量 $\boldsymbol{t}$ 描述。由此，空间中一点 P 在世界坐标系和摄像机坐标系下的齐次坐标分别为 $(X_W, Y_W, Z_W, 1)^\mathrm{T}$ 与 $(X_C, Y_C, Z_C, 1)^\mathrm{T}$，且存在如下关系：

$$\begin{bmatrix} X_C \\ Y_C \\ Z_C \\ 1 \end{bmatrix} = \begin{bmatrix} \boldsymbol{R} & \boldsymbol{t} \\ \boldsymbol{0} & 1 \end{bmatrix} \begin{bmatrix} X_W \\ Y_W \\ Z_W \\ 1 \end{bmatrix} \qquad (6-2)$$

式中：$\boldsymbol{R}$ 是 3×3 正交单位矩阵；$\boldsymbol{t}$ 是 3 维平移列向量；$\boldsymbol{0} = (0,0,0)^\mathrm{T}$。

2）摄像机线性模型

透视投影是最常用的成像模型，可以用针孔透视或者中心透视投影模型近似表示。针孔模型的特点是所有来自场景的光线均通过一个投影中心,它对应于透镜的中心。经过投影中心且垂直于图像平面的直线称为投影轴或光轴,如图 6 – 3 所示。投影产生的是一幅颠倒的图像,有时会设想一个和实际成像面到针孔等距的正立的虚拟平面。其中 $x - y - z$ 是固定在摄像机上的直角坐标系,遵循右手法则,其原点位于投影中心,z 轴与投影重合并指向场景,X_C 轴、Y_C 轴与图像平面的坐标轴 x 和 y 平行,$X_C - Y_C$ 平面与图像平面的距离 OO_1 为摄像机的焦距 f。摄像机坐标系与成像平面坐标系之间的关系为

$$x = \frac{fX_C}{Z_C}$$
$$y = \frac{fY_C}{Z_C} \tag{6-3}$$

式中:(x,y) 为 P 点在成像平面坐标系下的坐标;(X_C, Y_C, Z_C) 为空间点 P 在摄像机坐标系下的坐标。用齐次坐标与矩阵来表示如下:

$$Z_C \begin{bmatrix} x \\ y \\ 1 \end{bmatrix} = \begin{bmatrix} f & 0 & 0 & 0 \\ 0 & f & 0 & 0 \\ 0 & 0 & 1 & 0 \end{bmatrix} \begin{bmatrix} X_C \\ Y_C \\ Z_C \\ 1 \end{bmatrix} \tag{6-4}$$

将式(6 – 2)与式(6 – 3)代入式(6 – 4),得到图像坐标系和世界坐标系之间的关系为

$$Z_C \begin{bmatrix} u \\ v \\ 1 \end{bmatrix} = \begin{bmatrix} 1/\mathrm{d}x & s' & u_0 \\ 0 & 1/\mathrm{d}y & v_0 \\ 0 & 0 & 1 \end{bmatrix} \begin{bmatrix} f & 0 & 0 & 0 \\ 0 & f & 0 & 0 \\ 0 & 0 & 1 & 0 \end{bmatrix} \begin{bmatrix} \boldsymbol{R} & \boldsymbol{t} \\ \boldsymbol{0} & 1 \end{bmatrix} \begin{bmatrix} X_W \\ Y_W \\ Z_W \\ 1 \end{bmatrix}$$

$$= \begin{bmatrix} \alpha_u & s & u_0 \\ 0 & \alpha_v & v_0 \\ 0 & 0 & 1 \end{bmatrix} \begin{bmatrix} \boldsymbol{R} & \boldsymbol{t} \end{bmatrix} \begin{bmatrix} X_W \\ Y_W \\ Z_W \\ 1 \end{bmatrix} = \boldsymbol{K} \begin{bmatrix} \boldsymbol{R} & \boldsymbol{t} \end{bmatrix} \tilde{\boldsymbol{X}} = \boldsymbol{P} \tilde{\boldsymbol{X}} \tag{6-5}$$

式中:$\alpha_u = f/\mathrm{d}x$,$\alpha_v = f/\mathrm{d}y$,$s = s'f$;$\tilde{\boldsymbol{X}}$ 表示在矩阵向量 $\boldsymbol{X}$ 的最后一个元素后添加 1,$\begin{bmatrix} \boldsymbol{R} & \boldsymbol{t} \end{bmatrix}$ 完全由摄像机相对于世界坐标系的方位决定,称为摄像机外部参数矩阵,它由旋转矩阵和平移向量组成;$\boldsymbol{K}$ 只与摄像机内部结构有关,称为摄像机内参数矩阵;相应的 α_u、α_v、u_0、v_0、s 称作是摄像机的内参数,其中 (u_0, v_0) 为主点坐标,α_u、α_v 分别为图像 u 轴和 v 轴上的尺度因子,s 是描述两图像坐标轴倾斜程度

的参数;P 为 3×4 矩阵,称为投影矩阵,即从世界坐标系到图像坐标系的转换矩阵。旋转矩阵的三个参数以及平移向量 t 的三个参数被称作是摄像机的外参数。

可见,如果已知摄像机的内外参数,就已知投影矩阵 P,对任何空间点,如果已知其三维坐标(X_W, Y_W, Z_W),就可以求出其图像坐标点的位置(u, v)。但是,如果知道空间某点的图像点的坐标(u, v),即使已知投影矩阵,其空间坐标也不是唯一确定的,它对应的是空间的一条直线。

6.1.3　服务机器人双目视觉系统

双目视觉系统需要精确地知道两个摄像机之间的空间位置关系,而且场景环境的三维信息需要两个摄像机从不同角度同时拍摄同一场景的两幅图像,并进行复杂的匹配,才能准确得到。由于两个摄像机观察的位置不同,以及场景中的光照、阴影和成像过程中的噪声等多种因素的影响,导致同一目标点在两幅图像上投影点的灰度值并不完全相同,再加上遮挡等因素的影响,加重了匹配的复杂性,使得匹配结果产生多义性,因而匹配完全准确是非常困难的,甚至是不可能的,同时图像立体匹配算法复杂,需要消耗大量时间,实时性较差。对移动机器人的实时性,需要具体问题具体分析,充分利用各种条件提高图像处理、分析及目标识别算法的快速性,例如:可以充分利用彩色图像信息丰富的特性,使用平行配置的摄像机、分布式计算机系统、专用的硬件加速系统、并行计算技术等。虽然还存在很多问题,但是由于双目视觉系统对深度信息的高感知力,使得双目视觉系统应用范围广泛,目前是移动机器人使用较多的视觉系统。

双目视觉系统是立体视觉,采用两个视觉传感器。主要目的是根据空间某点在两幅图像中的位置信息以及两个图像传感器之间的相对位置关系计算出该点的深度,以便恢复场景的三维信息。

由于立体视觉系统能够比较准确地恢复视觉场景的三维信息,因此在移动机器人定位导航、避障、地图构建等方面得到了应用。立体视觉系统中的难点是对应点匹配问题,该问题在很大程度上制约立体视觉在机器人领域的应用,此外,立体视觉还存在视野窄、计算量大等缺陷。

在已知对象的形状和性质或服从某些假定时,移动机器人的单目视觉虽然能够从图像的二维特征推导出三维信息,但一般情况下从单一图像中是不可能直接得到三维环境信息的。

双目视觉测距法是仿照人类利用双目感知距离的一种测距方法。人的双眼从稍有不同的两个角度去观察客观三维世界的景物,由于几何光学的投影,离观察者不同距离的物点在左右两眼视网膜上的像不是在相同的位置上,这种在两眼视网膜上的位置差就称为双眼视差,它反映了客观景物的深度(或距离),如

图 6-4 所示。首先运用完全相同的两个或多个摄像机对同一景物从不同位置成像获得立体像对,通过各种算法匹配出相应像点,从而计算出视差,然后采用基于三角测量的方法恢复距离。立体视觉测距的难点是如何选择合理的匹配特征和匹配准则,以保证匹配的准确性。

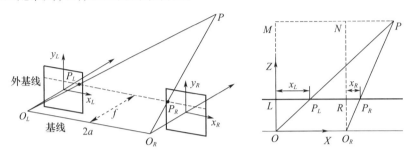

图 6-4 双目立体视觉示意图

设两个图像平面位于一个平面上,两个摄像机的坐标轴相互平行,且轴重合,摄像机之间在方向上的间距为基线距离,焦距均为 f。在这个模型中,场景中同一个特征点在两个摄像机图像平面上的成像位置是不同的。将场景中同一点在两个不同图像中的投影点称为共轭对,其中的一个投影点是另一个投影点的对应(correspondence),求共轭对就是求解对应性问题。两幅图像重叠时的共轭对点的位置之差(共轭对点之间的距离)称为视差(disparity),通过两个摄像机中心并且通过场景特征点的平面称为外极(epipolar)平面,外极平面与图像平面的交线称为外极线。

假设坐标系原点与左透镜中心重合,场景点 $P(X,Y,Z)$ 在左、右图像平面中的投影点分别为 P_L、P_R,比较 $\triangle OLP_L$ 和 $\triangle OMP$ 相似,$\triangle O_R RP_R$ 和 $\triangle O_R NP$ 相似可得

$$\frac{Z}{f} = \frac{2a}{|x_R - x_L|} \qquad (6-6)$$

因此,各种场景点的深度恢复可以通过计算视差来实现。注意,由于数字图像的离散特性,视差值是一个整数。在实际中,可以使用一些特殊算法使视差计算精度达到子像素级。因此,对于一组给定的摄像机参数,提高场景点深度计算精度的有效途径是增长基线距离 $2a$,即增大场景点对应的视差。然而这种大角度立体方法也带来了一些问题,主要的问题如下:

(1)随着基线距离的增加,两个摄像机的共同的可视范围减小;

(2)场景点对应的视差值增大,则搜索对应点的范围增大,出现多义性的机会就增大;

(3)由于透视投影引起的变形导致两个摄像机获取的两幅图像中不完全相

同,这就给确定共轭对带来了困难。

在图 6 - 4 中,图像中的每个特征点都位于第二幅图像中的同一行中。在实际中,两条外极线不一定完全在一条直线上,即垂直视差不为零。但为了简单起见,双目立体算法中的许多算法都假设垂直视差为零。在实际应用中经常遇到的情况是两个摄像机的光轴不平行,调整它们平行重合的技术即是摄像机的标定,将在后面的章节中讲述。

6.1.4　服务机器人全景视觉系统

1) 全景视觉系统简述

全景视觉系统是具有较大水平视场的多方向成像系统,其突出优点是具有较大的视场,可以达到 360°,是其他常规镜头无法比拟的。全景视觉系统可以通过图像拼接的方法或者通过折反射光学元件实现。图像拼接的方法使用单个或多个相机旋转,对场景进行大角度扫描,获取不同方向上连续的多帧图像,再用拼接技术得到全景图。美国南加州大学 Stein 利用旋转摄像机获得 360°地平线信息为机器人提供定位信息;清华大学的刘亚利用 360°旋转的摄像机拼接出镶嵌有运动目标的全景图,并对运动目标进行跟踪。图像拼接形成全景图的方法成像分辨率高,但拼接算法复杂,成像速度慢,实时性差。折反射全景视觉系统由 CCD 摄像机、折反射光学元件等组成,利用反射镜成像原理,可以观察周围 360°场景,成像速度快,能达到实时要求,具有十分重要的应用前景,可以应用在机器人导航中。日本大阪大学利用锥面反射镜研制出了 COPIS 全景视觉系统,为移动机器人提供定位、避障和导航;上海交通大学的陈卫东研制了 Omni View 全景视觉系统为“交龙”移动机器人提供路径规划、避障和导航。折反射全景视觉系统的缺点是设计复杂,成像发生扭曲,而且分辨率低。

为了获取更大视野的场景,人们开始研究全景视觉,即全向成像视觉技术,目前已经提出了很多全向成像方法。在众多的方法中,用单个曲面反射镜面制作的全向视觉系统能够实时获取水平方向 360°和垂直方向一定角度的全向图像,比用其他方法制作的全向视觉系统获取图像更快、更方便,并且成像精度更高。全景视觉系统在机器人视觉导航、视频会议、监视与监控和场景恢复中有很好的应用价值。全景图像不仅获取的信息量大,而且还能解决在立体匹配中常出现的对应点超出图像边界而消失的问题。

根据成像原理,获取全景图像的方法大致分为如下三种:旋转成像(多摄像机成像)、鱼眼镜头成像和反射镜全向成像。旋转成像是用普通摄像机绕通过其光心的垂直轴旋转,在旋转中获取不同角度的多幅图像,将这些图像拼接或者重新采样,获得全向图像。由于摄像机光学中心的物理位置不能确定,旋转轴的位置可能不经过摄像机光心,导致成像不满足单一视点约束。同时这种成像设备需要精确的旋转运动控制部件,旋转摄像机和合成全向图像需要较长时间,不能用于动态全景成像。用这种方法生成的图像也不能满足单一视点要求。这种成像方式具有成本高、系统复杂等缺点。鱼眼镜头具有很短的焦距($f < 3\text{mm}$),这使摄像机能够观察到接近半球面内的物体,视场角接近180°,可以获取大视场图像。但这种成像存在较大的图像畸变,且其畸变模型不满足透视投影条件,无法从所获取的图像中映射出无畸变的透视投影图像;同时视场角越大,其光学系统越复杂,造价越昂贵。而反射镜全向成像摄像机较好地解决前面成像系统存在的问题,近几年得到广泛的研究,成像方法如图6 – 5所示。具有视场角大(水平方向360°,垂直方向有一定角度),速度快,结构简单,无运动部件,安装简单等特点,同时图像分辨率也可以达到较满意的水平。使用某些特殊设计的反射镜面还可以保持单一视点约束,可以从所获取的图像中映射出无畸变的透视投影图像。

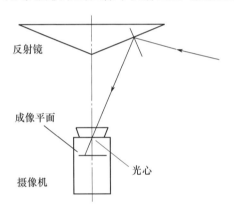

图6 – 5 反射—折射系统剖面图

目前研制的反射镜全景成像视觉系统,以反射镜面类型可分为锥形体反射镜全景视觉系统、球面反射镜全景视觉系统、抛物面反射镜全景视觉系统、双曲面反射镜全景视觉系统、单视点全景视觉系统和双视点全景成像系统等,如图6 – 6所示。Sun Tien-Lung 使用锥形体反射镜组成全向成像系统,也有学者使用球形体反射镜组成全向成像系统,但这两种系统的共同缺点是在成像平面上会出现晕光效应,而且图像变形较大。出现晕光效应的原因主要是由于从各个方向入射到摄像机透镜系统的光线没有汇聚到一点。如果成像系统满足单一视点约束,则可以解决这一问题。有学者提出使用双曲线镜面和透视投影镜头可以组成满足透视投影模型的全向视觉系统。也有学者采用抛物面反射镜和正交投影镜头构成全向视觉系统。使用反射镜全向成像方式满足透视投影成像模型条件,容易进行系统标定、图像分析和处理,实现了对图像或图像序列的定量操作。图 6-6(d)、(e)、(f)分别给出了相应的成像情形。

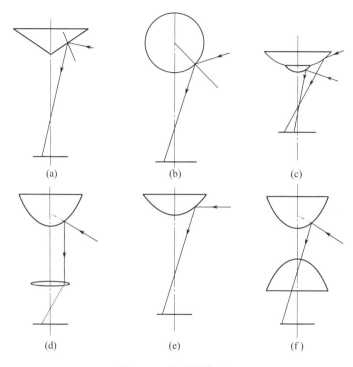

图 6-6　全景成像原理
(a)圆锥面镜；(b)球面镜；(c)双视点镜头；(d)抛物面镜；(e)单视点镜头；(f)双面面镜。

在实际情况中,往往需要根据不同的要求进行不同曲面形状的反射镜面做出合乎实际的设计。下面以单视点全景成像系统为例介绍全景成像的基本原理。它的特点是能将全景图转换成标准的投影图,方便进行图像分析和处理,因而显出了很大的优势。本书从单视点的限制条件入手,介绍了单视点的基本概念和常用的镜面设计,以及如何计算全景视觉系统的分辨率。通常期望一个折反射系统具有单视点,即唯一的投影中心。在单视点的条件下,图像中的每一个像素都对应着经过视点的一条入射光线。若已知折反射系统的光路,就可以反推出每个像素对应的入射光线的方向。因此,可以将全景图像的像素点投影到离视点任意距离的某个平面上形成平面投影图像。由此可见,单视点的重要性在于它允许将全景图变换成平面投影图,看起来与普通摄像机得到的图像并无差别,而观察视角更大,从而可以使用一般的处理投影图的方法进行图像分析和处理。

1) 单视点全景视觉系统成像的基本原理

设镜面上任一点坐标为(r,z),如图 6-7 所示,则角度关系满足:

$$\begin{cases} \gamma = 90° - \alpha \\ \alpha + \theta + 2\gamma + 2\beta = 180° \end{cases} \qquad (6-7)$$

可以推出：

$$2\beta = \alpha - \theta$$

有

$$\frac{2\tan\beta}{1 - \tan^2\beta} = \frac{\tan\alpha - \tan\theta}{1 + \tan\alpha\tan\theta} \qquad (6-8)$$

又有 $\tan\alpha = \dfrac{c-z}{r}, \tan\beta = \dfrac{\mathrm{d}z}{\mathrm{d}r}, \tan\theta = \dfrac{z}{r}$，代入得

$$r(c-2z)\left(\frac{\mathrm{d}z}{\mathrm{d}r}\right)^2 - 2(r^2 + cz - z^2)\frac{\mathrm{d}z}{\mathrm{d}r} + r(2z-c) = 0 \qquad (6-9)$$

其中 c 以及下式中的 k 均为常数。这个方程的通解为

$$\begin{cases} \left(z - \dfrac{c}{2}\right)^2 - r^2\left(\dfrac{k}{2} - 1\right) = \dfrac{c^2}{4}\left(\dfrac{k-2}{k}\right) & (k \geqslant 2) \\ \left(z - \dfrac{c}{2}\right)^2 + r^2\left(\dfrac{c^2}{2k} + 1\right) = \dfrac{2k+c^2}{4} & (k < 2) \end{cases} \qquad (6-10)$$

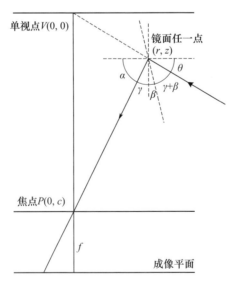

图 6-7　单视点全景成像示意图

这两个方程定义了所有满足单视点限制的镜面曲线,选择不同 c、k 值可以得到很多理论上的解。注意到,这里 c 和 k 具有一定的物理意义,必须根据应用

的具体要求来选取,c 表示摄像机焦点和视点之间的距离,必须大于 0,同时为了保证系统的紧凑型又不能取得过大。选定了 c 之后,不同的 k 就决定了镜面的形状和曲率,应根据系统的垂直视角来设计。当选择的值(c、k)不满足 $c > 0$,$k > 0$ 的限制条件时,这些解就是退化的,不能用来构成实际的单视点摄像机系统。常见的单视点全向镜包括椭球形镜面、双曲线镜面和抛物线镜面,而锥形镜面和球形镜面是两组退化的解,不是单视点的。

　　2)全景视觉系统的分辨率

　　全景视觉系统的一个非常重要的属性是成像的分辨率。若已知分辨率的计算方法,就可以在设计时选择合适的全向镜和摄像机以保证系统具有足够大的分辨率,也可以采用特殊的全向镜或摄像机使得系统具有统一的分辨率。全景视觉系统的分辨率计算比较复杂,与使用的普通摄像机的分辨率以及全向镜的形状都有关系,摄像机的不同投影方式也将直接影响分辨率的计算,下面分别对针孔投影和垂直投影的两种情况进行分析。

　　(1)针孔投影情况

　　针孔摄影情况如图 6 – 8(a)所示。使用普通的针孔成像的摄像机,假定全景视觉系统中使用的普通摄像机的焦距为 f,如果目标点对应的无穷小角度的 dv 在成像面上成像为一个无穷小的面积为 dA,则全景摄像机的空间分辨率为 dA/dv。

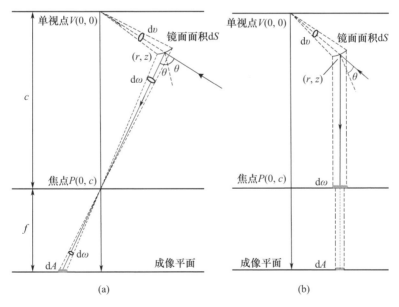

图 6 – 8　全景摄像机针孔投影与垂直投影
(a)针孔投影情况;(b)垂直投影情况。

传统摄像机的分辨率为 $\dfrac{\mathrm{d}A}{\mathrm{d}\omega} = \dfrac{f^2}{\cos^3\psi}$，因此，用成像面的无穷小面积 $\mathrm{d}A$ 表示

的镜面面积 $\mathrm{d}S$ 可以写为 $\mathrm{d}S = \dfrac{(c-z)^2\cos\psi}{f^2\cos\phi}\mathrm{d}A$。而用成像面的无穷小面积 $\mathrm{d}A$ 表

示的目标点对应的无穷小角度 $\mathrm{d}\upsilon = \dfrac{(c-z)^2\cos\psi}{f^2(r^2+z^2)}\mathrm{d}A$，又有 $\cos^2\psi = \dfrac{(c-z)^2}{(c-z)^2+r^2}$，

因此，全景摄像机的空间分辨率为

$$\frac{\mathrm{d}A}{\mathrm{d}\upsilon} = \frac{f^2(r^2+z^2)}{(c-z)^2\cos\psi} = \frac{r^2+z^2}{r^2+(c-z)^2}\frac{\mathrm{d}A}{\mathrm{d}\omega} \tag{6-11}$$

可见，全景摄像机的分辨率等于使用的普通摄像机的分辨率再乘以一个比例因子，即

$$\frac{r^2+z^2}{r^2+(c-z)^2} \tag{6-12}$$

这里 (r,z) 是成像的镜面点的坐标。

根据式 $(6-11)$ 可以得出以下几个结论：

① 对于平面镜 $z = \dfrac{c}{2}$，全景摄像机的分辨率与使用的普通摄像机的分辨率相同。

② 可以注意到式 $(6-12)$ 中的比例因子是点 (r,z) 到有效视点 $V=(0,0)$ 的距离的平方除以点 (r,z) 到焦点 $P=(0,c)$ 的距离的平方。用 d_V 表示点 (r,z) 到有效视点 $V=(0,0)$ 的距离，用 d_P 表示点 (r,z) 到焦点 $P=(0,c)$ 的距离，则式 $(6-12)$ 可以写成 d_V^2/d_P^2。对于椭球形镜面，存在某个常数 $K_e > d_P$，使得 $d_V + d_P = K_e$，因此椭球形镜面的比例因子可以改写为 $\left(\dfrac{K_e}{d_P}-1\right)^2$。对于双曲线镜面，存在某个常数 $0 < K_h < d_P$，使得 $K_h = K_e - 2d_P$，因此双曲线镜面的比例因子可以改写为 $\left(1-\dfrac{K_h}{d_P}\right)^2$，随着 d_P 增大，d_V 减小，比例因子变大。所以，对于椭球形镜面和双曲线镜面，式中的比例因子都随着 r 的增大而增大。因此，采用具有统一分辨率的普通摄像机构成的双曲线镜面和椭球形镜面全景摄像机在边缘处具有最高的分辨率。

（2）垂直投影情况

垂直投影情况如图 $6-8$（b）所示。传统的垂直投影的摄像机的分辨率为

$\dfrac{\mathrm{d}A}{\mathrm{d}\omega}=M^2$，这里 M 是摄像机的一个线性放大系数，根据角度关系 $\mathrm{d}\omega=\cos\phi\cdot\mathrm{d}S$，

$\mathrm{d}\upsilon=\dfrac{\mathrm{d}S\cdot\cos\phi}{r^2+z^2}$，可得 $\dfrac{\mathrm{d}A}{\mathrm{d}\upsilon}=(r^2+z^2)\dfrac{\mathrm{d}A}{\mathrm{d}\omega}$，使用抛物线方程 $z=\dfrac{h^2-r^2}{2h}$，乘积项 (r^2+z^2)

可以化为 $\left(\dfrac{h^2+r^2}{2h}\right)^2$。因此，与椭球形镜面和双曲线镜面一样，使用抛物线镜面的系统分辨率也随着镜面点到中心的距离 r 的增加而增大。

6.1.5　服务机器人网络摄像头

摄像头是视觉系统的输入设备，输入图像质量的好坏将直接影响后续图像处理和识别的质量，可分为动态摄像头和静态摄像头。动态摄像头安置在移动机器人上，对于高速运动物体，惰性稍大，考虑到移动机器人本身运动的因素，这种摄像头摄取图像会相对模糊；而静摄像头安装在特定位置，可以监视固定的区域，稳定性、灵敏度及精确性均能够有所提高，更适用于移动机器人的网络监控、机器人足球系统的整体控制等方面。

6.2　摄像机标定

计算机视觉的基本任务之一是由摄像机获取的图像信息计算三维空间中物体的几何信息，并由此重建和识别物体，而空间物体表面某点的三维几何位置与其在图像中对应点之间的相互关系是由摄像机成像的几何模型决定的，这些几何模型参数就是摄像机参数。在大多数条件下，这些参数必须通过实验与计算才能得到，这个过程称为摄像机标定。

摄像机标定技术早就应用于摄影测量学。摄影测量学中所使用的方法是数学解析分析的方法，在定标过程中通常要利用数学方法对从数字图像中获得的数据进行处理，通过数学处理手段，摄像机定标提供了专业测量摄像机与非专业测量摄像机的联系。而所谓的非专业测量摄像机是指内部参数完全未知、部分未知或者原则上不稳定的一类摄像机。摄像机的内部参数指的是摄像机成像的基本参数，如主点(图像中心)、焦距、径向镜头畸变、偏轴镜头畸变及其他系统误差参数。

6.2.1　摄像机的畸变模型

摄像机模型是摄像机坐标系下三维空间点和对应二维图像坐标点之间几何映射关系的数学表示。针孔模型忽略了成像光路中的各种误差的影响，是一种

线性成像关系,也是最常用的一种摄像机模型。

1)针孔成像理想模型

假设摄像机的有效焦距为 f,那么对于摄像机坐标系中的任意三维空间点 $X_{cam} = [X_C, Y_C, Z_C]^T$,在摄像机坐标系下,其对应图像点的物理坐标 $(x_p, y_p)^T$ 为 $x_p = fX_c/Z_c, y_p = fY_c/Z_c$。为方便后续公式的推导,假设摄像机有效焦距为 1(即像平面离主点的距离为单位 1),即针孔模型下的投影方程可以表示为

$$x_p = X_c/Z_c \qquad (6-13)$$

$$y_p = Y_c/Z_c \qquad (6-14)$$

假设图像的主点坐标为 $(x_0, y_0)^T$,那么 $(x_p, y_p)^T$ 与主点的偏移量为

$$x_c = x_p - x_0 \qquad (6-15)$$

$$y_c = y_p - y_0 \qquad (6-16)$$

2)物理相机成像中的畸变

由于摄像机成像过程与诸多因素有关,包括成像光学系统、传感器件、部件装配,甚至与使用环境的温度和湿度都有关系,因此物理摄像机不可能严格满足"理想的投影模型"。普通透视相机使用的成像模型大多以针孔模型为基础,并通过引入畸变项来近似摄像机投影过程,畸变一般包含径向畸变和切向畸变两种类型。

(1)径向畸变

径向畸变为对称畸变,是由光学中心(主点)开始,沿径向产生并且逐渐增大。距离主点 r 处 x 和 y 方向的径向畸变 Δx_{RLD} 和 Δy_{RLD} 分别表示为

$$\Delta x_{RLD} = x_c(k_1 r^2 + k_2 r^4 + k_3 r^6) \qquad (6-17)$$

$$\Delta y_{RLD} = y_c(k_1 r^2 + k_2 r^4 + k_3 r^6) \qquad (6-18)$$

式中:$r^2 = x_c^2 + y_c^2$,k_1、k_2、k_3 分别表示径向畸变的一阶、二阶、三阶系数。

(2)切向畸变

切向畸变主要是透镜组中各透镜不同轴造成的,距离主点 r 处的切向畸变 Δx_{DLD} 和 Δy_{DLD} 分别表示为

$$\Delta x_{DLD} = p_1(r^2 + 2x_c^2) + 2p_2 x_c y_c \qquad (6-19)$$

$$\Delta y_{DLD} = p_2(r^2 + 2y_c^2) + 2p_1 x_c y_c \qquad (6-20)$$

式中:p_1、p_2 称为切向畸变系数。

3）畸变模型

假设空间点在焦距为 1 的摄像机成像系统下的物理坐标为 $(x_d, y_d)^{\mathrm{T}}$，将 $(x_d, y_d)^{\mathrm{T}}$ 转换到图像坐标系并以像素为单位，其图像投影点坐标 $(u, v)^{\mathrm{T}}$ 为

$$\begin{cases} u = f_u x_d + u_0 \\ v = f_v x_d + v_0 \end{cases} \tag{6-21}$$

式中：f_u、f_v 分别为水平方向和垂直方向的等效焦距，单位为像素；u_0、v_0 为以像素为单位的主点坐标。对于不同的畸变模型，$(x_d, y_d)^{\mathrm{T}}$ 的计算方法不同。表 6 - 1 列出了本章讨论的 8 种畸变模型；M_1 是不带畸变的理想的针孔模型；M_2、M_3、M_4 是带有径向畸变的模型，它们的区别在于每个模型带有不同的径向畸变系数项；M_5、M_6、M_7 是同时带有径向和切向畸变的模型；M_8 是仅带切向畸变的模型。表 6 - 1 中还给出了不同模型下成像点物理坐标 $(x_d, y_d)^{\mathrm{T}}$ 的计算公式和相应模型的参数数量。

表 6 - 1　不同的畸变模型

模型代号	投影点物理坐标		参数数量
	x_d	y_d	
M_1	x_p	y_p	4
M_2	$x_p + x_c k_1 r^2$	$y_p + y_c k_1 r^2$	5
M_3	$x_p + x_c (k_1 r^2 + k_2 r^4)$	$y_p + y_c (k_1 r^2 + k_2 r^4)$	6
M_4	$x_p + \Delta x_{\mathrm{RLD}}$	$y_p + \Delta y_{\mathrm{RLD}}$	7
M_5	$x_p + x_c k_1 r^2 + \Delta x_{\mathrm{DLD}}$	$y_p + y_c k_1 r^2 + \Delta y_{\mathrm{DLD}}$	7
M_6	$x_p + x_c (k_1 r^2 + k_2 r^4) + \Delta x_{\mathrm{DLD}}$	$y_p + y_c (k_1 r^2 + k_2 r^4) + \Delta y$	8
M_7	$x_p + \Delta x_{\mathrm{RLD}} + \Delta x_{\mathrm{DLD}}$	$y_p + \Delta y_{\mathrm{RLD}} + \Delta y_{\mathrm{DLD}}$	9
M_8	$x_p + \Delta x_{\mathrm{DLD}}$	$y_p + \Delta y_{\mathrm{DLD}}$	6

4）畸变误差

由于摄像机光学系统并不是精确地按理想化的小孔成像原理工作，存在透镜畸变，物体点在摄像机成像平面上实际所成的像与理想成像之间存在有光学畸变误差，如图 6 - 9 所示。这时畸变的坐标可以表达为

$$\begin{cases} x' = x + \delta_x(x, y) \\ y' = y + \delta_y(x, y) \end{cases} \tag{6-22}$$

畸变误差主要分为三类：径向畸变误差、偏心畸变误差、薄棱镜畸变误差。

（1）径向畸变误差

径向畸变误差是由于镜片在加工误差造成的，其特点是像点的位置误差与

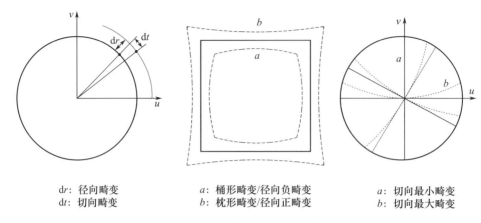

dr: 径向畸变　　　　　a: 桶形畸变/径向负畸变　　　a: 切向最小畸变
dt: 切向畸变　　　　　b: 枕形畸变/径向正畸变　　　b: 切向最大畸变

图 6 – 9　径向畸变与切向畸变模型

它到光心的距离有关,而且是关于摄像机镜头的主光轴对称的。正向畸变称为枕形畸变,负向的称为桶形畸变。径向畸变误差可表示为

$$\delta_{\rho r} + k_1\rho^3 + k_2\rho^5 + k_3\rho^7 + \cdots \tag{6 – 23}$$

式中:ρ 是成像平面坐标系中自主点;O_1 的径向距离;k_1、k_2、$k_3\cdots$ 是径向畸变系数,极坐标系 (ρ,φ) 转化为直角坐标系 (x,y) 时,有 $x = \rho\cos\varphi, y = \rho\sin\varphi$,因此在直角坐标系中径向畸变误差可以表示为

$$\begin{cases} \delta_{xr} = k_1 x(x^2 + y^2) + O[(x,y)^5] \\ \delta_{yr} = k_1 y(x^2 + y^2) + O[(x,y)^5] \end{cases} \tag{6 – 24}$$

式中:$O[(x,y)^5]$ 表示 (x,y) 的 5 阶及以上的高阶项。

（2）偏心畸变误差

偏心畸变误差是由于光学系统中心与透镜几何中心不一致所造成,它使得成像过程中径向和切向都产生畸变。其误差可表示为

$$\begin{cases} \delta_{xd} = p_1(3x^2 + y^2) + 2p_2 xy + O[(x,y)^4] \\ \delta_{yd} = p_2(x^2 + 3y^2) + 2p_1 xy + O[(u,v)^4] \end{cases} \tag{6 – 25}$$

式中:p_1, p_2 为偏心畸变误差系数;$O[(x,y)^4]$ 表示 (x,y) 的 4 阶及以上的高阶项。

（3）薄棱镜畸变误差

薄棱镜畸变误差是由于镜片在设计或安装不当时造成的,如镜头与摄像机成像平面有很小的倾角等。这类畸变相当于在光学系统中附加了一个薄棱镜,不仅会引起径向偏差,还会引起切向误差,其数学模型为

$$\begin{cases} \delta_{xp} = s_1 (x^2 + y^2) + O[(x,y)^4] \\ \delta_{yp} = s_2 (x^2 + y^2) + O[(x,y)^4] \end{cases} \tag{6-26}$$

式中：s_1、s_2 为偏心畸变误差系数；$O[(x,y)^4]$ 表示 (x,y) 的 4 阶及以上的高阶项。从畸变公式可以看出，实际坐标点离光心越远，畸变越明显。实际中薄棱镜畸变一般很小，可以忽略。

径向畸变误差、偏心畸变误差、薄透镜畸变误差是摄像机畸变误差中的主要形式，其中又以径向畸变误差为主，考虑到四阶以上变量在实际中影响甚微，可忽略不计，在 $x-y$ 坐标系下畸变误差总量为

$$\begin{cases} \delta_x(x,y) = g_1 x^2 + 2p_2 xy + g_2 y^2 + k_1 x(x^2 + y^2) \\ \delta_y(x,y) = g_3 x^2 + 2p_1 xy + g_4 y^2 + k_1 y(x^2 + y^2) \end{cases} \tag{6-27}$$

其中，$g_1 = s_1 + 3p_1, g_2 = s_1 + p_1, g_3 = s_2 + 3p_2, g_4 = s_2 + p_2$。

6.2.2　单目摄像机标定技术

1）摄像机标定技术概况

多年以来有很多学者对摄像机标定问题进行了研究，也提出了许多的标定方法。摄像机标定方法根据标定实时情况的不同，可以分为离线标定和在线标定。根据标定方式的不同，主要可以归结为三种：传统标定方法、自标定方法和基于主动视觉的标定方法。

（1）传统标定方法

传统摄像机标定方法是指用一个结构已知、精度很高的标定块作为空间参照物，通过空间点和图像点之间的对应关系来建立摄像机模型参数的约束，然后通过优化算法来求取这些参数。其基本方法是，在一定的摄像机模型下，基于特定的实验条件，如形状、尺寸已知的定标参照物，经过对其图像进行处理，利用一系列数学变换和计算方法，求取摄像机模型的内部参数和外部参数，大致有基于单帧图像的基本方法和基于多帧已知对应关系的立体视觉方法。传统方法的典型代表有 DLT 方法（direct linear transformation）、Tsai 的方法、Weng 的迭代法。传统标定方法的优点在于可以获得较高的精度，但标定过程费时费力，而实际应用中很多情况下无法使用标定块，比如空间机器人、在危险恶劣环境下工作的机器人等。因此在精度要求很高且摄像机的参数很少变化时，传统标定方法应为首选。

（2）自标定方法

作为近年来发展起来的另一类摄像机标定技术，摄像机自标定方法与传统的摄像机标定方法的显著不同之处在于：摄像机自标定方法不需要借助于任何

外在的特殊标定物或某些三维信息已知的控制点,而是仅仅利用图像对应点的信息,直接通过图像来完成标定任务的。正是这种独特的标定思想赋予了摄像机自标定方法巨大的灵活性,同时也使得计算机视觉技术能够面向范围更广的应用。众所周知,在许多实际应用中,由于经常需要改变摄像机的参数,而传统的摄像机标定方法在此类情况下将由于需要借助于特殊的标定物而变得不再适合。正是因为其应用的广泛性和灵活性,摄像机自标定技术的研究已经成为近年来计算机视觉研究领域的热点方向之一。与其他两种方法相比,自标定方法不足之处在于鲁棒性较差,这是因为有些摄像机自定标所得到的解既不是唯一的,也不是稳定的。更准确地说,由约束关系所得到的解在一般情况下是多解的;同时,在图像中含有噪声的情况下,解得的值也与实际值有较大的差别。因此,如何在噪声的情况下提高解的稳定性,也一直是自定标领域的研究人员试图解决的问题。

（3）基于主动视觉的标定方法

鉴于传统方法和自标定方法的不足,人们提出了多种不同的基于主动视觉的摄像机标定方法。所谓基于主动视觉的摄像机标定,是指"已知摄像机的某些运动信息"下标定摄像机的方法。与自标定方法一样,这些方法也大多是仅利用图像对应点进行标定的方法,而不需要高精度的标定块。"已知摄像机的某些运动信息"包括定量信息和定性信息:定量信息如摄像机在平台坐标系下朝某一方向平移某一已知量;定性信息如摄像机仅作平移运动或仅作旋转运动等。基于主动视觉摄像机标定方法的主要优点是由于在标定过程中已知摄像机的运动信息,所以一般来说,摄像机的模型参数可以线性求解,且计算简单、鲁棒性较高。缺点是不能适用于摄像机运动未知或无法控制的场合(如手持摄像机等)。目前基于主动视觉的摄像机标定的研究焦点是如何在尽量减少对摄像机运动的限制的条件下仍能线性地求解摄像机的模型参数。

2）自标定技术原理

在选择一种标定方法时,实时性、鲁棒性、精准度、计算消耗及视觉效果都是要考虑的因素。对于移动机器人的视觉研究来说,绝对精度不是首要考虑的问题。基于主动视觉的标定方法虽是机器视觉的发展方向之一,但由于受到自身理论方面的限制,目前,自标定技术仍是现在移动机器人摄像机定标中的主流方法。虽然自标定技术的鲁棒性能较差,又是一种离线标定方法,但能够在试验前通过标定模板实现快速、准确的标定。从本质上来说,自标定方法不论以何种形式出现,均是基于绝对二次曲线和绝对二次曲面的方法,问题的求解最终可以归结为使用各种优化算法求解一组非线性多项式方程组问题。下面说明这种标定方法的详细过程。

由图像坐标系和世界坐标系之间的转换关系可知：

$$Z_C \begin{bmatrix} u \\ v \\ 1 \end{bmatrix} = \begin{bmatrix} \alpha_u & s & u_0 \\ 0 & \alpha_v & v_0 \\ 0 & 0 & 1 \end{bmatrix} \begin{bmatrix} \mathbf{R} & \mathbf{t} \end{bmatrix} \begin{bmatrix} X_W \\ Y_W \\ Z_W \\ 1 \end{bmatrix} = \mathbf{K} \begin{bmatrix} \mathbf{R} & \mathbf{t} \end{bmatrix} \tilde{X} = \mathbf{P} \tilde{X} \qquad (6-28)$$

为使说明的问题更加清晰，假设上述关系式落在 $Z_W = 0$ 的世界坐标系的平面上，最后可以看到这样的假设对问题最终的结果没有影响，并取 $\mathbf{R} = \begin{bmatrix} \mathbf{r}_1 & \mathbf{r}_2 & \mathbf{r}_3 \end{bmatrix}$，这时式（6-28）可化为

$$Z_C \begin{bmatrix} u \\ v \\ 1 \end{bmatrix} = \mathbf{K} \begin{bmatrix} \mathbf{r}_1 & \mathbf{r}_2 & \mathbf{r}_3 & \mathbf{t} \end{bmatrix} \begin{bmatrix} X_W \\ Y_W \\ 0 \\ 1 \end{bmatrix} = \mathbf{K} \begin{bmatrix} \mathbf{r}_1 & \mathbf{r}_2 & \mathbf{t} \end{bmatrix} \begin{bmatrix} X_W \\ Y_W \\ 1 \end{bmatrix} \qquad (6-29)$$

进一步写为

$$\begin{bmatrix} u \\ v \\ 1 \end{bmatrix} = \mathbf{H} \begin{bmatrix} X_W \\ Y_W \\ 1 \end{bmatrix}, \quad \mathbf{H} = \begin{bmatrix} \mathbf{h}_1 & \mathbf{h}_2 & \mathbf{h}_3 \end{bmatrix} \qquad (6-30)$$

式中：$\mathbf{H}$ 称为单应性矩阵，考虑到噪声的影响，$\mathbf{H}$ 和真正的单映射矩阵之间会相差一个比例因子 λ，故有

$$\begin{bmatrix} \mathbf{h}_1 & \mathbf{h}_2 & \mathbf{h}_3 \end{bmatrix} = \lambda \mathbf{K} \begin{bmatrix} \mathbf{r}_1 & \mathbf{r}_2 & \mathbf{t} \end{bmatrix} \qquad (6-31)$$

式中：$\mathbf{R}$ 是旋转变换矩阵；$\mathbf{r}_1$、$\mathbf{r}_2$ 是单位正交向量，叉积为 0，范数为 1。由此可得以下两个约束条件：

$$\begin{cases} h_1^{\mathrm{T}} \mathbf{K}^{-\mathrm{T}} \mathbf{K}^{-1} h_2 = 0 \\ h_1^{\mathrm{T}} \mathbf{K}^{-\mathrm{T}} \mathbf{K}^{-1} h_1 = h_2^{\mathrm{T}} \mathbf{K}^{-\mathrm{T}} \mathbf{K}^{-1} h_2 \end{cases} \qquad (6-32)$$

令

$$\mathbf{B} = \mathbf{K}^{-\mathrm{T}} \mathbf{K}^{-1} = \begin{bmatrix} B_{11} & B_{12} & B_{13} \\ B_{21} & B_{22} & B_{23} \\ B_{31} & B_{32} & B_{33} \end{bmatrix} \qquad (6-33)$$

可以得到：

$$B = \begin{bmatrix} \dfrac{1}{\alpha_u^2} & -\dfrac{s}{\alpha_u^2 \alpha_v} & \dfrac{v_0 s - u_0 \alpha_v}{\alpha_u^2 \alpha_v} \\[3mm] -\dfrac{s}{\alpha_u^2 \alpha_v} & \dfrac{s}{\alpha_u^2 \alpha_v^2} + \dfrac{1}{\alpha_v^2} & -\dfrac{s(v_0 s - u_0 \alpha_v)}{\alpha_u^2 \alpha_v^2} - \dfrac{v_0}{\alpha_v^2} \\[3mm] \dfrac{v_0 s - u_0 \alpha_v}{\alpha_u^2 \alpha_v} & -\dfrac{s(v_0 s - u_0 \alpha_v)}{\alpha_u^2 \alpha_v^2} - \dfrac{v_0}{\alpha_v^2} & \dfrac{(v_0 s - u_0 \alpha_v)^2}{\alpha_u^2 \alpha_v^2} + \dfrac{v_0^2}{\alpha_v^2} + 1 \end{bmatrix} \qquad (6-34)$$

注意到 B 为对称矩阵,定义为 6 维向量:

$$\boldsymbol{b} = \begin{bmatrix} B_{11} & B_{12} & B_{22} & B_{13} & B_{23} & B_{33} \end{bmatrix} \qquad (6-35)$$

令 H 矩阵的第 i 列向量为 $\boldsymbol{h}_i = \begin{bmatrix} h_{i1} & h_{i2} & h_{i3} \end{bmatrix}^{\mathrm{T}}$,则有

$$\boldsymbol{h}_i^{\mathrm{T}} \boldsymbol{B} \boldsymbol{h}_j = \boldsymbol{v}_{ij}^{\mathrm{T}} \boldsymbol{b} \qquad (6-36)$$

其中

$$\boldsymbol{v}_{ij} = \begin{bmatrix} h_{i1} h_{j1}, h_{i1} h_{j2} + h_{i2} h_{j1}, h_{i2} h_{j2}, h_{i3} h_{j1} + h_{i1} h_{j3}, h_{i3} h_{j2} + h_{i2} h_{j3} \end{bmatrix}$$

这样,约束条件就可以写为

$$\begin{bmatrix} \boldsymbol{v}_{12}^{\mathrm{T}} \\ (\boldsymbol{v}_{11} - \boldsymbol{v}_{22})^{\mathrm{T}} \end{bmatrix} \boldsymbol{b} = 0 \qquad (6-37)$$

如果有 n 幅图像,把它们的方程叠加起来,得到

$$\boldsymbol{V} \boldsymbol{b} = 0 \qquad (6-38)$$

这里 V 是一个 $2n \times 6$ 的矩阵。如果 $n \geqslant 3$,这是一个较为熟悉的问题,此时可以解出唯一的带有比例因子的 $\boldsymbol{b}$;如果 $n = 2$,那么方程的个数少于未知数的个数,只能假定 K 中的 $s = 0$,这将为 $\boldsymbol{b}$ 提供一个新的约束;如果 $n = 1$,那么只能得出两个摄像机内参数,假定光心投影在图像平面的中心,这样可以求出摄像机在水平和垂直方向上的放大倍数。实际中由于图像干扰、计算精度及像素点离散性等原因,实际的图像特征点定位并不精确,影响了求解精度,因而在具体计算时使用了冗余数据进行参数估算。即在不同的角度拍摄得到 3 幅以上的图像,求出 B 后,由 $\boldsymbol{B} = \lambda \boldsymbol{K}^{-\mathrm{T}} \boldsymbol{K}^{-1}$ 可以求解其中 5 个内参数的最优最小二乘解:

$$v_0 = (B_{12} B_{13} - B_{11} B_{23}) / (B_{11} B_{22} - B_{12}^2)$$

$$\lambda = B_{33} - [B_{13}^2 + v_0(B_{12} B_{13} - B_{11} B_{23})] / B_{11}$$

$$\alpha_u = \sqrt{\lambda / B_{11}}$$

$$\alpha_v = \sqrt{\lambda / B_{11} (B_{11} B_{22} - B_{12}^2)}$$

$$s = -B_{12}\alpha_u^2\alpha_v/\lambda$$
$$u_0 = sv_0/\alpha_v - B_{13}\alpha_u^2/\lambda \qquad\qquad (6-39)$$

然后对每幅图像计算它的外参数：

$$r_1 = \lambda \boldsymbol{K}^{-1}\boldsymbol{h}_1$$
$$r_2 = \lambda \boldsymbol{K}^{-1}\boldsymbol{h}_2$$
$$r_3 = r_1 \times r_2$$
$$t = \lambda \boldsymbol{K}^{-1}\boldsymbol{h}_3 \qquad\qquad (6-40)$$

其中,$\lambda = 1/\parallel \boldsymbol{K}^{-1}\boldsymbol{h}_1 \parallel = = 1/\parallel \boldsymbol{K}^{-1}\boldsymbol{h}_2 \parallel$。

上面的求解过程以摄像机符合小孔成像模型为前提,没有考虑镜头畸变。摄像机的畸变主要是径向畸变引起的,在存在噪声的情况下,更加精确的摄像机模型无助于提高计算的精确性,反而会导致求解的不稳定。故这里只考虑径向畸变：

$$\delta_{\rho r} = k_1\rho^3 + k_2\rho^5 + k_3\rho^7 + \cdots \qquad\qquad (6-41)$$

忽略 5 阶以上高阶项,则每幅图像的每一组对应点都可以有两个方程：

$$\begin{bmatrix} X_u - X_d \\ Y_u - Y_d \end{bmatrix} = \begin{bmatrix} X_d(X_d^2 + Y_d^2) \\ Y_d(X_d^2 + Y_d^2) \end{bmatrix} \begin{bmatrix} k_1 \\ k_2 \end{bmatrix} \qquad (6-42)$$

若有 n 张不同方位的模板平面的图像,每张图片中有 m 个标定点,则共可以得到 $2mn$ 个方程,其矩阵形式表示为 $\boldsymbol{d} = \boldsymbol{DK}, \boldsymbol{k} = [k1, k2]^T$,则最小二乘解为

$$\boldsymbol{k} = (\boldsymbol{D}^T\boldsymbol{D})^{-1}\boldsymbol{D}^T\boldsymbol{d} \qquad\qquad (6-43)$$

制定评价函数如下：

$$C = \sum_{i=1}^{n} \sum_{j=1}^{m} \parallel x_{ij} - \tilde{x}(\boldsymbol{K}, k_1, k_2, \boldsymbol{R}_i, \boldsymbol{t}_i, \tilde{x}_j) \parallel^2 \qquad (6-44)$$

式中：x_{ij} 为第 j 个点在第 i 幅图像中的像点；$\boldsymbol{R}_i$ 为第 i 幅图像的旋转矩阵；$\boldsymbol{t}_i$ 是第 i 幅图像坐标系的平移矩阵；$\tilde{x}_j$ 是第 j 个点在世界坐标系下的坐标；$\tilde{x}(\boldsymbol{K}, k_1, k_2, \boldsymbol{R}_i, \boldsymbol{t}_i, \tilde{x}_j)$ 为通过这些已知量所求得的像点坐标。可运用基于牛顿迭代法的 Levenberg – Marquardt 非线性最优算法求解,使评价函数最小的 $\boldsymbol{K}, k_1, k_2, \boldsymbol{R}_i, \boldsymbol{t}_i$ 就是这个问题的最优解。

3）自标定流程

由上面的讨论可知,求解摄像机的内外参数必须先在图像上找到所用标定物平面上特征点的对应成像点,并建立两者之间的一一对应关系,具体标定流程如图 6 – 10 所示。

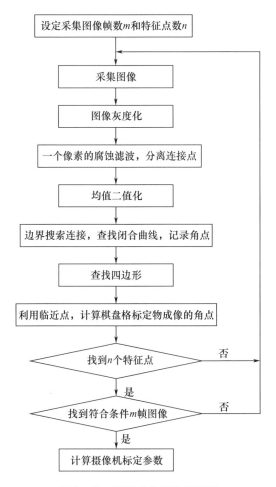

图 6 - 10　摄像机自标定流程图

　　这种标定方法有着很强的实用性,只需将激光打印机打印的黑白相间的棋盘格贴在平整的物体表面作为标定物;简单地设定行列格数及采集图像帧数;然后通过摄像机采集至少三幅不同角度或位置拍摄的标定物图像即可,不需要知道标定物与摄像机的空间位置关系,经过图像处理及计算就可以得到摄像机标定的内外参数。图 6 - 11 为标定前后对比示意图。

6.2.3　双目摄像机标定技术

　　双目立体图像间特征点的匹配一直是立体视觉中解决各种问题的关键。立体图像对中匹配点的搜索是分别沿着双目对应外极线进行的,校正使互相对应的外极线变成共线并且平行于图像平面的一条坐标轴,进而将匹配点的搜索从

(a)　　　　　　　　　　　　(b)

图 6 – 11　标定前后对比示意图

(a)标定前；(b)标定后。

二维降为一维,使得搜索速度和搜索结果的精度大大提高,因此立体视觉图像的校正对于提高匹配算法的性能有着极为重要的意义。下面具体介绍立体图像校正算法。

在立体视觉系统中,一般需要两个摄像机。图 6 – 12 是由两个摄像机组成的立体视觉系统模型,I_L、I_R 分别是左右摄像机获得的图像,M_L、M_R 是空间同一点 W 在两幅图像上的投影,$M_R(M_L)$ 称为 $M_L(M_R)$ 的对应点。在 I_L 上任取一点 M_L,如果知道它在 I_R 上的对应点 M_R 的位置,则可以计算出空间点 W 的三维坐标。因此,立体视觉的关键问题是对 I_L 中的每一点 M_L 找出在 I_R 中的对应点 M_R 的位置。M_L 的对应点位于 I_R 上由 M_L 与两个摄像机的相对位置决定的某一条直线上,该直线称为图像 I_R 上对应于 M_L 点的极线。一幅图像内的所有极线相交于一点,称为极点,它是对应摄像机的光心在图像内的投影,即 I_L 内的所有外极线相交于 C_R 在 I_L 内的投影 E_L,I_R 内的所有极线相交于 C_L 在 I_R 内的投影 E_R。当 C_L 在右摄像机的焦平面内时,右极点趋向于无穷远,右图像的所有极线形成相互平行的极线簇。当两个极点都趋向于无穷远时,基线 $C_L C_R$ 被限制于两个焦平面内,即基线平行于图像平面。任何一对图像都能通过一定的变换使得每一幅图像内的极线都相互平行且成为水平,这个过程就是立体视觉图像的校正。

设图 6 – 12 中投影矩阵可表示为

$$\widetilde{\boldsymbol{P}} = \begin{bmatrix} \boldsymbol{q}_1^{\mathrm{T}} & q_{14} \\ \boldsymbol{q}_2^{\mathrm{T}} & q_{24} \\ \boldsymbol{q}_3^{\mathrm{T}} & q_{34} \end{bmatrix} \begin{bmatrix} \boldsymbol{P} \,|\, \widetilde{p} \end{bmatrix} \tag{6-45}$$

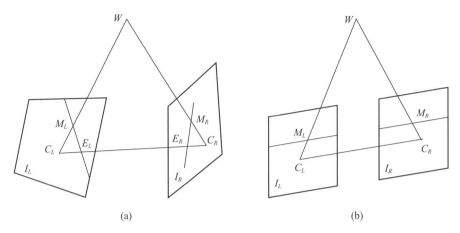

（a）　　　　　　　　　　　　　　　（b）

图 6 - 12　双目立体视觉的图像校正示意图
（a）校正前；（b）校正后。

则图像中任意一点的坐标 (u,v) 可以表示为

$$u = \frac{\boldsymbol{q}_1^{\mathrm{T}} w + q_{14}}{\boldsymbol{q}_3^{\mathrm{T}} w + q_{34}}$$

$$v = \frac{\boldsymbol{q}_2^{\mathrm{T}} w + q_{24}}{\boldsymbol{q}_3^{\mathrm{T}} w + q_{34}} \qquad (6-46)$$

当分母为 0 时，平面 $\boldsymbol{q}_3^{\mathrm{T}} w + q_{34} = 0$ 表示焦平面；当平面 $\boldsymbol{q}_1^{\mathrm{T}} w + q_{14} = 0$ 时，它和图像平面的交线是图像平面的纵轴；当平面 $\boldsymbol{q}_2^{\mathrm{T}} w + q_{24} = 0$ 时，它和图像平面的交线是图像平面的横轴，而此三个平面的交点是光心图像坐标，因此求得

$$\tilde{P} \begin{pmatrix} C \\ 1 \end{pmatrix} = 0 \qquad (6-47)$$

变换得到

$$\boldsymbol{C} = -\boldsymbol{P}^{-1} \tilde{\boldsymbol{p}} \qquad (6-48)$$

进一步可以求得

$$w = \boldsymbol{C} + \mu \boldsymbol{P}^{-1} \tilde{\boldsymbol{p}} \qquad (6-49)$$

式中：μ 是任意比例因子。

假设在校正前已经完成了对左右摄像机的标定并获得了两个摄像机的投影矩阵 $\tilde{\boldsymbol{P}}_{OL}$ 和 $\tilde{\boldsymbol{P}}_{OR}$，将两个摄像机绕着各自的光心旋转，当旋转到两个摄像机的焦平面共面时，得到两个投影矩阵为 $\tilde{\boldsymbol{P}}_{NL}$ 和 $\tilde{\boldsymbol{P}}_{NR}$ 的新摄像机。此时基线 $\boldsymbol{C}_L \boldsymbol{C}_R$ 包含在左右两个摄像机的焦平面内，所有的极线相互平行。为进一步使所有极线变

成水平,在左右两个摄像机的焦平面内建立一条新的 X 轴,使得 $C_L C_R$ 平行于 X 轴,这使空间任意一点在左右两个摄像机图像内的对应点具有相同的纵坐标,这样,具有投影矩阵 $\widetilde{P}_{NL}$ 和 $\widetilde{P}_{NR}$ 的左右摄像机必须具有相同的内征参数,即它们的焦距也相等,因此它们的图像平面是共面的,如图 6 – 12 所示。由图 6 – 13 所示校正后的图像平面位置可知,两个新摄像机除了光心的位置在 X 轴方向有位移,它们具有相同的旋转矩阵。

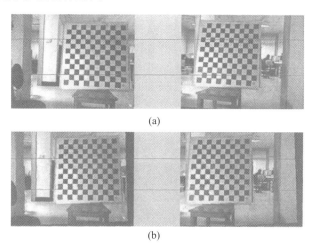

(a)

(b)

图 6 – 13　双目摄像机校正效果

(a)校正前的左右图;(b)校正后的左右图。

将 $\widetilde{P}_{NL}$ 和 $\widetilde{P}_{NR}$ 进行分解,结合投影矩阵可得

$$\widetilde{P}_{NL} = A\left[\, R\mid -RC_L\,\right]$$

$$\widetilde{P}_{NR} = A\left[\, R\mid -RC_R\,\right] \qquad (6-50)$$

式中:A 是新摄像机的内征参数可取任意值;C_L 和 C_R 分别是原摄像机的光心,可由式 $C = -P^{-1}\tilde{p}$ 得到,旋转矩阵为

$$R = \begin{bmatrix} r_1^{\mathrm{T}} \\ r_2^{\mathrm{T}} \\ r_3^{\mathrm{T}} \end{bmatrix} \qquad (6-51)$$

式中:r_1、r_2、r_3 分别表示世界坐标系的 X、Y 和 Z 轴,它们可以通过下面的方法求得。

（1）新的 X 轴平行于基线,可取

$$r_1 = \frac{(C_L - C_R)}{\parallel C_L - C_R \parallel} \qquad (6-52)$$

（2）新的 Y 轴垂直于新的 X 轴，且垂直于新的 X 轴与原 Z 轴组成的平面，$r_2 = k \times r_1, k$ 是原 Z 轴方向的单位矢量，$\times$ 表示矢量积。

（3）新的 Z 轴垂直于新的 X 轴和新的 Y 轴组成的平面，故 $r_3 = r_1 \times r_2$。则可求得新的左摄像机对空间任意点 W 有如下关系：

$$s\tilde{m}_{NL} = \tilde{P}_{NL}\tilde{w}$$
$$s\tilde{m}_{OL} = \tilde{P}_{OL}\tilde{w} \qquad (6-53)$$

由前面的计算可得

$$\tilde{w} = C_L + \mu_N P_{NL}^{-1}\tilde{m}_{NL} \quad (\lambda_N \in \mathbf{R})$$
$$\tilde{w} = C_L + \mu_O P_{OL}^{-1}\tilde{m}_{OL} \quad (\lambda_O \in \mathbf{R}) \qquad (6-54)$$

进一步求得

$$\tilde{m}_{NL} = \mu P_{NL} P_{NL}^{-1}\tilde{m}_{OL} \qquad (6-55)$$

式中：μ 为任意比例因子。式（6-55）反映了校正后的图像与原图像的变换关系。同理，右摄像机也有类似的结果：

$$\tilde{m}_{NR} = \mu P_{NR} P_{NR}^{-1}\tilde{m}_{OR} \qquad (6-56)$$

图 6-13（a）是平行双目中的左右摄像机校正前的原图，图像大小为 320 像素 × 240 像素，通过 6.2.2 节标定方法获得它们的投影矩阵，并利用上述方法对它们进行了校正，图 6-13（b）是校正后的图像。可以看出，在校正后获得的两幅图像中，同一物点的对应点具有相同的纵坐标，获得了良好的校正效果。

6.3 图像处理

6.3.1 灰度图像处理

灰度数字图像是每个像素只有一个采样颜色的图像。这类图像通常显示为从最暗黑色到最亮的白色的灰度，尽管理论上这个采样可以是任何颜色的不同深浅，甚至可以是不同亮度上的不同颜色。灰度图像与黑白图像不同，在计算机图像领域中黑白图像只有黑白两种颜色，灰度图像在黑色与白色之间还有许多级的颜色深度。

6.3.1.1　二值图像处理

通过分割技术可以把感兴趣的目标区域从图像中分割出来。分割出来的目标区域往往不能令人满意,还需要对分割出来的目标区域进行二值化处理生成二值图像,在二值图像的基础上继续处理。

二值图像具有存储空间小、处理速度快等特点,可以方便地对图像进行布尔逻辑运算,可以比较容易地获取目标区域的几何特征或者其他特性,如描述目标区域的边界,获取目标区域的位置和大小等,在二值图像的基础上,还可以进一步地对图像进行处理,获取目标的更多特征,从而为进一步地进行图像分析和识别奠定基础。

经过图像分割之后,获得了目标物与非目标物两种不同的对象。但是提取出的目标物存在以下的问题:

① 提取的目标中存在伪目标物;

② 多个目标物中,存在粘连或者是断裂;

③ 多个目标物存在形态的不同。

二值图像处理的目的首先是区分所提取出的不同的目标物,之后对不同的目标物特征差异进行描述与计算,最后获得所需要的分析结果。

1）距离与连通

二值图像只含有两个灰度级,一般用 0 来表示背景区域,1 表示目标区域。对图像分割的结果:如果目标区域像素标记为 1,而背景区域清零,则会得到分割结果的二值图像。或者对边缘提取的结果:边缘点取值为 1,而非边缘点取值为 0,则会得到图像的边缘二值图,这个获取二值图像的过程叫做二值化过程。

在二值图像处理中,往往需要计算两个像素点间的距离,比如在连通分量本身的尺寸大小相对于其他各个区域间的距离很小时,计算两个区域间的距离可以近似为计算两个区域间质心的位置距离。

假设计算点 $P(a,b)$ 与 $Q(c,d)$ 间距离可以采取下面的几种定义形式。

① 欧几里得距离,用来 D_e 表示如下:

$$D_e = \sqrt{(a-c)^2 + (b-d)^2} \tag{6-57}$$

② 街区距离,用 D_s 表示如下:

$$D_s = |a-c| + |b-d| \tag{6-58}$$

③ 棋盘距离,用 D_g 表示如下:

$$D_g = \max(|a-c|, |b-d|) \tag{6-59}$$

三者之间的关系为 $D_g \leqslant D_s \leqslant D_e$,如图 6-14 所示。

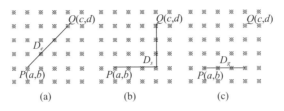

图 6 – 14　三种距离示意图

(a)欧几里得距离；(b)街区距离；(c)棋盘距离。

2）二值图像的常规处理

（1）二值图像的布尔操作

二值图像的基本布尔操作有非（NOT）、或（OR）、与（AND）、异或（XOR）和相减（SUB）操作，其他的布尔操作都可以由这些基本操作推论得出。基本布尔操作描述如下：

$$\text{NOT}:c = \bar{a} \tag{6-60}$$

$$\text{OR}:c = a + b \tag{6-61}$$

$$\text{AND}:c = a \cdot b \tag{6-62}$$

$$\text{XOR}:c = a \oplus b = a \cdot \bar{b} + \bar{a} \cdot b \tag{6-63}$$

$$\text{SUB}:c = a/b = a - b = a \cdot \bar{b} \tag{6-64}$$

如果二值图像中 1 用黑色表示，0 用白色表示，图 6 – 15 给出了二值图像布尔操作的结果示例。

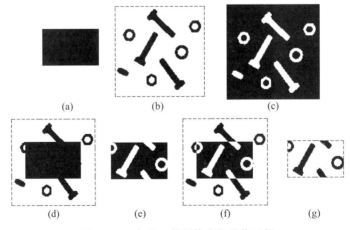

图 6 – 15　各种二值图像布尔操作示例

(a)图像 a；(b)图像 b；(c)NOT(b)；(d)OR(a,b)；(e)AND(a,b)；(f)XOR(a,b)；(g)SUB(a,b)。

（2）二值图像的黑白点噪声消除

对图像直接分割处理,在二值化后结果也可能会产生类似黑白点样的噪声,假定目标区域用黑色表示,背景为白色,这种噪声具体表现则为目标区域出现零星白色像素点或者背景区域出现少数的黑色像素点。为了提高对二值图像的特征提取准确性和后继处理的方便性,往往需要消除这些黑白点噪声。下面介绍去除黑白点噪声的简单方法。

① 消除孤立黑(白)像素点。在 4 邻接的情况下,若黑(白)像素点 $p(i,j)$ 的上、下、左、右 4 个邻接像素点全部为白(黑)像素点,则将 $p(i,j)$ 的值改为白(黑);如果是 8 邻接的情况下,则若黑(白)像素点 $p(i,j)$ 的 8 个邻接像素全部为白(黑)时,把 $p(i,j)$ 的值修改为白(黑)。

② 消除黑白点噪声。消除黑白点噪声可以通过对像素点进行邻域平均来判断是否清除该点。具体的实现方法如下,设像素点 $p(i,j)$ 的 8 个邻接像素点平均灰度值为 $\bar{a}$:

$$p(i,j) = \begin{cases} -p(i,j) & (\,|\,p(i,j) - \bar{a}\,|\geqslant 0.5) \\ p(i,j) & (\,|\,p(i,j) - \bar{a}\,| < 0.5) \end{cases} \qquad (6-65)$$

式中：$-p(i,j)$ 表示反转像素点 $p(i,j)$ 的取值,即 0 变 1,1 变 0。

（3）二值图像的细化

图像细化是在不改变图像像素拓扑连接性关系的前提下,连续地剥落图像的外层像素,使之最终成为单像素宽的过程。细化是一个迭代的过程,需要遵循下面的准则:

① 在去除区域边界点时,不能消除破坏区域的连通性的点,如图 6 - 16 不能删除其中心像素。

② 不能减小区域形状的长度,也就是说,迭代的过程中不能去掉端点(只有一个邻接点的点)。

③ 如果把边界分为上下左右四个方向,那么每次的迭代只能消除一个方向上的边界点,为了保持细化的结果尽量靠近骨架,即位于中线附近,需要交替的对四个方向进行细化,比如采用上、下、左、右、上……的顺序。

简单边界点:对于区域 R 的一个边界点 p,如果属于区域 R 的邻域元素中只有一个与 p 邻接,则称 p 点为区域 R 的简单边界点。

细化的过程可以概述为在不破坏连通性且不减小区域形状长度的条件下消去 R 中不是端点的简单边界点,过程是按 S 的上(北)、下(南)、左(西)、右(东)四个方向顺序,反复进行扫描以消去可删除简单边界点,直到不存在可以消去的简单边界点为止。

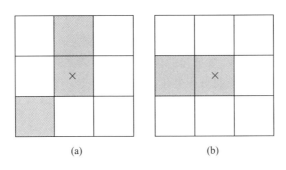

图 6 - 16　细化准则
(a)破坏连通性；(b)减小形状长度。

6.3.1.2　图像分割

图像分割是模式识别和计算机视觉中很重要的一个部分,基于阈值的图像分割具有简单、计算量小、效率高等特点,在实际图像处理中具有广泛的应用。经过国内外学者的共同努力,已经提出了数以百计的阈值分割的算法,依据阈值分割算法本身所具有的准则或特性,可以分为迭代法、最大类间误差法、最小误差法等。下面主要介绍以上几种阈值分割方法。

1）迭代法

迭代法是一种比较简单的阈值分割方法,其思想是:设置阈值的初始值为图像灰度最大值和最小值的平均,根据阈值划分图像为目标和背景,并分别将其灰度值求和,计算目标和背景的平均灰度,并判断阈值是否等于目标和背景平均灰度的和的平均,若相等,则阈值即为其平均,否则,将阈值设置为目标和背景灰度平局值的和的一半,继续迭代,直至计算出阈值。

2）最大类间误差法

最大类间误差法是1979年日本学者大津在文章 *A Threshold Selection Method from Gray-Level Histograms* 中提出的自适应的阈值确定的方法,简称 OTSU 算法,又称大津算法。其思想为:根据灰度特性,将图像分为目标和背景两部分,目标和背景之间的类间差越大,说明构成图像的两部分的差别越大,因此类间方差最大的分割意味着错分概率最小,计算以每个灰度值为阈值的分割的类间方差,其中类间方差最大的值即为阈值。

3）最小误差法

最小误差法是 Kittler 1986 年在 *Minimum Error Thresholding* 一文中提出的一种基于直方图的阈值分割方法,简称 Kittler 算法。其思想为:假设灰度图像由目标和背景组成,且目标和背景满足一混合高斯分布,计算目标和背景的均值、方差,根据最小分类误差思想得到的最小误差目标函数,取目标函数最小时的阈值即为最佳阈值。按此阈值将图像分割为二值图像。

6.3.2　彩色图像处理

6.3.2.1　颜色空间

牛顿认为："准确地说,光线是没有颜色的,它所拥有的只是引起这样或那样颜色知觉的能量分布。"现代心理学研究表明,颜色是人类认知系统对物体表面光照以及视觉环境的综合反应;缺少了其中的任何一个,都不会有颜色知觉。光对人眼引起的视觉效果可以用色调、饱和度及亮度 3 个参量来表示,称为颜色的三要素。

色调是颜色的一种最基本的感觉属性,这种属性可以从光谱上将不同颜色区别开,即按红、橙、黄、绿、青、蓝、紫色等来区分色谱段。饱和度是对有色调属性的视觉在色彩鲜艳程度上做出评判的视觉属性。亮度是区分明暗层次的非彩色觉的视觉属性,这种明暗层次决定于光刺激能量水平的高低。三要素中色调和饱和度又总称为色度,它既说明颜色的类别,又能表示颜色的浓淡程度。

颜色空间是颜色信息的表达方式,是以多维强度值来表示颜色的描述体系。常见颜色空间包括最基本的 RGB 空间,应用于视频系统的 YUV、YIQ 或 YCbCr 空间,彩色印刷业采用的 CMYK 空间。另外还有一类与颜色的基本要素,即人类视觉对颜色的感知密切相关的认知颜色空间,如 HIS、HSV 空间等。

1）RGB 颜色空间

在目前提出的多种颜色模型中,RGB 颜色模型是实际应用最多的一种。RGB 颜色空间便于 CRT 设备显示图像,方便图像交换,通用性好,数字图像一般用 RGB 颜色模型空间表示。RGB 图像由红(Red)、绿(Green)、蓝(Blue)三个通道合成,分别反映了颜色在某个通道上的亮度值。

根据人眼的结构,所有的颜色都可以看作是 3 个基本颜色——红、绿、蓝的不同组合。每个像素都能用三维空间中的一个点来表示。图像中,X 轴代表红色(Red),Y 轴代表蓝色(Blue),Z 轴代表绿色(Green)。

在 RGB 颜色空间的原点上,基色均没有亮度,即原点为黑色。三基色都达到最高亮度时表现为白色。亮度较低的等量的三种基色产生灰色的影调。所有这些点均落在彩色立方体的对角线上,该对角线称为灰色线。彩色立方体中有三个角对应于三基色——红色、绿色和蓝色。剩下的三个角对应于二次色——黄色、青色和品红。

虽然用 RGB 颜色空间表示颜色方法简单,但这种表示方法没有直观感,给定某一 RGB 值,人们无法感知所对应的颜色;它并不是以一致的尺度表示色彩,不符合人的感知心理。在 RGB 颜色空间中改变一个颜色时,三个通道全部需要修改。由于不是一个均匀视觉的颜色空间,RGB 颜色空间上的距离并不代表人眼视觉上的颜色相似性。例如:距离为 50 的(0,0,0)与(50,0,0)两种 RGB 颜色人看起来同是黑色,而距离为 50 的(200,150,0)和(200,200,0)则是差别很大的两种颜色(黄色和绿色)。

2)HSV 颜色空间

HSV 颜色空间直接对应于人眼视觉特性三要素:色调 H(Hue)、饱和度 S(Saturation)和亮度 V(Value)。色调 H 表示不同的颜色,如黄、红、绿,用 0 ~ 360°来表示;饱和度 S 表示颜色的深浅,如深红、浅红;亮度 V 表示颜色明暗程度,主要受光源的影响,光波的能量越大,亮度就越大。颜色的色调和饱和度说明了颜色的深浅、合成色度。

HSV 颜色空间与人眼的视觉特性比较接近,因而在计算机视觉、图像处理等领域应用广泛。显然,从人的心理感知来说,HSV 空间要比 RGB 空间更直观,更容易接受。本书也偏重于采用 HSV 颜色空间提取图像的颜色信息。HSV 颜色空间可以看成是倒置的圆锥体。长轴表示亮度;离开长轴的距离表示饱和度;围绕着长轴的角度表示色调。灰度影调沿着轴线从底部到顶部由黑变白。具有最高亮度、最大饱和度的颜色位于圆锥体顶面的圆周上。

从 RGB 空间到 HSV 空间的转化公式如下:

$$v = \max(r,g,b) \tag{6-66}$$

$$s = \frac{v - \min(r,g,b)}{v} \tag{6-67}$$

$$h = \begin{cases} 5 + b' & (\text{当 } r = \max(r,g,b) \text{ 且 } g = \min(r,g,b)) \\ 1 - g' & (\text{当 } r = \max(r,g,b) \text{ 且 } g \neq \min(r,g,b)) \\ 1 + r' & (\text{当 } r = \max(r,g,b) \text{ 且 } b = \min(r,g,b)) \\ 3 - b' & (\text{当 } r = \max(r,g,b) \text{ 且 } b \neq \min(r,g,b)) \\ 3 + g' & (\text{当 } r = \max(r,g,b) \text{ 且 } r = \min(r,g,b)) \\ 5 - r' & (\text{其他情况}) \end{cases} \tag{6-68}$$

式中:

$$r' = \frac{v - r}{v - \min(r,g,b)}, g' = \frac{v - g}{v - \min(r,g,b)}, b' = \frac{v - b}{v - \min(r,g,b)}$$

其中,$r,g,b \in [0,1]$,$h \in [0,60]$,$s,v \in [0,1]$。

3)CMYK 颜色空间

CMYK 颜色空间是用于印刷的颜色空间标准。与 RGB 模型不同,CMYK(cyan 青,magenta 品红,yellow 黄,black 黑)用的是减色法。印刷品本身通常不能发光,而是通过反射光线来表现自身的颜色,例如红色的纸,是吸收了照明白光中的青色光线,反射红光到人的眼睛,使人产生红色的色感。这种特性决定了印刷系统采用的 CMY 基色是 RGB 系统三原色的补色,把黑色独立出来是为了提供更丰富的灰度级。

4)YUV 颜色空间

在计算机里 YUV 颜色模型是仅次于 RGB 颜色模型的使用最广泛的颜色模型。YUV 模型较为简单,但能完全反映出图像灰度特征。人眼对于亮度的敏感程度大于对色度的敏感程度,所以完全可以让相邻的像素使用同一个色度值,而人的感觉上不会有太大的变化。在 YUV 表示方法中,Y 分量的物理含义就是亮度,它含了灰度图像的所有信息,用 Y 分量就可表示一幅灰度图像,U 和 V 分量代表了色差信号。

通过损失色度信息来达到节省存储空间的目的,这就是 YUV 的基本思想。YUV 颜色模型在图像颜色信息压缩和存储上,有重要的作用。但它在体现颜色的视觉聚类特征上过于粗糙、一般不宜使用在颜色检索的场合。

YUV 各分量值可由 RGB 各分量值转换得到。其相互转换公式如下:

RGB 空间转换到 YUV 空间:

$$[Y \quad U \quad V] = [R \quad G \quad B] \begin{bmatrix} 0.299 & -0.148 & 0.615 \\ 0.587 & -0.289 & -0.515 \\ 0.114 & 0.437 & -0.100 \end{bmatrix} \qquad (6-69)$$

YUV 空间转换到 RGB 空间:

$$[R \quad G \quad B] = [Y \quad U \quad V] \begin{bmatrix} 1 & 1 & 1 \\ 0 & 0.395 & 2.032 \\ 1.140 & -0.581 & 0 \end{bmatrix} \qquad (6-70)$$

5)HSI 类颜色空间

HSI 颜色空间是从人的视觉系统出发,用色调(hue)、饱和度(saturation)和亮度(intensity)来描述颜色。HSI 颜色空间可以用一个圆锥空间模型来描述,此圆锥模型比较复杂,但却能把色调、亮度及饱和度的变化情形清楚地表现出来。HSV 空间与 HSI 类似,区别是亮度分量的计算不同,进而导致亮度和饱和度的分布及动态范围有所差异。

6)XYZ 颜色空间

XYZ 颜色空间于 20 世纪 70 年代由国际照明委员会定义,其特点是 X 轴表示红,Y 轴表示绿,Z 轴表示蓝,都是假想的颜色。虽然 XYZ 颜色空间并不均匀,但是由于 Lab 颜色空间和 Luv 颜色空间均由 XYZ 颜色空间推导出来,故在本书中 XYZ 颜色空间也占有一定的地位。

由 RGB 空间转换到 XYZ 空间的变换矩阵如下：

$$\begin{bmatrix} X \\ Y \\ Z \end{bmatrix} = \begin{bmatrix} 0.412453 & 0.357580 & 0.180423 \\ 0.212671 & 0.715160 & 0.072169 \\ 0.019334 & 0.119193 & 0.950227 \end{bmatrix} \cdot \begin{bmatrix} R \\ G \\ B \end{bmatrix} \tag{6-71}$$

式中：R、G、B 定义域是 $[0,1]$；X 值域是 $[0, \ 0.95047]$；Y 值域是 $[0, \ 1]$；Z 值域是 $[0,1.08883]$。同样的，由 XYZ 到 RGB 颜色空间的变换如下：

$$\begin{bmatrix} R \\ G \\ B \end{bmatrix} = \begin{bmatrix} 3.2406 & -1.5372 & -0.4986 \\ -0.9689 & 1.8758 & 0.0415 \\ 0.0557 & -0.2040 & 1.0570 \end{bmatrix} \cdot \begin{bmatrix} X \\ Y \\ Z \end{bmatrix} \tag{6-72}$$

式中：X 定义域是 $[0,0.95047]$；Y 定义域是 $[0,1]$；Z 定义域是 $[0,1.08883]$；R、G、B 的值域是 $[0,1]$。

7）Lab 颜色空间

1976 年 CIE 制定了 CIE Lab 颜色空间。Lab 颜色空间可以很好地描述现有的色彩，并且实现了颜色的均匀分布。L 表示明度，a 表示由红至蓝的色度，b 表示由黄至蓝的色度。CIE – Lab 颜色空间与 CIE – XYZ 颜色空间相关联，可以由 CIE – XYZ 颜色空间变换到 CIE – Lab 颜色空间上。其变换方法如下：

$$x = \begin{cases} x^{\frac{1}{3}} & (x > 0.008856) \\ 7.7887x + \dfrac{16}{116} & (x \leq 0.008856) \end{cases} \tag{6-73}$$

$$y = \begin{cases} y^{\frac{1}{3}} & (y > 0.008856) \\ 7.7887y + \dfrac{16}{116} & (y \leq 0.008856) \end{cases} \tag{6-74}$$

$$z = \begin{cases} z^{\frac{1}{3}} & (z > 0.008856) \\ 7.7887z + \dfrac{16}{116} & (z \leq 0.008856) \end{cases} \tag{6-75}$$

$$\begin{cases} L = 116x - 16 \\ a = 500(x - y) \\ b = 200(y - z) \end{cases} \tag{6-76}$$

Lab 向 RGB 空间的变换式不再列出。

6.3.2.2　颜色分割

常用的彩色图像分割方法，如图 6 – 17 所示。

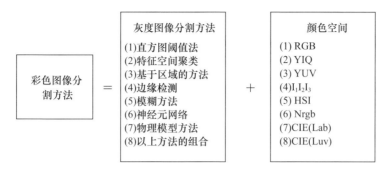

图 6 – 17　常用彩色图像分割方法

1）基于区域的分割方法

直方图阈值法是单色图像广泛使用的一种分割方法,与单色图像不同的是,彩色图像有 3 个颜色分量,其直方图是一个三维数组,在这样的直方图中确定阈值是比较困难的。Kurugollu 等提出了一种多频谱图像分割方法,即对于彩色图像,首先选取 FRGFRBFGB 为频谱子集,并在计算 3 个频谱子集的二维直方图后,再进行多阈值化处理,然后利用融合算法对根据 3 个子集的二维直方图分割的图像进行合成。对于频谱数较多的图像,可以利用主分量变换将频谱数减少到 3。直方图阈值法不需要先验信息,且计算量较小。缺点是:①单独基于颜色分割得到的区域可能是不完整的;②对没有明显峰值的图像效果不好;③当像素颜色映射到 3 个直方图的不同位置时,颜色信息会发散;④没有利用局部空间信息和空间细节。

区域生长的基本思想是将具有相似性质的像素集合起来构成区域,而区域分裂技术则是将种子区域不断分裂为 4 个矩形区域,直到每个区域内部都是相似的为止。区域合并通常和区域生长、区域分裂技术相结合,以便把相似的子区域合并成尽可能大的区域。当图像区域的同一性准则容易定义时,则这些方法分割质量较好,并且不易受噪声影响。

Tremeau 等提出了一种将区域生长和区域合并技术相结合的彩色图像分割方法,即先利用 RGB 颜色空间的欧几里得距离定义了 3 个色彩同一性准则,并将其分别用于两个相邻像素之间、某个像素与已定义的相邻区域内像素之间以及其均值的比较。分割时,先利用基于颜色相似度和空间相近度的准则进行区域生长,然后根据基于色彩相似性的全局同一性准则来对区域生长形成的区域进行合并,以生成空间分离但色彩相近的分割区域。这种方法缺点是这些准则所对应阈值的选取具有主观性,并且不适合分割具有阴影区域的图像。缺点是分割效果依赖于种子点的选择及生长顺序,区域分裂技术的缺点是可能会使边界被破坏。由于相似性通常是用统计的方法确定的,因此这些方法对噪声不敏感。

2）基于边缘检测的分割方法

基于区域的技术主要依赖于图像中区域的不连续性。图像边缘检测技术目前主要被用来进行图像分割，一旦图像中的边缘被识别出来之后，图像则能够被分割成基于这些边缘的许多区域，其优点是边缘定位准确、运算速度快。缺点是对噪声敏感，而且边缘检测方法只使用了局部信息，难以保证分割区域内部的颜色一致，且不能产生连续的闭区域轮廓。限制其在图像分割中应用的两大难点：一是能保证边缘的连续性或封闭性，二是在高细节区存在大量琐细边缘，难以形成一个大区域，但又不宜将高细节区分成小碎片，这使得单独的边缘检测只能产生边缘点，而不是一个完整意义上的图像分割过程，这样边缘点信息需要后续处理或与其他分割算法结合起来，才能完成分割任务。

分水岭（watershed）是地形学的经典概念，也是图像形态学的一个主要算子。在图像处理领域，计算分水岭的算法有很多，其中典型的一种方法是基于浸没模拟（immersion simulation）思想，即把图像视为地形表面，像素的灰度对应于地形高度，其局部最小值对应地形的洞。设想将地形表面浸入一个湖中，从最小值开始，水会逐渐充满各个不同的聚水盆地，当来自相邻聚水盆地的水要合并时，若在该处建立一个堤坝，则浸没结束时，所建立的堤坝就对应于区域的轮廓，而聚水盆地则对应分割区域。在分水岭的分割方法中，需首先进行标志提取，然后对待分割图像的梯度信号使用分水岭算法来分割出已被标志的感兴趣的物体。这种标志选取不仅是分水岭算法的一个主要难点，而且选取不当会导致图像过分分割。

3）基于特定工具的分割方法

通常的离散小波变换可以由金字塔算法计算得到。即由一维小波变换通过一维低通 L 和高通 H 滤波器组，很容易推导出二维小波变换，其分解算法如图 6 – 18所示。

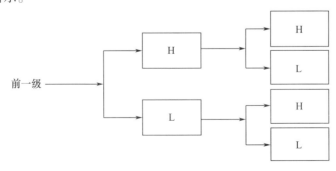

图 6 – 18　二维小波分解流程图

通常的下采样小波变换比较适合于编码和压缩的应用,而非下采样小波变换(undecimated wavelet transform,UWT)更适合于增强图像和抑制噪声,且子图像的大小与原始图像相同,因而采用 UWT 进行图像的多尺度分析效果较理想。

在彩色图像分割方法中,邻域的定义是基于颜色的相似性,这给分割具有耀斑、阴影区域的彩色图像带来很大困难,因为它们导致了目标表面的不均匀性,即区域边界与目标边界的不一致性。利用 HSI 虽可以在一定程度上解决这个问题,但在低饱和度时色调会不稳定。有学者研究出了一些基于物理模型的分割方法以解决这个问题,并在模型中考虑了彩色信息。其局限性在于:光照条件要求高,成像物体表面的反射特性已知并且易于建模。

混合技术的基本思想是综合以上各种技术的优点并且避开其缺点。一个办法就是首先把彩色图像分成彩色区域和非彩色区域,然后再结合边缘检测和区域生长等方法实现较好的图像分割。这需要把其他彩色空间转换为 HSI 彩色空间,因为 HSI 彩色空间和人的彩色视觉非常相近。区分彩色和非彩色区域主要取决于色调和饱和度,这种方法是对于不同的图像使用不同的混合方法,因为该方法综合了前面的各种方法的优点,往往比较奏效。

6.4　服务机器人视觉导航理论与方法

基于视觉的服务人机器人导航是一种主要利用视觉传感器来引导移动机器人避开静态(或可能是动态)障碍物到达预期目的地或在环境中沿一条预期路径技术。一般来说,基于视觉的服务机器人具有一个能够感知外界环境的视觉系统。通常,一个基于视觉的自主机器人在视觉系统中具有五个主要组成部分。

① 地图:系统需要外界环境的一些内容表征或知识以完成目标驱动的任务。

② 数据获取:系统通过摄像头来采集图像。

③ 特征提取:从采集的输入图像中提取显著特征,如边缘、纹理和颜色。

④ 路标识别:根据某些预设标准,系统在观测图像中的特征和内存中预存的预期路标之间寻找可能存在的匹配信息。

⑤ 自定位:在自定位阶段,计算作为检测路标和之前位置的一个函数的机器人当前位置,然后系统推导出机器人的运动路径。机器人的运动过程可仅仅进行避障和目标驱动。

服务机器人的导航问题大多数情况下可分为以下四个子问题,如图 6 - 19所示。

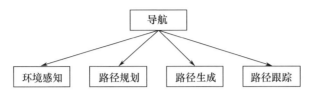

图 6 – 19   服务机器人的导航问题

① 环境感知:感知环境并将其抽象为一系列特征。

② 路径规划:利用特征来构建机器人应达到的一系列目标点。

③ 路径生成:通过一系列目标点来获取一条路径。

④ 路径跟踪:利用控制器来保证移动机器人沿预期路径运动。

一般来说,开发一个能够检测并避开障碍物的基于视觉的服务机器人系统是相当复杂的,这是由于从包括机器人和障碍物的现场视频流中提取信息,并利用尽可能少的计算处理来实现预期实时性能是一项非常复杂的任务。在过去的20 年中,未知环境下机器人运动问题得到了广泛关注。机器人应能够以智能方式避开可能遇到的各种不同类型的障碍物。相应的,大量研究工作致力于利用计算机视觉实现通过对感知数据进行逻辑分析来实现避障的具有导航能力的基于视觉的自主移动机器人系统。大多数研究的主要目标是定位静态或动态障碍物,从而可规划出一条合适的路径以使得机器人绕开障碍物,并最终按所规划的路径运动。利用视觉感知的室内和室外导航已成为移动机器人领域中两个主要的研究方向。

6.4.1   服务机器人视觉导航系统基本体系

如图 6 – 20 所示,服务机器人视觉导航系统由全局地图、路径规划、定位模块、感知模块、执行模块、人机交互界面和机器人移动平台组成。

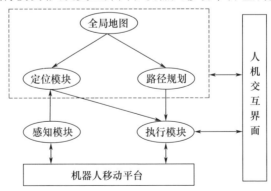

图 6 – 20   服务机器人视觉导航系统基本体系

全局地图模块主要是为定位模块和路径规划模块提供全局的地图信息,定位模块实现机器人全局位置的计算,路径规划模块根据机器人当前位置、目标位置及全局地图来决定机器人行走的路线,执行模块负责服务机器人的驱动与控制等,人机交互界面实现服务机器人与使用者的联系。

6.4.2　服务机器人视觉定位导航系统体系结构

视觉定位系统硬件由摄像机、图像采集卡构成,通过对环境光的检测,以图像方式获得环境信息,如图 6 - 21 所示。由于 USB 接口技术的出现,小型摄像机可以直接与计算机相连,实现环境图像的快速采集传送,且预设数据处理系统与图像采集系统间的接口。机器视觉是移动机器人多环境探测方式中的一种,在考虑机器人体系结构基础上,一般采用分层结构的视觉处理模型。机器人根据当前具体任务,由视觉调用指令调用不同的视觉子模块,视觉子模块则在视觉数据库信息基础上分析当前环境图像,获得环境对象的解释(图 6 - 22)。该方法将视觉处理的各个基本功能相互独立,在高层上信息相互印证,提高数据可靠性,并具有较好的开放性,便于系统增减其他传感器和控制软件。

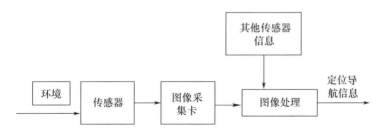

图 6 - 21　服务机器人视觉定位导航系统体系结构

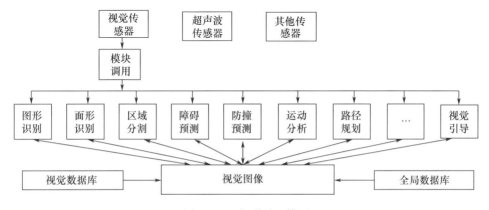

图 6 - 22　视觉处理模型

221

6.4.3 基于视觉导航的方式

1）基于视觉的室内导航

基于视觉的室内导航大致可分为三类：基于地图的导航、基于地图构建的导航、无地图导航。

（1）基于地图的导航

在基于地图的导航过程中，系统已具备环境的先验知识，并利用地图信息进行导航。这些环境地图的形式主要有几何模型、拓扑地图或图形序列。在早期利用地图的方法中将环境细化为不同程度，分别为"占据栅格地图"、"虚拟力场"或"S 地图"等形式，这些方法非常容易受到感知误差的影响，在参考文献[2]中对该问题进行了详细阐述。其中，一个重要的假设是应对传感器测量的环境的不确定性考虑一定容差。这些方法都称为"绝对定位"，之后对这些研究问题进行改进，采用增量定位来解决。在此，假设已知机器人位置的信息，在导航过程中通过利用视觉工具的观察不断修正这些信息，并在随后的导航中采取必要的措施。FINALE 系统正是基于上述概念，其中当某个路标与一个图形特征匹配时，利用空间的几何表示以及机器人位置的统计模型不确定性，采用卡尔曼滤波方法来更新机器人位置的均值和协方差矩阵。另一类方法是基于空间的拓扑表示，其中如在 NEURO - NAV 中采用了一组神经网络。然而，基于地图的导航方法的缺点在于不易产生环境的模型或地图（尤其是米制地图）。

（2）基于地图构建的导航

基于地图构建的导航处理程序试图解决没有环境先验信息的机器人开始运动的问题。机器人首先探索周围环境并建立一个内部描述，之后再利用该内部描述进行导航。在该研究领域中，大部分都是采用基于空间拓扑表征的方法，参见参考文献[4-5]，并研究如何基于图的空间描述中构建节点、如何区分几个相邻节点、如何考虑传感器不确定性影响等一系列问题。然而，这些方法的主要缺点是难以识别之前访问过的节点。在该领域的其他方法还包括基于占据栅格的表示，采用全景视觉的方法，以及综合占据栅格方法和拓扑结构方法优点的方法。参考文献中还包括一些其他类型的基于地图构建的导航系统，如基于可视化声纳的系统或基于局部地图的系统。这些系统都是在导航过程中采集环境数据并构建一个用于支持在线安全导航的局部地图。该局部地图包括通常为摄像头视场角函数的部分环境中具体障碍物信息和自由空间数据信息。

（3）无地图导航

无地图导航方法属于一类更有前景的方法，其中导航过程中没有任何地图的条件下开始进行。这种类型的导航过程也称为反应式导航，这是通过观测、特征/路标识别（通常是墙、桌子、楼道、墙角等自然物体）以及特征跟踪来在线提取环境的重要信息，然后利用导航算法对所提取的相关信息做出"反应"。在这些技术中，一些传统的常用方法是采用光流法和基于外观的技术。光流法是模仿蜜蜂的可视化行为，根据机器人左右摄像头获取图像之间的速率差来确定运动。机器人会朝图像变化速率较小的一侧移动。参考文献[8]在该基本方法的基础上进一步改进，开发了一种利用深度信息的基于光流的导航系统，并且还开发了一个具有俯视、倾斜、左右幅度控制的更加复杂的立体头部系统。一些研究人员已证明能够获取准确深度信息的立体视觉与光流分析方法相结合可具有更好的导航效果。在参考文献[9]中，利用立体信息与来自立体图像之一的光流相结合来构建一个占据栅格地图，并对一个地面机器人执行实时导航策略。另一方面，基于外观的方法通过保存一系列图像来增强环境印象，这一系列图像通常是从向下采集的摄像头采集图像所提取的子窗口中创建的，然后在任意给定时刻，对采集图像与所有模板进行扫描来确定是否与其中某个模板相匹配。如果图像匹配，则在导航中采取相应的控制运动。在此关键问题是如何提高在训练阶段的图像保存方法，以及随后的图像匹配过程。不利用地图进行环境识别主要有两种方法：

① 基于模型的方法。利用预先定义的对象模型来识别复杂环境中的特征并在环境中自定位。

② 基于视图的方法。该方法并不从预存的图像中提取特征，而是采用图像匹配算法来实现自定位。

2）基于视觉的室外导航

这些系统无需对导航空间进行明确表示，而是通过识别在环境中所观测到的物体或通过产生基于视觉观测的运动来跟踪这些物体。根据环境结构的程度，室外导航可分为两大类：结构化环境下的室外导航和非结构化环境下的室外导航。在许多情况下，室内导航所采用的地图表示方法并不适用于室外导航，这是由于室外通常都是包含大量物理区域的大型场景，由此会导致表征室外环境的信息量急剧增大到无法估量的地步。在结构化环境中的室外导航主要是指道路跟踪，即检测路线并持续导航的能力。相对于结构化的室内空间，室外环境大多数情况下都是有砂石、花园、人行道和街道组成的。大多数这些元素都具有不同的颜色和纹理，利用这些特征可以很方便地进行室外导航。确定导航区域的第一步就是根据视觉信息对地形进行分类。迄今为止，在道路跟踪方面所报道的最突出的研究工作是 NavLab 工程。

NavLab 道路跟踪算法包括三个阶段：第一阶段，对每个道路和非道路像素都采用高斯分布来进行环境和纹理像素的综合分类；第二阶段，对道路像素执行霍夫变换和投票表决程序,来获得道路消失点和朝向参数;最后,根据确定的道路边缘对像素再次分类。在下一幅图像中重复执行上述分类过程使得系统可适应路况的变化。对于结构化环境下的道路监测和跟踪,许多研究工作都是根据上述相关概念进行的。在室外环境中采用视觉信息和GPS是一种特征跟踪与3D(三维)立体环境重构相结合的方法。对于非结构化室外环境,采用立体视觉作为一种新的导航策略,是基于一种更快且更精确的角点监测方法。在该方法中,3D定位所检测的特征并采用归一化均方差和相关测量来进行特征跟踪。

6.5 服务机器人视觉 SLAM 的理论研究

视觉SLAM的目标是通过这样的一些图像,进行定位与地图构建。而这个过程并不是某种算法,只需要输入数据,就可以对应地输出定位和地图信息。视觉SLAM需要一个完善的算法框架,而经过研究者长期的研究工作,目前的学术界关于这个框架的讨论,已经被确定了下来,如图6-23所示。

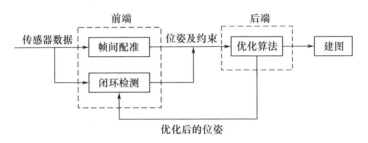

图 6-23 视觉 SLAM 的经典框架

6.5.1 视觉里程计

视觉里程计(visual odometry,VO)的任务是估算相邻图像之间相机的运动,以及局部地图的描述。视觉里程计又称为前端。在计算机视觉领域,图像在计算机中是一个数值矩阵,代表了某些空间点在相机成像平面上的投影结果。视觉里程计正是通过相机和空间点的几何关系,实现对相机运动的定量估计。

在视觉里程计中,首先通过特征匹配找出图像特征之间的对应关系。有两种不同的思路:一是只对一帧图像进行特征提取,并依靠跟踪技术在另一帧图像中找到其对应点,这通常只需要在检测特征周围进行局部的检索[2];二是分别对两帧图像进行特征检测,然后依据特征的相似性建立起对应关系。我们将其分别称为特征跟踪与特征识别。前者只作局部搜索,具有速度快、稳定性好等特点(较少出现匹配不一致的情况),其存在的缺陷是只能用于两帧图像变化相对较小的情况;后者对每个特征作全局的查找,对帧间变化较大的情况具有较好的适应性,但效率较低,而且匹配不一致的情况时有发生,可以通过距离比测试(distance ratio test),只选择没有歧义的匹配,或者利用几何约束关系剔除错误的匹配。

而特征的位置信息可以直接使用图像坐标来表示,也可以通过其他方式获取特征在三维空间中的坐标,将其描述在三维物理空间中。受特征描述方式的影响,匹配关系有3种不同的表示方式,分别为二维到二维、三维到三维及三维到二维。

① 二维到二维。在二维到二维的匹配关系描述中,特征的位置用图像坐标来表示。经校准的两帧图像 I_{k-1} 与 I_k 间的几何关系可以通过本质矩阵来描述。借助于极线约束,本质矩阵可以从二维到二维的对应关系中求得。理论证明,求解本质矩阵的对应关系的数目至少为5组。Nister 等提出的5点法是求解该问题的经典方法。

② 三维到三维。当特征及其对应关系直接描述在三维空间中时,变换关系的求解与空间点配准方法相似。不同点在于通过特征匹配建立的对应关系是确定的,因而不需要进行迭代修正。评价的标准依然是匹配点间距离的平方和。

③ 三维到二维。三维到二维的匹配表示描述三维特征及其在图像上投影之间的对应关系。与三维到三维中直接优化空间点间的距离不同,三维到二维通常采用最小化重投影误差(re-projection error)的方法来计算帧间的相对变换。为了表示方便,不妨假定已建立好对应关系 $\{(q_i, u_i)\}$,其中 q_i 表示特征点在三维空间中的位置,u_i 表示其在图像上投影的坐标,则变换矩阵求解如下:

$$\boldsymbol{T}^* = \text{argmin} \sum_i \| f(q_i; \boldsymbol{T}) - u_i \|^2 \tag{6-77}$$

其中,f 是投影函数。这就是 n 点透视问题(perspective-n-point, PnP)。这一问题已经被相当广泛地研究,并存在很多不同的解法。三组对应关系是求解该问题的最小规模(称为 P3P),其在求解问题中具有重要价值,如可以结合 RANSAC 剔除错误匹配。参考文献[9]通过实验证明,采用三维到二维匹配关系并通过最小化重投影误差的方法所取得的效果要比采用三维到二维匹配关系并直接最小化空间距离的方法得到的效果更好。

6.5.2　闭环检测

在 SLAM 中,闭环检测是指根据传感器信息判断机器人当前是否处在之前已经访问过的某个区域。主要解决位置估计随时间漂移的问题。环形闭合检测的重要性体现在,正确的闭环信息可以用于修正里程计误差,从而得到信息一致的地图,如图 6 - 24(b)所示。而错误的闭环信息不仅会对后续图优化处理造成干扰,甚至可能完全毁坏已有的地图创建结果,如图 6 - 24(a)所示。从图中可以明显地看出,这种现象直接导致了移动机器人无法建立一致性地图。为解决漂移问题,在经典的视觉 SLAM 框架中,出现了回环检测和后端优化两种相辅相成的技术体系。

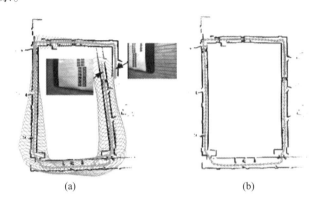

(a)   (b)

图 6 - 24　累积误差与回环检测的优化结果
(a)累积误差导致地图欠缺一致性;(b)利用闭环约束优化后的结果图。

6.5.3　后端优化

从系统的角度理解,后端优化主要负责处理 SLAM 过程中噪声的问题。移动机器人在对环境认知和自主导航的过程中,需要应用各种不同类型的传感器。然而再精确的传感器也带有一定的噪声,有的传感器还会受到磁场、温度的影响。所以,不仅要解决图像前端的视觉里程计对相机运动的估计,还要考虑这种估计本身的噪声,以及当前估计的置信率问题。这就需要后端优化解决如何从带有噪声的数据中,估计整个系统的状态以及这个状态估计的不确定性,也就是解决最大后验概率估计(maximum-a-posteriori,MAP)问题。

在 SLAM 框架中,前端给后端提供待优化的数据,以及这些数据的初始值。而后端负责整体的优化,不必关心数据来源于何种传感器。具体到视觉 SLAM,前端和计算机视觉研究领域更为相关,后端则主要是滤波与非线性优化算法。

在学术界,后端使用的滤波与非线性优化算法,在很长一段时间直接被称为"SLAM 研究"。在早期的 SLAM 研究论文中,SLAM 问题也称为"空间状态不确定性的估计"(spatial uncertainty),这正是后端优化需要求解的内容。这种说法很好地反映了 SLAM 问题的本质：对运动主体自身和周围空间不确定性的估计。

6.5.4　建图

建图是指构建地图的过程。地图是对环境的描述，这种描述并不是固定的，需要针对 SLAM 技术的具体应用而定。如图 6 - 25 所示，环境地图主要可以分为拓扑地图、度量地图和混合地图三大类。在本书的研究中，SLAM 的主要应用是移动机器人的自主导航，所以更多需要应用便于路径规划与导航的稠密型度量地图。按照维度的不同，可将稠密型度量地图分为二维地图和三维地图两大类。二维地图具有创建简单、可扩展性强等优点，但其只能在二维平面上将环境表征为非完整的、离散的信息。而三维地图信息量丰富，能够较为完整地反映所处环境的客观真实世界。

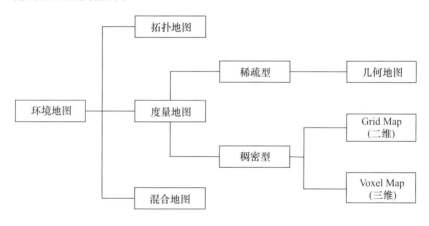

图 6 - 25　地图分类

1）拓扑地图

相比于度量地图的精确性，拓扑地图更强调地图元素之间的关系。拓扑地图是一个图，由节点和边组成，节点表示地点的状态，边表示特定的地点间路径。它放松了地图对精确位置的需要，去掉地图的细节，是一种十分紧凑的表达方式。拓扑地图具有表示简便、存储空间占用小、计算效率高等优点，缺点在于缺失场景尺度信息、不适应于具有复杂结构的地图创建。

2）度量地图

度量地图强调精确地表示地图中物体的位置关系，并且可以用稀疏与稠密对度量地图进行分类。稀疏地图是指在对环境建图时，将采集得到的环境信息，选择一部分具有代表意义的信息抽象为点、面、线，将场景描述为一系列的路标特征。稀疏地图也被称为几何地图,其具有表示简单、易于计算机进行描述和表示的优点。缺点是在大范围的复杂场景下,难以精确地对场景进行有效描述。

相对的,稠密地图着重于建模所有观测到的环境信息。栅格地图法是经典的稠密度量地图创建方法,通常按照某种分辨率,由许多小块组成。创建二维度量地图会得到一系列的小格子,创建三维度量地图会得到一系列的小方块。一般地,一个小单元含有占据、空闲、未知三种状态,建图时以每个单元被障碍物占用的概率值,表示该单元内是否有物体。

度量地图的优点在于创建简单、易于维护。但随着场景的不断扩展,其单元格的数目会不断上升,基于度量地图的路径规划算法的计算量也会快速上升。此外,大规模的度量地图创建会出现一致性问题,导致地图创建失败。

3)混合地图

混合地图通常是两种或多种地图的融合,常见的混合地图有度量 – 拓扑地图和二维 – 三维混合地图。混合地图的出现使得移动机器人面对不同的应用环境,都有一定的适应性,可以实现更稳定的运行。

6.6　服务机器人同步定位与地图构建

同步定位与地图构建(SLAM)最早由 Smith 和 Cheeseman 于 1988 年提出,用于解决移动机器人的定位与构图问题。该问题可描述为移动机器人通过机载传感器(声纳、激光、摄像头等)感知未知环境信息,逐步构建周围环境地图并形成全局地图,同时运用此地图完成对自身位姿的确定,是该研究领域的热点和难点,具有关键的科研价值和实际意义。

6.6.1　SLAM 系统结构

同步定位与地图构建主要研究内容是机器人随机地从未知环境中的一个位置出发,利用携带的传感器获取环境信息,然后根据观测信息进行增量式的环境地图构建,并同时利用构建的地图进行自身位姿估计。

机器人对所在的环境无任何先验信息,机器人出发时刻的位姿为机器人的初始位姿,随后机器人在运动的同时通过自身的里程计数据预测下一步的位姿,利用相关传感器感知环境信息并提取环境特征创建局部地图,根据传感器观测信息递增地创建环境地图,与已获取的地图信息进行特征匹配并进行数据关联,从而进行全局地图更新。其体系结构如图 6 – 26 所示。

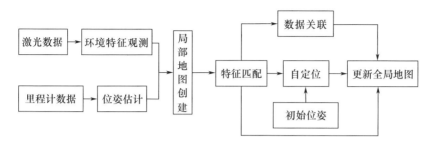

图 6 - 26　SLAM 系统结构图

6.6.2　SLAM 问题的数学描述

SLAM 是指移动机器人在未知环境中,通过传感器感知环境信息来进行自身位姿估计和地图构建。由于系统存在较多的不确定性且系统具有高复杂性,因此采用概率分布模型对 SLAM 进行描述,SLAM 问题的基本模型如图 6 - 27 所示。

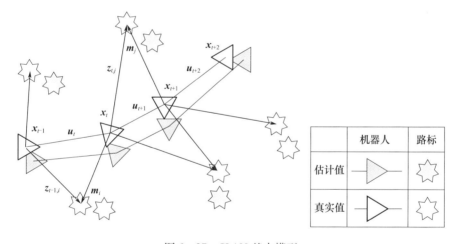

	机器人	路标
估计值	▷	☆
真实值	▷	☆

图 6 - 27　SLAM 基本模型

在 t 时刻移动机器人的相关变量定义如下:

x_t:表示机器人的位姿,$\boldsymbol{x}_t = (x_t, y_t, \theta_t)^{\mathrm{T}}$,其中$(x_t, y_t)$表示机器人的位置信息,$\theta_t$ 为航向角。若机器人初始位姿 $\boldsymbol{x}_0$ 已知,则机器人的整个运动路径 $\boldsymbol{x}_{0:t} = (\boldsymbol{x}_0, \boldsymbol{x}_1, \cdots, \boldsymbol{x}_t)$。

u_t:为机器人控制量,表示机器人从 $t-1$ 时刻运动到 t 时刻对机器人施加的作用量,$\boldsymbol{u}_{0:t} = (\boldsymbol{u}_0, \boldsymbol{u}_1, \cdots, \boldsymbol{u}_t)$。

m_i:为 t 时刻环境中的第 i 个路标特征点。特征地图 $\boldsymbol{m} = (\boldsymbol{m}_0, \boldsymbol{m}_1, \cdots \boldsymbol{m}_n)$,

其中 n 为环境中地图特征的数目。

$z_{t,i}$：表示 t 时刻对 $\boldsymbol{m}_i$ 的观测量，如果在 t 时刻环境中有多个路标特征点能被观测到，观测量表示为 z_t，则 $z_{0:t} = (z_0, z_1, \cdots, z_t)$。

要解决 SLAM 问题，则需要建立运动模型和观测模型，运动模型可以表示为 $p(\boldsymbol{x}_t | \boldsymbol{x}_{t-1}, \boldsymbol{u}_t)$，观测模型表示为 $p(z_t | \boldsymbol{x}_{t-1}, \boldsymbol{m}_t)$。

SLAM 问题的求解即求解 t 时刻的机器人路径和特征地图的联合概率密度，即

$$p(\boldsymbol{x}_{0:t}, \boldsymbol{m} | z_{0:t}, \boldsymbol{u}_{0:t}, \boldsymbol{x}_0) \tag{6-78}$$

6.6.3 同步定位与地图构建综述

SLAM 是指机器人在完全不了解环境信息的情况下利用自身传感器感知环境信息，然后完成同步定位与地图构建这一行为过程。因为 SLAM 方法是解决定位、环境建模的有效方法，在移动机器人领域的理论和实际应用价值高，该领域诸多的科研工作者视其为完成移动机器人自主导航的重点。针对 SLAM 问题的研究是 1985 年左右开始的，其解决办法到现在为止已有数种，概括起来主要分为两类——基于概率的方法和非概率的方法，前者已经成为研究的主要方法。最开始运用基于概率的方法来解决 SLAM 问题是通过扩展卡尔曼滤波来进行的，然而该方法伴随着多个不易解决的难点：一个难点是数据关联，另一个是与特征个数的二次方成正比的计算量和存储量问题，此外，扩展卡尔曼滤波最大的缺点在于对于非线性、非高斯分布模型处理效果差。另一种基于概率的方法是粒子滤波，它有一种较好的特征可以估计任意概率分布，并且计算较便捷，和以前的卡尔曼滤波、马尔可夫方法相比，拥有独特的优势。诸多科学工作者把粒子滤波算法应用到移动机器人的地图构建中，创立了许多移动机器人同步定位与地图构建方法。Murphy 的研究表明，假如移动机器人的运动轨迹是确定的，那么可以把对路标的估计划分为 K 个单独的估计问题，每一个路标对应于一个问题。同时，Murphy 还给出了一种学习栅格地图的有效方法。在这个方法之上，Montemerlo 等人给出了 FastSLAM 的算法。这个算法由两部分组成，一部分用来解决移动机器人的定位问题，另一部分利用对位置和姿态的估计，然后解决路标集合估算问题。通过改进的粒子滤波器对机器人轨迹的后验分布进行估算，每一个粒子都包含 K 个卡尔曼滤波器，在轨迹估算条件下用来估算 K 个路标位置。

近年来，Doucet 等提出了一种有效的基于粒子滤波的方法来解决 SLAM 问题，这种方法使用了 Rao - Blackwellized 粒子滤波器，可以依据实际情况得到特征地图或者栅格地图，而且较好地克服了数据关联这个难点。但是在这种方法中，仅考虑使用里程计的信息计算观测模型，导致构建地图精确性不高、算法效

率低,同时对于算法重采样过程中易出现的粒子衰竭现象,没有很好地解决。因此,提高先验地图的准确性、提高算法效率和改善重采样粒子枯竭现象成为此类方法需要重点解决的问题。

6.6.4　同步定位与地图构建的关键问题

总体来说,移动机器人 SLAM 技术包括如下四项关键技术:导航定位关键技术、地图构建关键技术、特征提取关键技术、数据关联关键技术。

1）导航定位关键技术

导航定位是实现移动机器人自主导航非常关键的问题。其目的就是确定机器人相对于世界坐标系的位置及运动方位角,即位姿。精确的位姿估计是实现移动机器人自主导航的必要条件。

移动机器人定位可分为三类:第一类是相对定位,是指机器人利用传感器的感知信息,计算其自身在当前控制测量周期内的相对位移量及相对运动方向变化值;第二类是绝对定位,是指机器人根据传感器感知信息,获取其自身在全局坐标系中的位置,通常指 GPS 定位、信标定位和地图匹配定位;第三类是组合定位,是相对定位的航位推算与绝对定位的信息校正相结合的方法。

2）地图构建关键技术

机器人通过装载的传感器能够获取大量的环境信息,其可以利用这些信息进行环境地图的构建,实现对环境的认识。通过构建好的环境地图,在地图上进行路径规划,完成机器人的导航。目前常用的地图描述方法有 3 种:拓扑地图、几何地图和栅格地图。

用拓扑地图对环境进行描述,通常是把环境表示为一个图表,图表中的节点表示实际环境中一些特殊的位置点,各个节点之间的连线表示位置点的路径信息,其间的距离代价用权值表示。拓扑地图没有明确的尺度,它可以很好地表示结构化环境,只提取和存储结构化环境的重要特征点及其路径信息。故拓扑法表示简单,占用系统空间少,计算处理速度快。但对于非结构环境,节点的识别获取非常困难,简单地通过拓扑地图信息进行定位是不充分的,故拓扑地图不适合用于描述非结构化的环境。

几何地图表示法用几何特征来构建环境地图模型,通过感知系统获取环境信息并提取出环境中的几何特征,需要多个传感器同时采集环境信息并联合多个传感器的数据进行处理,与此同时各个传感器观测信息的位置必须相对精确才能保证构建出来的地图具有一致性。

栅格地图表示法的核心思想是整个环境地图由若干大小相同的栅格组成,对于二维环境用二维栅格地图表示,栅格是否被障碍物占据可用 0 和 1 来进行描述,0 表示当前栅格为空闲,1 表示被障碍物占据。在三维环境下,栅格地图中还包括环境的高度信息。栅格越小环境划分越细致,因此环境中的一个障碍物可能占据若干个栅格,故用栅格来表示环境地图不依赖于障碍物的形状、尺寸等。可以采用概率的方法来表示栅格的占据状态,占据概率用一个字节的二进制值(0~255)记录。设定栅格的阈值为 N,如果计算得出栅格被占据的概率为 M,若 $M \geq N$,则栅格被占据,反之栅格为空闲。栅格地图易于创建和维护,其缺点是随着工作环境的不断扩大,栅格数量会随之增加,需要在系统中分配相应的内存来存储栅格信息,占用内存空间增大,则当栅格地图用于机器人路径规划时,需要更多的时间开销,在通过地图进行搜索时,降低了系统的实时性。栅格地图在机器人的位姿估计、路径规划、避障中都得以广泛应用,并成为目前最有效的地图描述方法。

3) 特征提取关键技术

目前,SLAM 算法大多利用特征地图表示环境,一方面需要确定路标的位置,另一方面,还需提取出路标的几何特征,如点特征、线特征、圆特征等,这就是SLAM 特征提取。目前 SLAM 特征提取方法主要是基于霍夫变换的特征提取算法和尺度不变特征变换算法。

基于霍夫变换圆弧特征参数拟合方法,假设圆的方程可以表示为:$(x-a)^2 + (y-b)^2 = r^2$,其中 x 和 y 是自变量,(a,b) 为圆心坐标,r 是圆的半径。设以 x 和 y 为自变量的空间为 $x-y$ 空间,以 a、b 和 r 为自变量的空间为 $a-b-r$ 空间,要拟合的圆弧表示在 $x-y$ 空间。如果进行圆弧拟合的所有激光数据点都在同一条圆弧上,那么这些点所对应的参数 a、b 和 r 一定是相等的,反映在 $a-b-r$ 空间(即霍夫空间)中,所有以 x 和 y 为参数,a、b 和 r 为自变量的直线或曲线会相交于一点,据此就可以提取出圆弧特征参数。

对于视觉传感器环境信息探测,Lowe 提出尺度不变特征变换(scale invariant feature transform,SIFT)的特征提取方法,即应用三目视觉将多余的 SIFT 特征删除,并计算已选为路标的余下的 SIFT 特征的 3D 坐标。

4) 数据关联关键技术

SLAM 中的数据关联,就是为每一个观测量值寻找一个地图中已存特征,并将它们确认为一一对应的关联匹配关系。但因为系统中存在很多不可预知的因素,使得数据关联不易实现。数据关联算法一般由两部分组成,一是检验每一个观测量值与已存特征之间是否满足相容性条件;二是从满足相容性条件的已存特征中择选出最佳匹配对象。

SLAM 数据关联方法中,最经典的就是最近邻(nearest neighbor,NN)数据关联算法。该算法以马氏距离作为单一相容(individual compatibility,IC)检验条件,再从满足条件的地图已存特征中,唯一选出与其马氏距离为最短的特征作为相应观测量的最佳关联特征。NN 算法由于采用的是单一兼容检验条件,没有考虑到各个关联匹配对之间的相容性,因此算法的抗干扰性较差,且极易产生关联的不确定性。联合概率数据关联(joint probabilistic data association,JPDA)算法认为,对于每一个满足相容性检验条件的观测量值,都有可能与任何一个已存特征关联匹配,该方法通过计算各个概率的加权系数及其加权和,进行状态更新。因为算法计算量大,因此应用受限。

多假设跟踪(multiple hypothesis tracking,MHT)数据关联算法,每个关联假设都会产生轨迹跟踪,最后综合形成渐增的假设树(hypothesis tree)。基于粒子滤波的 FastSLAM 算法,由于每个粒子都是对机器人运动路径的一种估计,基于这个路径估计又辐射出一系列独立的地图特征估计,因此很适合应用 MHT 进行数据关联。MHT 算法,关联假设的个数随时间呈指数增长,因此不适合实时应用。

联合兼容分枝定界(joint compatibility branch and bound,JCBB)数据关联算法,由于考虑了各个量测特征匹配对的相容性以及机器人与特征之间的相关性,所以数据关联的可靠性和准确性都很好。联合相容数据关联方法,由于需要不断地判断归一化联合新息向量方差是否满足联合相容性检验条件,因此算法计算量非常大,以至于对 SLAM 实时应用影响很大。

6.6.5　基于扩展卡尔曼滤波器的 SLAM 算法

1) EKF – SLAM 算法的基本原理

基于扩展卡尔曼滤波器的(EKF – SLAM)算法是在卡尔曼滤波算法的基础之上针对非线性系统估计问题而提出的扩展算法,将非线性系统方程近似为泰勒展开式的一阶项,实现非线性系统的线性化,进而运用标准卡尔曼滤波器递推计算非线性系统的状态估计。

假设非线性系统模型

$$\boldsymbol{x}_k = \begin{bmatrix} x_k \\ y_k \\ \theta_k \end{bmatrix} = \begin{bmatrix} x_{k-1} + v\Delta T\cos(\theta_{k-1} + \gamma_k\Delta T) \\ y_{k-1} + v\Delta T\cos(\theta_{k-1} + \gamma_k\Delta T) \\ \theta_{k-1} + \gamma_k\Delta T \end{bmatrix} + \begin{bmatrix} w_x \\ w_y \\ w_\theta \end{bmatrix} \qquad (6-79)$$

观测模型分别为

$$z_k = \begin{bmatrix} r_k \\ \varphi_k \end{bmatrix} = \begin{bmatrix} \sqrt{(x_{k,i} - x_k)^2 + (y_{k,i} - y_k)^2} \\ \arctan\left(\dfrac{y_{k,i} - y_k}{x_{k,i} - x_k}\right) - \theta_k \end{bmatrix} + \xi_k \qquad (6-80)$$

环境特征可表示为

$$\begin{bmatrix} x_{k,i} \\ y_{k,i} \end{bmatrix} = \begin{bmatrix} x_{k-1,i} \\ y_{k-1,i} \end{bmatrix} \tag{6-81}$$

观测函数为 $h(\boldsymbol{x}_k)$，且 k 时刻的状态预估值为 $\tilde{\boldsymbol{x}}_k^-$，将 $h(\boldsymbol{x}_{k-1})$ 围绕 $\tilde{\boldsymbol{x}}_k^-$ 展开为一阶泰勒级数，并将 $h(\boldsymbol{x}_k)$ 的线性展开式代入标准卡尔曼滤波器的迭代过程即可得到扩展卡尔曼滤波器。具体过程如下：

① 系统状态预测

$$\hat{\boldsymbol{x}}_k^- = \boldsymbol{f}(\hat{\boldsymbol{x}}_{k-1}, \boldsymbol{u}_{k-1}) \tag{6-82}$$

② 状态估计的协方差矩阵预测：

$$\boldsymbol{P}_k^- = \nabla \boldsymbol{f} \, \nabla \boldsymbol{P}_{k-1} \nabla \boldsymbol{f}^{\mathrm{T}} + \boldsymbol{Q}_{k-1} \tag{6-83}$$

③ 卡尔曼增益矩阵更新：

$$\boldsymbol{K}_k = \boldsymbol{P}_{k-1} \nabla \boldsymbol{h}^{\mathrm{T}} (\nabla \boldsymbol{h} \, \nabla \boldsymbol{P}_k^- \, \nabla \boldsymbol{h}^{\mathrm{T}} + \boldsymbol{R}_k)^{-1} \tag{6-84}$$

④ 系统状态的后验估计：

$$\hat{\boldsymbol{x}}_k = \hat{\boldsymbol{x}}_k^- + \boldsymbol{K}_k [z_k - h(\hat{\boldsymbol{x}}_k^-)] \tag{6-85}$$

⑤ 系统状态后验估计的协方差矩阵：

$$\boldsymbol{P}_k = (l - \boldsymbol{K}_k \nabla \boldsymbol{h}) \boldsymbol{P}_k^- \tag{6-86}$$

在以上各式中，$\nabla \boldsymbol{f}$ 与 $\nabla \boldsymbol{h}$ 分别代表系统状态转移函数的雅可比矩阵和观测函数 $h(\boldsymbol{x}_{k-1})$ 线性化的雅可比矩阵，具体定义为

$$\nabla \boldsymbol{f} = \frac{\partial \boldsymbol{f}}{\partial \boldsymbol{x}} \Big|_{\hat{x}_k^-} = \begin{bmatrix} \dfrac{\partial f^{(1)}}{\partial \hat{\boldsymbol{x}}_{1,k}^-} & \cdots & \dfrac{\partial f^{(1)}}{\partial \hat{\boldsymbol{x}}_{n,k}^-} \\ \vdots & & \vdots \\ \dfrac{\partial f^{(n)}}{\partial \hat{\boldsymbol{x}}_{1,k}^-} & \cdots & \dfrac{\partial f^{(n)}}{\partial \hat{\boldsymbol{x}}_{n,k}^-} \end{bmatrix} \tag{6-87}$$

$$\nabla \boldsymbol{h} = \frac{\partial \boldsymbol{h}}{\partial \boldsymbol{x}} \Big|_{\hat{x}_k^-} = \begin{bmatrix} \dfrac{\partial h^{(1)}}{\partial \hat{\boldsymbol{x}}_{1,k}^-} & \cdots & \dfrac{\partial h^{(1)}}{\partial \hat{\boldsymbol{x}}_{n,k}^-} \\ \vdots & & \vdots \\ \dfrac{\partial h^{(m)}}{\partial \hat{\boldsymbol{x}}_{1,k}^-} & \cdots & \dfrac{\partial h^{(m)}}{\partial \hat{\boldsymbol{x}}_{n,k}^-} \end{bmatrix} \tag{6-88}$$

2）EKF – SLAM 算法的实现流程

基于 EKF 的移动机器人 SLAM 算法具体流程如下。

（1）系统参数初始化

设置移动机器人系统状态初始值 $\hat{\boldsymbol{x}}_0$、协方差矩阵 $\boldsymbol{P}_0$、观测噪声协方差矩阵

$\boldsymbol{R}_0$、系统过程噪声协方差矩阵 $\boldsymbol{Q}_0$ 及其他的相关参数。

（2）预测

根据式（6-79）所示的运动模型，按式（6-82）和式（6-83）分别预测系统状态 $\hat{\boldsymbol{x}}_k^-$ 及其协方差矩阵 $\hat{\boldsymbol{P}}_k^-$。

（3）观测测量

根据传感器观测模型，k 时刻移动机器人传感器观测 z_k 可表示为

$$z_k = \{ z_i \mid i \in \mathrm{M} \} \tag{6-89}$$

（4）观测预测

由于系统状态向量已包含了环境特征的增广，故第（2）步得到的系统状态预测 $\hat{\boldsymbol{x}}_k^-$ 已包含了环境特征的位置预测。

（5）数据关联

将 k 时刻获取的环境特征观测值与 $k-1$ 时刻的预测观测值进行数据关联。若两者一致，则按第（6）步进行系统状态更新，若两者不一致，则按第（7）步进行地图更新。

（6）系统状态更新

根据第（5）步得到的数据关联结果按式（6-85）～式（6-89）对卡尔曼增益矩阵 $\boldsymbol{K}_k$、系统状态 $\hat{\boldsymbol{x}}_k$ 和协方差矩阵 $\hat{\boldsymbol{P}}_k$ 进行更新，并返回第（2）步继续预测下一时刻。

（7）状态增广与地图更新

将第（5）步数据关联后新的特征点增广至机器人的状态向量以更新全局地图。

3）EKF-SLAM 算法的仿真实验

为验证 EKF-SLAM 算法，本节在 Matlab R2013a 平台上基于 T. Bailey 等人开发的 Matlab 仿真器进行了仿真实验，仿真实验的过程如下。

（1）实验环境设置

① 参数设置：在配置文件（configfile.m）中对参数进行设置，并采用式（6-79）所示的机器人运动模型、式（6-80）所示的环境特征模型与式（6-81）所示的观测模型。

② 环境地图绘制：调用地图绘制函数（frontend.m），设置了 200m×200m 的大尺度地图环境，并分别绘制了 12 个机器人的运动路径关键点（waypoint）与 100 个稠密的环境路标位置点（landmark），地图绘制完成后，保存为数据格式（zxlmap_12_100.mat），并在 EKF-SLAM 算法中首先加载该环境地图（load zxl-map_12_100.mat）。

③ 机器人运动情况描述：自坐标原点出发，以 3m/s 的速度逆时针沿设定路径点前进，最大偏转角度 30°，里程计速度噪声为 0.3m/s，角度噪声为 3°，传感器观测距离噪声为 0.1m，传感器观测角度噪声为 1°，采样时间间隔为 0.02s。

（2）实验结果与分析

EKF – SLAM 算法的仿真结果如图 6 – 28(a)所示，整个仿真的执行时间为 276.53s。同时，对仿真过程中移动机器人的方位角、X 轴和 Y 轴观测误差进行记录，结果如图 6 – 28(b)、(c)和(d)所示。从图中可以看出，EKF – SLAM 算法虽然具有较高的运算效率，但算法估计精度较差，这主要是因为其简单地对非线性系统模型进行局部线性化处理，引入了较大的截断误差。因此，还需要对 SLAM 算法作进一步研究。

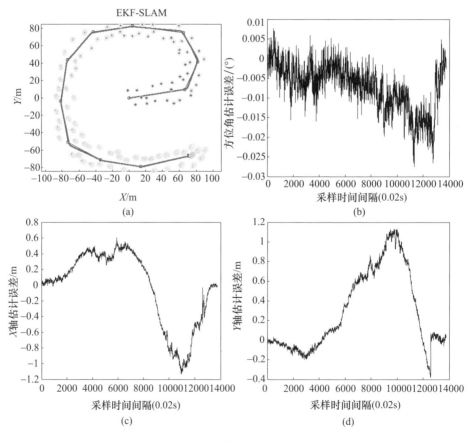

图 6 – 28　EKF – SLAM 算法的 Matlab 仿真实验结果

（a）基于 EKF – SLAM 算法的位置估计；（b）车辆方位角观测误差；（c）X 轴观测误差；（d）Y 轴观测误差。

6.6.6　基于扩展信息滤波器的 SLAM 算法

1）SLAM 概率模型的信息形式

与 EKF – SLAM 算法中通过维持协方差矩阵来描述 SLAM 的不确定性不同，EIF 是通过维持协方差矩阵的逆来描述，并称为信息矩阵。信息矩阵中的元素描述状态间的彼此相关性，在移动机器人运动区域附近的特征具有很强的相关性，而其他特征相关性很小。

由于在初始状态（地图 $\boldsymbol{m}_0$ 和位姿 $\boldsymbol{x}_0$）已知的情况下，SLAM 问题可理解为：给定一系列观测信息 $\boldsymbol{Z}^k = \{z_1, z_2, \cdots, z_k\}$ 和控制输入信息 $\boldsymbol{U}^k = \{\boldsymbol{u}_1, \boldsymbol{u}_2, \cdots, \boldsymbol{u}_k\}$，来计算机器人位姿 $\boldsymbol{x}_k$ 和环境地图 $\boldsymbol{m}_i$ 的联合后验概率分布 $p(\boldsymbol{x}_k, \boldsymbol{m}_i | \boldsymbol{Z}^k, \boldsymbol{U}^k)$，其中 $i = 1, 2, \cdots, N, N$ 代表环境路标个数。若将移动机器人位姿与环境路标位置合记为一个增广状态向量 $\boldsymbol{\zeta}_k = (\boldsymbol{x}_k \boldsymbol{m}_1 \cdots \boldsymbol{m}_N)^{\mathrm{T}}$，则 SLAM 问题的后验概率形式可表示为 $p(\boldsymbol{\zeta}_k | \boldsymbol{Z}^k, \boldsymbol{U}^k)$，用期望值 $\boldsymbol{\mu}_k$、协方差矩阵为 $\boldsymbol{\Sigma}_k$ 的多元高斯分布可描述为

$$p(\zeta_k | \boldsymbol{Z}^k, \boldsymbol{U}^k) \propto \exp\left\{ -\frac{1}{2} (\boldsymbol{\zeta}_k - \boldsymbol{\mu}_k)^{\mathrm{T}} \sum{}_k^{-1} (\boldsymbol{\zeta}_k - \boldsymbol{\mu}_k) \right\} \qquad (6-90)$$

与 EKF – SLAM 算法用期望值 $\boldsymbol{\mu}_k$ 与协方差矩阵 $\boldsymbol{\Sigma}_k$ 来描述后验概率不同，信息滤波是通过信息向量 $\boldsymbol{b}_k$ 和信息矩阵 $\boldsymbol{H}_k$ 来描述的。式（6 – 90）展开后有

$$p(\boldsymbol{\zeta}_k | \boldsymbol{Z}^k, \boldsymbol{U}^k) \propto \exp\left\{ -\frac{1}{2} (\boldsymbol{\zeta}_k^{\mathrm{T}} \boldsymbol{\Sigma}_k^{-1} \boldsymbol{\zeta}_k - 2\boldsymbol{\mu}_k^{\mathrm{T}} \boldsymbol{\Sigma}_k^{-1} \boldsymbol{\zeta}_k + \boldsymbol{\mu}_k^{\mathrm{T}} \boldsymbol{\Sigma}_k^{-1} \boldsymbol{\mu}_k) \right\} =$$

$$\exp\left\{ -\frac{1}{2} \boldsymbol{\zeta}_k^{\mathrm{T}} \boldsymbol{\Sigma}_k^{-1} \boldsymbol{\zeta}_k + \boldsymbol{\mu}_k^{\mathrm{T}} \boldsymbol{\Sigma}_k^{-1} \boldsymbol{\zeta}_k \right\} \cdot \exp\left\{ -\frac{1}{2} \boldsymbol{\mu}_k^{\mathrm{T}} \boldsymbol{\Sigma}_k^{-1} \boldsymbol{\mu}_k \right\} \qquad (6-91)$$

式中：指数项 $\exp\left\{ -\dfrac{1}{2} \boldsymbol{\mu}_k^{\mathrm{T}} \boldsymbol{\Sigma}_k^{-1} \boldsymbol{\mu}_k \right\}$ 不含变量 $\boldsymbol{\zeta}_k$，为一个常数项。因此，式（6 – 91）可写为

$$p(\boldsymbol{\zeta}_k | \boldsymbol{Z}^k, \boldsymbol{U}^k) \propto \exp\left\{ -\frac{1}{2} \boldsymbol{\zeta}_k^{\mathrm{T}} \boldsymbol{\Sigma}_k^{-1} \boldsymbol{\zeta}_k + \boldsymbol{\mu}_k^{\mathrm{T}} \boldsymbol{\Sigma}_k^{-1} \boldsymbol{\zeta}_k \right\} \qquad (6-92)$$

定义信息向量 $\boldsymbol{b}_k$ 和信息矩阵 $\boldsymbol{H}_k$ 如下：

$$\begin{cases} \boldsymbol{H}_k = \boldsymbol{\Sigma}_k^{-1} \\ \boldsymbol{b}_k = \boldsymbol{\mu}_k^{\mathrm{T}} \boldsymbol{H}_k = \boldsymbol{\mu}_k^{\mathrm{T}} \boldsymbol{\Sigma}_k^{-1} \end{cases} \qquad (6-93)$$

将式（6 – 93）代入式（6 – 92）后即可得到后验概率的信息滤波表示形式：

$$p(\boldsymbol{\zeta}_k | \boldsymbol{Z}^k, \boldsymbol{U}^k) \propto \exp\left\{ -\frac{1}{2} \boldsymbol{\zeta}_k^{\mathrm{T}} \boldsymbol{H}_k \boldsymbol{\zeta}_k + \boldsymbol{b}_k \boldsymbol{\zeta}_k \right\} \qquad (6-94)$$

同时,也可通过信息滤波的"恢复"步骤得到 EKF 的表示形式,变换关系为

$$\begin{cases} \boldsymbol{\Sigma}_k = \boldsymbol{H}_k^{-1} \\ \boldsymbol{\mu}_k = \boldsymbol{H}_k^{-1} \, \boldsymbol{b}_k^{\mathrm{T}} = \boldsymbol{\Sigma}_k \, \boldsymbol{b}_k^{\mathrm{T}} \end{cases} \tag{6-95}$$

进一步地,对信息矩阵进行分析:

$$\boldsymbol{H}_k = \begin{bmatrix} \boldsymbol{H}_{x_k,x_k} & \boldsymbol{H}_{x_k,m_1} & \cdots & \boldsymbol{H}_{x_k,m_N} \\ \boldsymbol{H}_{m_1,x_k} & \boldsymbol{H}_{m_1,m_1} & \cdots & \boldsymbol{H}_{m_1,m_N} \\ \vdots & \vdots & & \vdots \\ \boldsymbol{H}_{m_N,x_k} & \boldsymbol{H}_{m_N,m_1} & \cdots & \boldsymbol{H}_{m_N,m_N} \end{bmatrix} \tag{6-96}$$

可见,该信息矩阵为正定对称阵,其中 $\boldsymbol{H}_{x_k,m_1}$ 代表移动机器人位姿估计 x_k 与第 i 个环境特征位置估计 $\boldsymbol{m}_i$ 的相关性,$\boldsymbol{H}_{m_i,m_j}$ 代表环境特征位置估计 $\boldsymbol{m}_i$ 与 $\boldsymbol{m}_j$ 的相关性,SLAM 问题概率解决方法的本质就是对这些相关性的处理。

2)EIF – SLAM 算法的实现流程

(1)观测更新

图 6 – 29 反映了观测 z_k 对于信息矩阵 $\boldsymbol{H}_k$ 的影响。假设每次只对一个环境特征进行观测,如果遇到多个环境特征则依次进行处理。在图 6 – 29(a)中,假设移动机器人观测到了环境特征 $\boldsymbol{m}_1$,该观测引入了环境特征 $\boldsymbol{m}_1$ 和机器人位姿 x_k 的关联,且由观测噪声决定其关联的强度。针对此次观测的 EIF 信息矩阵更新包含了元素 $\boldsymbol{H}_{x_k,x_k}$、$\boldsymbol{H}_{x_k,m_1}$ 和 $\boldsymbol{H}_{m_1,x_k}$ 的更新,更新元素直接加入原来的信息矩阵中。环境特征 $\boldsymbol{m}$ 每经历一次观测,都会增强机器人位姿与该特征间的关联强度,且每次更新的信息都加入到总的滤波信息中。在图 6 – 29(b)中,移动机器人观测到了环境特征 $\boldsymbol{m}_2$,针对此次观测的 EIF 信息矩阵更新包括元素 $\boldsymbol{H}_{x_k,x_k}$、$\boldsymbol{H}_{m_2,m_2}$、$\boldsymbol{H}_{x_k,m_2}$ 和 $\boldsymbol{H}_{m_2,x_k}$。从图 6 – 29 中可以看出,每次观测仅引入了一个环境特征与移动机器人位姿 x_k 间的关联信息。

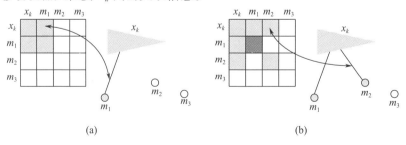

(a)   (b)

图 6 – 29　特征观测对信息矩阵与特征关联网络的影响

(a)观测 m_1 引入新关联;(b)观测 m_2 引入新关联。

根据贝叶斯公式,后验概率分布 $p(\boldsymbol{\zeta}_k \mid \boldsymbol{Z}^k, \boldsymbol{U}^k)$ 可进一步表示为

$$
\begin{aligned}
p(\boldsymbol{\zeta}_k \mid \boldsymbol{Z}^k, \boldsymbol{U}^k) &\propto p(z_k \mid \boldsymbol{\zeta}_k, \boldsymbol{Z}^{k-1}, \boldsymbol{U}^k) p(\boldsymbol{\zeta}_k \mid \boldsymbol{Z}^{k-1}, \boldsymbol{U}^k) = \\
&\quad p(z_k \mid \boldsymbol{\zeta}_k) p(\boldsymbol{\zeta}_k \mid \boldsymbol{Z}^{k-1}, \boldsymbol{U}^k)
\end{aligned} \tag{6-97}
$$

定义非线性观测函数为

$$
z_k = h(\boldsymbol{\zeta}_k) + \varepsilon_k \tag{6-98}
$$

式中:ε_k 为一个零均值且协方差为 $\boldsymbol{R}_k$ 的噪声向量。

采用参考文献[35]中的方法将式(6-97)转换为

$$
p(\boldsymbol{\zeta}_k \mid \boldsymbol{Z}^k, \boldsymbol{U}^k) \propto p(z_k \mid \boldsymbol{\zeta}_k) p(\boldsymbol{\zeta}_k \mid \boldsymbol{Z}^{k-1}, \boldsymbol{U}^k) =
$$

$$
\exp\left\{ -\frac{1}{2} \boldsymbol{\zeta}_k^{\mathrm{T}} \underbrace{(\bar{\boldsymbol{H}}_k + \boldsymbol{C}_k \boldsymbol{R}_k^{-1} \boldsymbol{C}_k^{\mathrm{T}})}_{\boldsymbol{H}_k} \boldsymbol{\zeta}_k + \underbrace{(\bar{\boldsymbol{b}}_k + (\bar{z}_k - \hat{z}_k + \boldsymbol{C}_k^{\mathrm{T}} \boldsymbol{\mu}_k)^{\mathrm{T}}) \boldsymbol{R}_k^{-1} \boldsymbol{C}_k^{\mathrm{T}}}_{\boldsymbol{b}_k} \boldsymbol{\zeta}_k \right\}
$$

$$
\tag{6-99}
$$

式中:$\boldsymbol{C}_k$ 为观测函数 h 在 $\boldsymbol{\mu}_k$ 处的一阶偏导(雅可比阵),$\boldsymbol{C}_k = \nabla_{\zeta} h(\boldsymbol{\mu}_k) = \frac{\partial h}{\partial \boldsymbol{\zeta}}\big|_{\zeta = \mu_k}$; $\hat{z}_k$ 为对观测量的预测,$\hat{z}_k = h(\boldsymbol{\mu}_k)$。

与式(6-92)对比即可得到观测更新公式:

$$
\begin{cases}
\boldsymbol{H}_k = \bar{\boldsymbol{H}}_k + \boldsymbol{C}_k \boldsymbol{R}_k^{-1} \boldsymbol{C}_k^{\mathrm{T}} \\
\boldsymbol{b}_k = \bar{\boldsymbol{b}}_k + [(z_k - \hat{z}_k + \boldsymbol{C}_k^{\mathrm{T}} \boldsymbol{\mu}_k)^{\mathrm{T}}]^{-1} \boldsymbol{C}_k^{\mathrm{T}}
\end{cases} \tag{6-100}
$$

(2)运动更新

图 6-30 描述了移动机器人运动过程对信息矩阵 $\boldsymbol{H}_k$ 和特征关联网络产生的影响。其中,图 6-30(a)所示为移动机器人运动前的信息矩阵与特征关联。理想情况下,移动机器人在运动过程中不受噪声干扰,机器人与两个环境特征间的关联关系也不会减弱。然而实际情况下噪声不可避免,故关联 $\boldsymbol{H}_{x_k,m_1}$ 和 $\boldsymbol{H}_{x_k,m_2}$ 都会稍微减小,即噪声会使机器人在运动过程中与环境特征的相对位置信息有所损失。但同时也会产生新的特征关联信息 $\boldsymbol{H}_{m_1,m_2}$,如图 6-30(b)所示。

先定义非线性运动模型:

$$
\boldsymbol{\zeta}_k = \boldsymbol{\zeta}_{k-1} + f(\boldsymbol{\zeta}_{k-1}, \boldsymbol{u}_k) + \boldsymbol{S}_k \boldsymbol{\delta}_k \tag{6-101}
$$

式中:$f(\cdot)$ 为运动模型函数;$\boldsymbol{S}_k$ 为映射矩阵;$\boldsymbol{S}_k = (\boldsymbol{I} \quad \boldsymbol{0} \quad \cdots \quad \boldsymbol{0})^{\mathrm{T}}$,且 $\boldsymbol{I}$ 为单位阵,$\boldsymbol{0}$ 为零矩阵;$\boldsymbol{\delta}_x$ 为一个零均值且协方差为 $\boldsymbol{Q}$ 的高斯噪声向量。

在 EIF 中,利用 $\boldsymbol{\mu}_{k-1}$ 处的一阶泰勒展开式来近似计算 $f(\boldsymbol{\zeta}_{k-1}, \boldsymbol{u}_k)$ 如下:

$$
f(\boldsymbol{\zeta}_{k-1}, \boldsymbol{u}_k) \approx f(\boldsymbol{\mu}_{k-1}, \boldsymbol{u}_k) + \nabla_{\zeta} f(\boldsymbol{\mu}_{k-1}, \boldsymbol{u}_k)[\boldsymbol{\zeta}_{k-1} - \boldsymbol{\mu}_{k-1}] =
$$

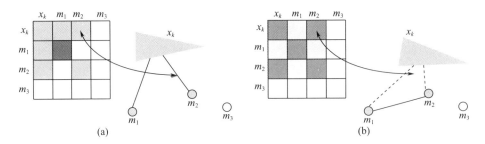

图 6 – 30　移动机器人运动前后对信息矩阵与特征关联网络的变化

（a）移动机器人运动前；（b）移动机器人运动后。

$$\widehat{\Delta}_k + A_k \, \boldsymbol{\zeta}_{k-1} - A_k \, \boldsymbol{\mu}_{k-1} \qquad (6-102)$$

式中：$\widehat{\Delta}_k = f(\boldsymbol{\mu}_{k-1}, \boldsymbol{u}_k)$；$A_k = \nabla_\zeta f(\boldsymbol{\mu}_{k-1}, \boldsymbol{u}_k)$ 为函数 $f(\,\cdot\,)$ 在 $\boldsymbol{\mu}_{k-1}$ 处的一阶偏导（雅可比阵）。

此时，运动模型可近似描述为

$$\boldsymbol{\zeta}_k = (\boldsymbol{I} + A_k)\boldsymbol{\zeta}_{k-1} + \widehat{\Delta}_k - A_k \boldsymbol{\mu}_{k-1} + \boldsymbol{S}_x \, \boldsymbol{\delta}_k \qquad (6-103)$$

在这一运动模型下的 EKF 预测公式为

$$\begin{cases} \bar{\boldsymbol{\mu}}_k = \boldsymbol{\mu}_{k-1} + \widehat{\Delta}_k \\[2mm] \bar{\boldsymbol{\Sigma}}_k = (\boldsymbol{I} + A_k)\boldsymbol{\Sigma}_{k-1}(\boldsymbol{I} + A_k)^{\mathrm{T}} + \boldsymbol{S}_x \boldsymbol{Q}_k \boldsymbol{S}_x^{\mathrm{T}} \end{cases} \qquad (6-104)$$

根据式（6 – 104）即可将它们转换为信息形式：

$$\begin{cases} \bar{\boldsymbol{H}}_k = \bar{\boldsymbol{\Sigma}}_k^{-1} \big[(\boldsymbol{I} + A_k)\boldsymbol{H}_{k-1}^{-1}(\boldsymbol{I} + A_k)^{\mathrm{T}} + \boldsymbol{S}_x \boldsymbol{Q}_k \boldsymbol{S}_x^{\mathrm{T}} \big]^{-1} \\[2mm] \bar{\boldsymbol{b}}_k = \bar{\boldsymbol{\mu}}_k^{\mathrm{T}} \bar{\boldsymbol{H}}_k = (\boldsymbol{b}_{k-1}\boldsymbol{H}_{k-1}^{-1} + \widehat{\Delta}_k^{\mathrm{T}}) \bar{\boldsymbol{H}}_k \end{cases} \qquad (6-105)$$

图 6 – 31 所示为 EIF – SLAM 算法的结构。

3）EIF – SLAM 算法的对比实验

（1）实验环境设置

① 参数设置：在配置文件（configfile.m）中对参数进行设置。

② 环境地图绘制：采用带有 12 个运动路径点和 100 个环境路标特征的 200m × 200m 的大尺度地图环境。

③ 机器人运动情况描述：自坐标原点出发，以 3m/s 的速度逆时针沿设定路径点前进，最大偏转角度 30°，里程计速度噪声为 0.3m/s，角度噪声为 3°，传感

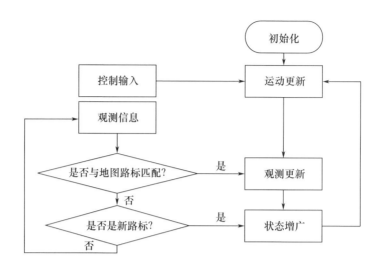

图 6 – 31　EIF – SLAM 算法的结构

器观测距离噪声为 0.1m，传感器观测角度噪声为 1°，采样时间间隔为 0.02s。

（2）实验结果与对比分析

图 6 – 32 所示为 EIF – SLAM 算法的仿真结果与观测误差记录，整个仿真的执行时间为 244.65s，相比 EKF – SLAM 算法具有更高的运算效率。

6.6.7　基于 RBPF 的 SLAM 算法

1）基于 RBPF 的 SLAM 的一般描述

SLAM 问题在概率论观点下可理解为：在系统初始状态（地图 $\boldsymbol{m}_0$ 与位姿 $\boldsymbol{x}_0$）给定的情况下，从开始到时刻 t 的传感器观测信息 $\boldsymbol{z}_{1:t} = (\boldsymbol{z}_1, \cdots, \boldsymbol{z}_t)$ 与移动机器人里程计的运动信息 $\boldsymbol{u}_{1:t} = (\boldsymbol{u}_1, \cdots, \boldsymbol{u}_t)$，来估计机器人的轨迹 $\boldsymbol{x}_{1:t} = (\boldsymbol{x}_1, \cdots, \boldsymbol{x}_t)$ 与地图 $\boldsymbol{m}_t$ 的后验概率。根据贝叶斯滤波递归原理，可得到求解 SLAM 的递归公式：

$$\text{Bel}(\boldsymbol{x}_t, \boldsymbol{m}_t) = p(\boldsymbol{x}_t, \boldsymbol{m}_t \mid \boldsymbol{z}_{1:t}, \boldsymbol{u}_{1:t}) = \eta p(\boldsymbol{z}_t \mid \boldsymbol{x}_t, \boldsymbol{m}_t) \cdot$$

$$\iint p(\boldsymbol{x}_t, \boldsymbol{m}_t \mid \boldsymbol{x}_{t-1}, \boldsymbol{m}_{t-1}, \boldsymbol{u}_t) \cdot \text{Bel}(\boldsymbol{x}_{t-1}, \boldsymbol{m}_{t-1}) \mathrm{d}\boldsymbol{x}_{t-1} \mathrm{d}\boldsymbol{m}_{t-1} \tag{6 – 106}$$

其中，η 为归一化常量，可表示为

$$\eta = 1 / \iint p(\boldsymbol{z}_t \mid \boldsymbol{z}_{1:t-1}, \boldsymbol{x}_t, \boldsymbol{m}_t) p(\boldsymbol{x}_t, \boldsymbol{m}_t \mid \boldsymbol{z}_{1:t-1}) \mathrm{d}\boldsymbol{x}_{t-1} \mathrm{d}\boldsymbol{m}_{t-1} \tag{6 – 107}$$

由此可知，可以用 $t - 1$ 时刻的后验概率、t 时刻观测模型和运动模型的迭代形式来表示 t 时刻的后验概率。

在同步定位与地图构建中有两个系统模型：运动模型 $p(\boldsymbol{x}_t \mid \boldsymbol{x}_{t-1}, \boldsymbol{u}_t)$ 与观测

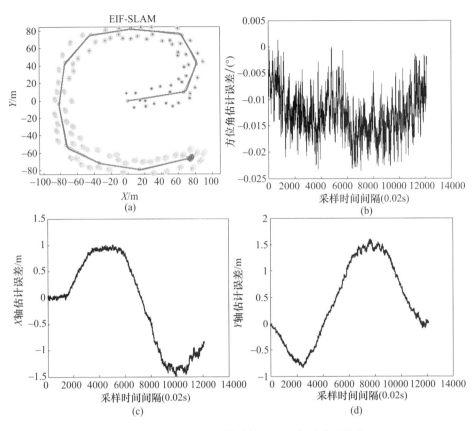

图 6 - 32　EIF - SLAM 算法的 Matlab 仿真实验结果

(a) 基于 EIF - SLAM 算法的位置估计；(b) 车辆方位角观测误差；(c) X 轴观测误差；(d) Y 轴观测误差。

模型 $p(z_t | x_t, m)$，前者表示在上一时刻移动机器人轨迹 x_{t-1} 和控制命令 u_t 给定的条件下，机器人新位姿 x_t 的概率密度；后者表示在移动机器人地图 m 与 x_t 给定的条件下，传感器获取环境的不确定性。RBPF 核心在于计算机器人路径 $x_{1:t}$ 和地图 m 的后验概率 $p(x_{1:t}, m | z_{1:t}, u_{1:t})$。RBPF - SLAM 通过对贝叶斯滤波器状态空间进行分解，分解如下：

$$p(x_{1:t}, m | z_{1:t}, u_{1:t}) = p(m | x_{1:t}, z_{1:t}) gp(x_{1:t} | z_{1:t}, u_{1:t}) \qquad (6-108)$$

这一分解把 SLAM 问题分解成了两个独立的后验概率乘积，使得我们可以先对机器人的轨迹进行估计，然后再结合观察模型对地图进行更新。

在 $x_{1:t}$ 与 $z_{1:t}$ 已知的情况下求解 $p(m | x_{1:t}, z_{1:t})$ 已有很好的解决办法。为估算所有潜在路径的后验概率 $p(x_{1:t} | z_{1:t}, u_{1:t})$，需要一个粒子滤波器，其中每个粒子代表机器人的一条潜在轨迹。相应粒子代表的轨迹与系统的实时观察共同构

成最后的地图。

SIR 滤波器对使用传感器观测信息与里程计读数来构建增量式地图非常有效,它用来更新一系列代表地图和机器人轨迹的采样。其步骤可以分为以下四步。

① 采样:依据提议分布 q,下一代粒子集合 $\{\boldsymbol{x}_t^{(i)}\}$ 由上一代粒子集合 $\{\boldsymbol{x}_{t-1}^{(i)}\}$ 产生。通常,采样的提议分布使用的是移动机器人的运动模型。

② 粒子权重:为了弥补采样时提议分布与目标分布的差距,需要计算每一个独立粒子的权重 $w_t^{(i)}$,由重要性采样公式得

$$w_t^{(i)} = \frac{p(\boldsymbol{x}_{1:t}^{(i)} \mid \boldsymbol{z}_{1:t}, \boldsymbol{u}_{1:t})}{\pi(\boldsymbol{x}_{1:t}^{(i)} \mid \boldsymbol{z}_{1:t}, \boldsymbol{u}_{1:t})} \qquad (6-109)$$

③ 重采样:因为粒子是按照其权重比例来选取的,而且这里仅使用了有限数量的粒子来近似连续分布,并且粒子滤波器的采样提议分布 q 与目标分布有一定的差距,所以重采样操作非常有必要。经过重采样,这些粒子就具有相同的权重。

④ 地图更新:对每一粒子来说,可以用其轨迹 $\boldsymbol{x}_{1:t}^{(i)}$ 和观测信息 $\boldsymbol{z}_{1:t}$ 来计算相应的 $p(\boldsymbol{m}^{(i)} \mid \boldsymbol{x}_{1:t}^{(i)}, z_{1:t})$,从而对地图进行更新。

当发现一条新的路径时,需要对机器人轨迹的权重进行重新估算。随着轨迹的延长,此算法效率也有所降低。Doucet 等人通过限制提议分布 q 满足以下假设,而获得一个递归公式来计算重要性权重:

$$p(\boldsymbol{x}_{1:t} \mid \boldsymbol{z}_{1:t}, \boldsymbol{u}_{1:t}) = p(\boldsymbol{x}_t \mid \boldsymbol{x}_{1:t-1}, \boldsymbol{z}_{1:t}, \boldsymbol{u}_{1:t}) g p(\boldsymbol{x}_{1:t-1} \mid \boldsymbol{z}_{1:t-1}, \boldsymbol{u}_{1:t-1})$$
$$(6-110)$$

从式(6-109)进一步求粒子权重计算递归公式:

$$w_t^{(i)} = \frac{p(\boldsymbol{x}_{1:t}^{(i)} \mid \boldsymbol{z}_{1:t}, \boldsymbol{u}_{1:t})}{\pi(\boldsymbol{x}_{1:t}^{(i)} \mid \boldsymbol{z}_{1:t}, \boldsymbol{u}_{1:t})} \propto$$
$$w_{t-1}^{(i)} g \frac{p(\boldsymbol{z}_t \mid \boldsymbol{m}_{t-1}^{(i)}, \boldsymbol{x}_t^{(i)}) p(\boldsymbol{x}_t^{(i)} \mid \boldsymbol{x}_{t-1}^{(i)}, \boldsymbol{u}_t)}{q(\boldsymbol{x}_t \mid \boldsymbol{x}_{1:t-1}^{(i)}, \boldsymbol{z}_{1:t}, \boldsymbol{u}_{1:t})} \qquad (6-111)$$

其中,$\eta = 1/p(z_t \mid \boldsymbol{z}_{1:t}, \boldsymbol{u}_{1:t-1})$ 为贝叶斯定律中的归一化因子,对所有粒子都是相等的。

2)基于改进 RBPF 的 SLAM 算法

(1)RBPF 的提议分布改进

由于需要从提议分布 q 中进行采样以获得下一代粒子集,而传统粒子滤波器仅采用里程计运动模型 $p(\boldsymbol{x}_t \mid \boldsymbol{x}_{t-1}, \boldsymbol{u}_t)$ 来作为提议分布,观测模型用来计算粒

子权重。这样使得计算比较简洁(根据式(6 – 109)):

$$w_t^{(i)} = w_{t-1}^{(i)} \text{g} \frac{p(\boldsymbol{z}_t \mid \boldsymbol{m}_{t-1}^{(i)}, \boldsymbol{x}_t^{(i)}) p(\boldsymbol{x}_t^{(i)} \mid \boldsymbol{x}_{t-1}^{(i)}, \boldsymbol{u}_t)}{q(\boldsymbol{x}_t \mid \boldsymbol{x}_{t-1}^{(i)}, \boldsymbol{u}_t)} = w_{t-1}^{(i)} \text{g} p(\boldsymbol{z}_t \mid \boldsymbol{m}_{t-1}^{(i)}, \boldsymbol{x}_t^{(i)})$$

$$(6 – 112)$$

但当传感器信息的误差远小于里程计时,如图 6 – 33 所示,观测模型的似然函数可行区域 $L^{(i)}$ 远小于运动模型似然函数的区域,因为只有较高观测后验似然值的粒子才有比较高的权重,所以仅使用里程计信息作为提议分布会导致各个粒子之间的权重出现明显的差别,采样后的概率只由这一小部分相异性较小的粒子来表示,很有可能失去重要粒子。

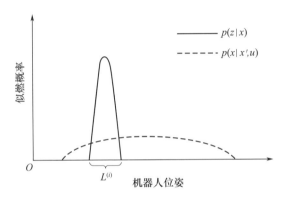

图 6 – 33   两种模型的似然函数

这里把观测信息(URG 激光扫描获得)z_t 加入到提议分布,并使采样尽可能地分布在观测信息似然函数的可行区域,采样提议分布如下:

$$p(\boldsymbol{x}_t \mid \boldsymbol{m}_{t-1}^{(i)}, \boldsymbol{x}_{t-1}^{(i)}, \boldsymbol{z}_t, \boldsymbol{u}_t) = \frac{p(\boldsymbol{z}_t \mid \boldsymbol{m}_{t-1}^{(i)}, \boldsymbol{x}_t) p(\boldsymbol{x}_t \mid \boldsymbol{x}_{t-1}^{(i)}, \boldsymbol{u}_t)}{p(\boldsymbol{z}_t \mid \boldsymbol{m}_{t-1}^{(i)}, \boldsymbol{x}_{t-1}^{(i)}, \boldsymbol{u}_t)} \quad (6 – 113)$$

这样就使得粒子权重的方差为最小,有

$$\begin{aligned} w_t^{(i)} &= w_{t-1}^{(i)} \text{g} \frac{\eta p(\boldsymbol{z}_t \mid \boldsymbol{m}_{t-1}^{(i)}, \boldsymbol{x}_t^{(i)}) p(\boldsymbol{x}_t^{(i)} \mid \boldsymbol{x}_{t-1}^{(i)}, \boldsymbol{u}_t)}{p(\boldsymbol{x}_t \mid \boldsymbol{m}_{t-1}^{(i)}, \boldsymbol{x}_{t-1}^{(i)}, \boldsymbol{z}_t, \boldsymbol{u}_t)} \\ &= w_{t-1}^{(i)} \text{g} p(\boldsymbol{z}_t \mid \boldsymbol{m}_{t-1}^{(i)}, \boldsymbol{x}_{t-1}^{(i)}, \boldsymbol{u}_t) \\ &= w_{t-1}^{(i)} \text{g} \int p(\boldsymbol{z}_t \mid \boldsymbol{x}') p(\boldsymbol{x}' \mid \boldsymbol{x}_{t-1}^{(i)}, \boldsymbol{u}_t) \, \mathrm{d}x' \end{aligned} \quad (6 – 114)$$

由于采用了精确的激光测距仪,加入了观测模型,使得改进后的提议分布很容易取得似然函数的峰值。因为无法通过式(6 – 114)直接进行采样,所以在似然函数峰值区域进行采样,即

$$L^{(i)} = \{ \boldsymbol{x} \,|\, p(\boldsymbol{z}_t \,|\, \boldsymbol{m}_{t-1}^{(i)}, \boldsymbol{x}) > \varepsilon \} \qquad (6-115)$$

而此时的 $p(\boldsymbol{x}_t^{(i)} \,|\, \boldsymbol{x}_{t-1}^{(i)}, \boldsymbol{u}_t)$ 近似于常数 k。因此采样函数变为式（6-114），为了更高效地获得下一代采样粒子，这里把似然函数峰值附近的分布近似为高斯分布。

$$p(\boldsymbol{x}_t \,|\, \boldsymbol{m}_{t-1}^{(i)}, \boldsymbol{x}_{t-1}^{(i)}, \boldsymbol{z}_t, \boldsymbol{u}_t) \propto \frac{p(\boldsymbol{z}_t \,|\, \boldsymbol{m}_{t-1}^{(i)}, \boldsymbol{x}_t) p(\boldsymbol{x}_t \,|\, \boldsymbol{x}_{t-1}^{(i)}, \boldsymbol{u}_t)}{\int\limits_{\boldsymbol{x}' \in L^{(i)}} p(\boldsymbol{z}_t \,|\, \boldsymbol{m}_{t-1}^{(i)}, \boldsymbol{x}') \, \mathrm{d}\boldsymbol{x}'} \propto N\!\left(u_t^{(i)}, \sum\nolimits_t^{(i)} \right)$$

$$(6-116)$$

对于每一个粒子，其高斯分布参数 $u_t^{(i)}$ 和 $\sum\nolimits_t^{(i)}$ 由在 $L^{(i)}$ 中进行的 K 次采样和里程计信息共同求得

$$\boldsymbol{u}_t^{(i)} = \frac{1}{\eta^{(i)}} \sum_{j=1}^{K} x_j p(\boldsymbol{z}_t \,|\, \boldsymbol{m}_{t-1}^{(i)}, \boldsymbol{x}_j) \qquad (6-117)$$

$$\sum\nolimits_t^{(i)} = \frac{1}{\eta^{(i)}} \sum_{j=1}^{K} p(\boldsymbol{z}_t \,|\, \boldsymbol{m}_{t-1}^{(i)}, \boldsymbol{x}_j)(x_j - u_t^{(i)})(x_j - u_t^{(i)})^{\mathrm{T}} \qquad (6-118)$$

这里，$\eta^{(i)} = \sum\limits_{j=1}^{K} p(\boldsymbol{z}_t \,|\, \boldsymbol{m}_{t-1}^{(i)}, \boldsymbol{x}_j)$ 为归一化因子。$\{x_j\}$ 取自里程计的最近一次读数，且其密度取决于栅格地图的分辨率。这样就可以对式（6-114）进一步简化：

$$
\begin{aligned}
w_t^{(i)} &= w_{t-1}^{(i)} \mathrm{g} \int p(\boldsymbol{z}_t \,|\, \boldsymbol{m}_{t-1}^{(i)}, \boldsymbol{x}') p(\boldsymbol{x}' \,|\, \boldsymbol{x}_{t-1}^{(i)}, \boldsymbol{u}_t) \, \mathrm{d}\boldsymbol{x}' \\
&= w_{t-1}^{(i)} k \int\limits_{\boldsymbol{x}' \in L^{(i)}} p(\boldsymbol{z}_t \,|\, \boldsymbol{m}_{t-1}^{(i)}, \boldsymbol{x}') \, \mathrm{d}\boldsymbol{x}' \\
&\approx w_{t-1}^{(i)} k \sum_{j=1}^{K} p(\boldsymbol{z}_t \,|\, \boldsymbol{m}_{t-1}^{(i)}, \boldsymbol{x}') \\
&= w_{t-1}^{(i)} k \eta^{(i)}
\end{aligned}
\qquad (6-119)
$$

（2）改进 RBPF 的 SLAM 算法流程

当每一个数组 (u_{t-1}, z_t) 有更新的时候，就会为每个粒子重新计算其提议分布并对粒子进行更新。具体步骤如下：

① 根据位姿 $\boldsymbol{x}_{t-1}^{(i)}$ 和里程计控制信息 $\boldsymbol{u}_{t-1}$ 对机器人的初始位姿 $\boldsymbol{x'}_{t-1}^{(i)}$ 进行估计。

② 根据地图 $\boldsymbol{m}_{t-1}^{(i)}$（从 $\boldsymbol{x'}_{t-1}^{(i)}$ 开始的局部地图），执行扫描匹配算法。

③ 根据式（6-117）和式（6-118）求取提议分布 $q = N\!\left(u_t^{(i)}, \sum\nolimits_t^{(i)} \right)$。

④ 在提议分布 q 中进行粒子采样。

⑤ 根据式(6-119)计算并更新粒子权重。

⑥ 进行重采样操作。

⑦ 根据机器人位姿 $x_t^{(i)}$ 和观测信息 z_t 计算 $m^{(i)}$,并更新地图。

(3) ROS 平台上的 SLAM 实验结果及分析

① ROS 介绍。ROS 是用于机器人的具有类似操作系统的一个次级操作系统,是一种以分布式处理为框架的点对点通信设计模式,可以单独地把每一个算法模块设计成一个可执行文件,在运行时可以通过发送和订阅节点进行松散耦合,同时可以把节点、消息等内容封装成包,再把多个包封装成堆;ROS 支持多种编程语言,并提供丰富的上层仿真和可视化工具用于开发、获得、调试和运行机器人的相关应用。

分布式 ROS 主要由文件系统级和计算机图级组成。ROS 中有无数的节点、配置文件、依赖库等,ROS 的文件系统级用于其程序文件的组织和构建,计算机图级用于数据处理和描述程序的运行过程。其总体结构图如图 6-34 所示。

图 6-34 机器人操作系统总体结构图

② SLAM 实验结果及分析。首先,本实验环境地图近似为 35m×20m。分别使用传统 RBPF 算法和改进后的算法进行地图构建,机器人路径为:a—b—c—d—c—e—f—a。图 6-35 为传统 RBPF 算法使用 30 个粒子所构建的环境地图,由于仅使用里程计作为提议分布,随着时间增加里程计误差越来越大,从而导致了算法的误差较大,构建的地图出现不一致现象;图 6-36 为采用改进算法仅使用 10 个采样粒子就构建出的高精度地图。

图 6-37 为改进算法在环境地图为 120m×100m 的情况。移动机器人速度为 0.4m/s 时仅使用 10 个采样粒子实时在线地完成了高精度地图的构建。实验结果表明,本改进算法能够高效地构建精确的栅格地图。

以上实验在地图构建中选取栅格大小均为 5cm×5cm。表 6-2 比较了传统算法与改进算法创建相同程度一致性地图所需要的粒子数和时间,由表 6-2 可以看出,改进算法需要的粒子数目远小于传统 RBPF 算法,在地图构建过程中的使用时间也有较大程度的缩短。

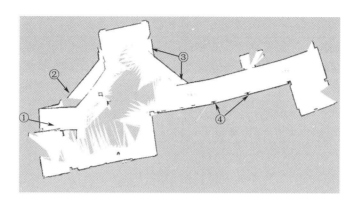

图 6-35　传统 RBPF 算法构建的地图

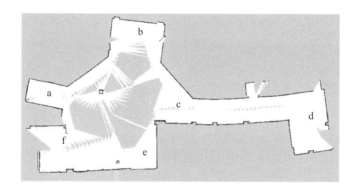

图 6-36　改进 RBPF 算法构建的地图

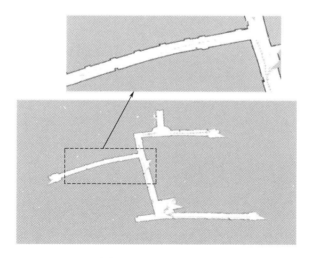

图 6-37　重庆邮电大学第二教学楼 2 楼部分地图

表 6-2　创建一致性地图参数表

实验	采样粒子数量	平均时间消耗
图 6-36 的实验	30	620s
图 6-37 的实验	10	210s

因为改进算法在提议分布中加入了有高似然函数峰值的观测模型,使得提议分布更接近目标分布,这样就极大程度地降低了采样粒子的数目。又由于每次采样需要对每个粒子的权重进行重新计算,而且算法的处理时间随着粒子减少而减少,所以改进后的算法不仅提高了算法效率还缩短了处理时间。加之 ROS 采用的分布式进程框架,分散了系统的实时计算压力。

第7章 信息无障碍数字化交互技术

信息无障碍数字化交互技术用于帮助视觉障碍者、听觉障碍者、低视力、色弱、老年人等特殊人群无障碍地接收信息。其中,服务器端语音推送技术、智能语音交互技术、手语表达理解与转换技术、公共场所听力补偿等技术从视力补偿和听力补偿方面为视觉障碍者和听觉障碍者服务。

7.1 无障碍人机交互技术

7.1.1 人机交互技术的内涵及发展

人机交互是一门研究系统与用户之间的交互关系的学问。系统可以是各种各样的机器,也可以是计算机化的系统和软件。人机交互界面通常是指用户可见的部分。用户通过人机交互界面与系统交流,并进行操作。

1) 人机交互概述

人机交互(human-computer interaction,HCI),是一门研究系统与用户之间交互关系的学问。系统可以是各种各样的机器,也可以是计算机化的系统和软件。狭义地讲,人机交互技术主要是研究人与计算机之间的信息交换,它主要包括人到计算机和计算机到人的信息交换两部分。人机交互界面通常是指用户可见的部分。用户通过人机交互界面与系统交流,并进行操作。小如收音机的播放按键,大至飞机上的仪表板或发电厂的控制室。

人机交互与人机工程学、计算机科学、多媒体技术和虚拟现实技术、认知科学、心理学和社会学及人类学等诸多学科领域有密切的联系,其中,认知心理学与人机工程学是人机交互技术的理论基础,而多媒体技术和虚拟现实技术与人机交互技术相互交叉和渗透。作为信息技术的一个重要组成部分,人机交互将继续对信息技术的发展产生巨大的影响。

2) 人机交互的研究内容

人机交互的研究内容十分广泛,涵盖了建模、设计、评估等理论和方法以及在移动计算、虚拟现实等方面的应用研究与开发,在此列出几个主要的方向:

（1）人机交互界面表示模型与设计方法（Model and Methodology）

一个交互界面的好坏，直接影响到软件开发的成败。友好人机交互界面的开发离不开好的交互模型与设计方法。因此，研究人机交互界面的表示模型与设计方法，是人机交互的重要研究内容之一。

（2）可用性分析与评估（Usability and Evaluation）

可用性是人机交互系统的重要内容，它关系到人机交互能否达到用户期待的目标，以及实现这一目标的效率与便捷性。人机交互系统的可用性分析与评估的研究主要涉及支持可用性的设计原则和可用性的评估方法等。

（3）多通道交互技术（Multi – Model）

在多通道交互中，用户可以使用语音、手势、眼神、表情等自然的交互方式与计算机系统进行通信。多通道交互主要研究多通道交互界面的表示模型、多通道交互界面的评估方法及多通道信息的融合等。其中，多通道整合是多通道用户界面研究的重点和难点。

（4）认知与智能用户界面（Recognition and Intelligent User Interface）

智能用户界面（Intelligent User Interface，IUI）的最终目标是使人机交互和人人交互一样自然、方便。上下文感知、眼动跟踪、手势识别、三维输入、语音识别、表情识别、手写识别、自然语言理解等都是认知与智能用户界面需要解决的重要问题。

（5）虚拟环境（Virtual Environment）中的人机交互

"以人为本"的、自然和谐的人机交互理论和方法是虚拟现实的主要研究内容之一。通过研究视觉、听觉、触觉等多通道信息融合的理论和方法、协同交互技术及三维交互技术等，建立具有高度真实感的虚拟环境，使人产生"身临其境"的感觉。

（6）移动界面设计（Mobile and Ubicomp）

移动计算、普适计算等对人机交互技术提出了更高的要求，面向移动应用的界面设计问题已成为人机交互技术研究的一个重要应用领域。针对移动设备的便携性、位置不固定性和计算能力有限性及无线网络的低带宽、高延迟等诸多的限制，研究移动界面的设计方法、移动界面可用性与评估原则、移动界面导航技术及移动界面的实现技术和开发工具，是当前的人机交互技术的研究热点之一。

3）人机交互的发展

概括地讲，人机交互的发展经历了以下几个阶段：

① 早期的手工作业阶段；

② 作业控制语言及交互命令语言阶段；

③ 图形用户界面（GUI）阶段；

④ 网络用户界面的出现;

⑤ 多通道、多媒体的智能人机交互阶段;

⑥ 虚拟交互界面。

自 1946 年世界上第一台数字计算机诞生以来,计算机为人的能力的扩展提供了巨大的帮助。作为计算机系统的一个重要组成部分,人机交互一直伴随着计算机的发展而发展。人机交互的发展过程,也是人适应计算机到计算机不断地适应人的发展过程。

人机交互的研究重点放在了智能化交互,多模态(多通道)、多媒体交互,虚拟交互及人机协同交互等方面,也就是放在以人为中心的人机交互技术方面。

Xeror Palo 研究中心于 20 世纪 70 年代中后期研制出原型机 Star,形成了以窗口、图符、菜单和指示装置为基础的图形用户界面,也称 WIMP 界面。苹果公司最先采用了这种图形界面,斯坦福研究所 60 年代的发展计划也对 WIMP 界面的发展产生了重要的影响。该计划强调增强人的智能,把人而不是技术放在了人机交互的中心位置。该计划的结果导致了许多硬件的发明,众所周知的鼠标就是其中之一。鼠标的出现,使人们更流畅地进行人机交互。与键盘中的方向键相比,它显然更加符合人的自然习惯。这是人机交互的第一次革命。键盘与鼠标的人机交互组合,从 PC 时代一直延续到互联网时代,并无太大改变,直到智能手机和多点触摸的出现。迅速普及的多点触摸技术,是人机交互史上的第二次革命,而引领它的又是苹果公司与它的革命性手机 iPhone。多点触摸打开了另外一扇窗户,它让所有人意识到其实键盘可以成为触摸的一部分,而很多命令其实能通过多个手指在触摸屏上划动方式的不同来完成,比如放大和缩小图片。Kinect 的问世则可以称得上人机交互的引领新潮流的第三次革命。它整合了具有革命性的技术——3D 图片识别与视频捕捉,加上硬件体验的不断优化,再加上对应其特性的专属游戏开发,在游戏这一特定的应用场景对技术的强化,最终塑造了 Kinect 这一人机互动的革命性产品,如图 7-1 所示。

图 7-1　虚拟现实

7.1.2 语音人机交互及其应用

语言是人际交流的最习惯、最自然的方式。语音是人们最熟悉、最习惯的传递信息的方式,再加上语音的高效性、自然性、灵活性、灵敏性和动作与语音同时实现等一系列特点,使得为计算机增加语音交互,使人机交互可以像人与人交流一样自然。语音人机交互技术是一种以语音为主要信息载体,让机器具有像人一样"能听会说、自然交互、有问必答"能力的综合技术,它涉及自然语言处理、语义分析和理解、知识构建和自学习能力、大数据处理和挖掘等前沿技术领域。这种技术既可以作为独立的软件系统运行在用户的计算机和智能手机上,也可以嵌入到具有联网能力的设备中。

近几年,随着语音技术的不断发展,人机交互逐渐走入语音时代,特别是Siri的出现推动了智能语音人机交互产业的发展。主要体现在:①技术水平不断提高,特别是语音合成和基础语音识别技术发展较快;②产业规模持续扩大,带动了家电、汽车、移动互联网等一批相关产业的发展;③优秀企业大幅涌现,出现了如 Nuance、谷歌、科大讯飞、捷通华声等一批优秀的企业。

语音技术的发展,为人机交互产业发展带来了新的跨越,极大地增加了人机交互的便捷性,为移动互联网、家电等行业发展带来新的契机。展望未来,随着语音技术和人机交互技术的逐渐成熟,高速无线网络(3G/4G/5G/WiFi)、云计算、物联网及移动互联网等基础技术的发展,以语音为主的人机交互技术的应用将会越来越广泛,并逐渐渗入到人们生活的方方面面。

1)语音人机交互与智能轮椅

智能轮椅主要有口令识别与语音合成、机器人自主定位、动态随机避障、多传感器信息融合、实时自适应导航控制等功能。对于残疾人士和行动不便的老年人,只需向轮椅发出指令,轮椅即可准确无误地将用户带到目的地。智能轮椅和传统轮椅相比,增加了计算机控制系统、摄像头、激光探测器和麦克风。对使用者来说,智能轮椅应具有与人机交互的功能,这种交互功能可以很直观地通过人机语音对话来实现,使人机接口更加简单,控制起来更加方便。典型的语音智能轮椅如图 7-2 所示。

该智能轮椅基于多模人机接口技术,采用 3G 无线网络技术,具有自动控制、远程交互、实时监控和导航定位等众多智能化功能,通过人机交互可以轻松完成操作,使生活更加方便快捷。使用者可以通过语音控制智能轮椅的各种运动,同时也可以与使用者进行简单地对话,极大地方便了使用者对轮椅的控制。

2)语音人机交互与智能电视

智能电视是指像智能手机一样,具有全开放式平台,搭载了操作系统,可以

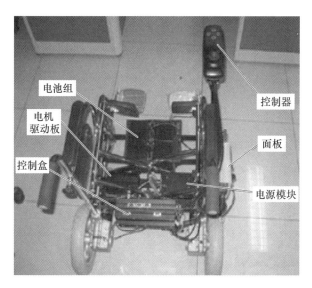

图 7 - 2　语音智能轮椅

由用户自行安装和卸载软件、游戏等第三方服务商提供的程序,通过此类程序来不断对电视的功能进行扩充,并可以通过网线、无线网络来实现联网这样一类彩电的总称。业界人士表示,真正的智能电视应该能从网络、AV 设备、PC 等多种渠道获得节目内容,通过简单易用的整合式操作界面,将消费者最需要的内容在大屏幕上清晰地展现。

　　在智能电视领域,语音控制功能的引入使得许多功能的实现更加方便,例如频道转换、音量调节、网页浏览等,不论多么复杂的功能都可以通过用户的语音控制来实现。近年来,许多厂家在遥控器内安装麦克风,通过遥控器实现电视机的语音控制,此时麦克风与用户的距离比较近,可以有效地屏蔽外界的噪声,达到良好的使用效果。语音智能电视的控制界面如图 7 - 3 所示。

图 7 - 3　语音智能电视控制界面

7.2 服务器端语音推送技术

7.2.1 服务器推送技术

服务端给客户端推送,普遍做法是客户端与服务端维持一个长连接,客户端定时向服务端发送心跳以维持这个长连接。当有新消息过来的时候,服务端查出该消息对应的 TCP 信道的账号并找到对应的信道进行消息下发。

这只是最基本的通信模型,在此基础上,衍生出针对消息的发布/订阅模型,客户端可以订阅某一个话题,服务端根据话题找到对应的信道进行批量的消息下发。所有的客户端隐式地订阅所有话题。

实际上,主流的移动平台都已经有系统级的推送产品,Android 上有 GCM(谷歌云信息),iOS 上有 APNS(苹果推送通知服务)。GCM 在国内处于不可用状态,所以国内的移动应用采用另外一种做法——在后台运行一个服务端,维持应用于服务端的 TCP 长连接,以达到实时消息送达的效果。

开发者通过第三方推送服务提供商将信息直接下发给需要的设备,第三方推送服务提供商与设备建立一条长连接通道,并且将消息路由到 App 中(图 7-4 中的设备 1 与设备 2),对于像设备 3 这种无网络连接或是没有成功建立长连接通道的设备,会在设备 3 联网且推送消息没有过期的情况下自动收到由第三方推送服务提供商推送过来的消息,保证消息不会丢失。

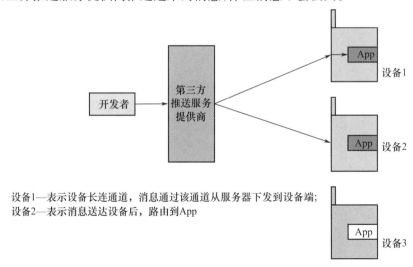

设备1—表示设备长连通道,消息通过该通道从服务器下发到设备端;
设备2—表示消息送达设备后,路由到App

图 7-4 服务器推送消息示意图

但是在移动端如何稳定地维持长连接是一件非常复杂的事情,客户端通过定时发送心跳信号以维持与服务端的长连接,如果心跳的频率太频繁,移动设备耗电增加,心跳间隔太久又可能使得连接断开。一种普遍的观点是移动设备处于一个多变的网络环境中,WiFi、2G、4G 切换,基站切换都会引起网络变动,在不同网络环境下的心跳频率,与网络变动的重连动作,都需要大量的数据统计分析总结出来。

这不仅仅是客户端的难题,在如今移动应用动辄成百上千的用户量的情况下,如何维护如此多的长连接,如何应对大规模的消息下发以及后续针对下发消息的各种统计动作都是技术难点。

针对这些难点,有以下三种解决方案:

① 普通的超文本传输协议(HTTP)解决方案。App 端通用 HTTP 服务定时拉取消息,比如每隔 3s。

② 基于服务器推(comet)技术解决方案(其实也是基于 HTTP):App 端通过 comet 服务拉取消息,即 App 端发起一次 HTTP 请求,然后服务端检查有无待接收的消息,如果有立即返回给 App 端,如果无,则把当前 HTTP 请示挂起若干秒,如 30s,在这 30s 内,如果他人给当前的 App 用户发送消息,服务端能在这 30s 任意一点立即结束当前挂起的 HTTP 请求,并把消息一起返回给 App 端。

③ 套接字(socket)解决方案:App 端通过 socket 与服务端通信,目前比较常用的服务端 socket 解决方案有 nodejs、swoole、workerman 等。一般游戏类 App 服务端和 App 端采用此方案的比较多。

7.2.2　语音推送

1) 文字转换语音

语音推送把被推送的文本内容通过语音合成技术转换为语音,通过电话系统将语音信息传递到用户的电话设备上,从而完成推送的过程。语音推送的关键技术是通过语音合成把文字转换成语音。百度语音、科大讯飞及微软都有相关的软件来实现文字转换成语音,如图 7 - 5 所示。

由于传统的语音电话网络在实际的应用中,尤其是移动电话应用上有更高的可靠性,语音推送在实际应用中往往比数字网络有更高的传递可靠性。

以视觉呈现为主的传统互联网网络,生硬地拉开了视觉障碍者和互联网的距离,而现今,互联网的发展、手机平板普及为视觉障碍者提供了新的方式,他们更加依赖于互联网带来的感知并融入这个世界。视觉障碍者用户在桌面计算机和笔记本计算机上,可以通过读屏软件获取文本并阅读。国内比较专业常用的

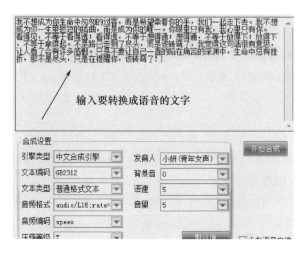

图 7 - 5　文本内容转换成语音

读屏软件有永德读屏、阳光读屏等,这些软件都可以实现读屏功能。读屏软件的创新与免费对视觉障碍者群体的网上生活意义重大。

Windows 8 内置讲述人,这项功能设计的初衷是微软为视觉障碍者或视力不佳的用户提供的人性化服务。"讲述人"(Narrator)是微软操作系统为视力不佳用户提供的人性化服务,能够将文字转化为语音,帮助用户读取显示在屏幕上的内容,比如活动窗口、菜单选项或文本等,该功能的操作界面如图 7 - 6 所示。Windows XP、Windows 7 和 Windows 8 系统都提供了这项功能,Windows 8 系统对

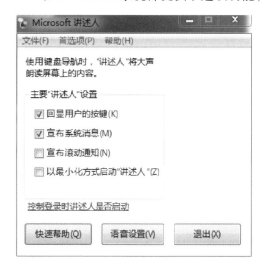

图 7 - 6　Narrator 操作界面

"讲述人"功能做了不少优化,可以更好地帮助有视觉障碍的用户在使用
Windows 8 系统尤其是触控操作时更为准确。

当前也有一些语音网站系统可以将网站内容转化为语音。但这些系统要求
人工设置需要转换的栏目、内容,并且需要根据网页内容的变化进行人工更新处
理,操作复杂。由于操作复杂,且对转换的网页内容有一定条件限制,对于较大
的网站,事实上只能转换其中的较少部分。

2）网页内容智能化分析技术

互联网无障碍阅读系统在服务器端安装后,可以对网页内容进行智能分析,
过滤冗余的视觉信息、抽取页面的主要文本,将 HTML 页面转化为层次树状结
构,从而帮助用户快速定位和选择感兴趣的内容。

在对网页内容进行智能化分析时,首先可将网页分类为主题型网页和目录
型网页。主题型网页（如某一篇新闻或文章所在的网页）在经过该系统分析后,
抽取主要文本（新闻或文章主体）,忽略次要内容及图像等视觉内容,成为便于
视觉障碍者使用的简单文本。而对于像各大网站首页这样的目录型网页,系统
将网页内容进行自动分块抽取标题,组织为层次树状结构,一步步引导使用者选
取所需内容。

网页内容智能化分析技术无需专人负责,根据网页内容自动对网页进行
内容重组,并且可实时跟踪网页的更新。这样,更好地节省视觉障碍者在互联
网网页停留时间,改变以往顺序朗读耗时的严重缺点,进一步实现高效的
"阅读"。

3）语音推送技术

网页内容被分块重组后,语音推送技术即实现了网页自动阅读的可能。它
将智能化分析后的网站内容自动转化为语音版,在用户浏览时推送至普通客户
端浏览器。这样无需用户安装任何附加软件,用 IE 等普通浏览器,视觉障碍者
即可收听网站内容。在重新组织为层次树状结构的网页中,视觉障碍者无需记
忆复杂的快捷键,只需简单根据提示输入数字,即可进入感兴趣的链接。通过这
种方式,即可降低按键负担,提高网页浏览效率。

人类的进步来自于技术的不断发明和创新。互联网无障碍阅读系统利用网
页内容智能解析技术,剔除网页中次要内容和无用视觉信息,将 HTML 页面转
化为层次树状结构或抽取其主内容文本,帮助用户快速定位和选择感兴趣的内
容,从而结束了视觉障碍者对互联网使用的慢跑历程。

然而要实现这些系统的使用价值,需要得到其他网站或机构的支持。比如
互联网无障碍阅读系统,需要有专用的服务器和网址支持。针对客户端的无障
碍阅读软件、电话访问系统这些也都需要合适的合作方,才能实现开发和推广。

技术的推广,成为了视觉障碍者无障碍人机交互的关键。

互联网技术的发展,缩短了人与世界的距离,亦缩短了人与人之间的距离。无障碍阅读系统促使互联网文明逐步得以实现。

7.3　手语理解与转换技术

手语是听说障碍者使用的语言。手语是使用手的指式、动作、位置和朝向,配合面部表情、按照一定的语法规则来表达特定词意的交际工具,是表达语言的特殊方式。手语的物质载体是手,通过手的形状、位置、运动来传递信息交际的特殊语言。手语识别系统与手语合成系统共同构成"人机手语翻译器",为听说障碍者提供更好的服务。人类交互往往声情并茂,除了采用自然语言(口语、书面语言),人体语言表情、体势、手势也是人类交互的基本方式之一。与人类交互相比,人机交互仍存在较多局限性,因而研究人体语言理解(即人体语言的感知),以及人体语言与自然语言的信息融合对于提高计算机的人类语言理解水平和加强人机接口的实用性是极有意义的。

手语识别是利用计算机对手语进行识别,从而获得手语相应的文本、语音等的技术,进而达到帮助听觉障碍者与正常人进行正常交流的目的。为此需解决手语的信息输入、特征提取、模式分类和词汇识别等问题。计算机视觉就是用各种成像系统代替视觉器官作为视觉信息输入手段,由计算机来代替大脑完成处理和解释,实现手语的自动识别。基于计算机视觉手语识别的最终目标就是使计算机能像人那样通过对手语视觉信息的处理来观察和理解其中关键点是手语词汇的特征提取和模式。

手语包含信息量最多,它与语音及书面语等自然语言的表达能力相同,因而在人机交互方面,手语完全可以作为一种手段,作为人体语言理解的重要部分,手语识别不但具有深远的研究意义,而且具有广阔的实际应用前景。

7.3.1　手语的构成分析

手语包括以下 4 个要素。

① 手的形状。手的直接视觉外在表现形式为手的形状,而手的形状又直接体现在了手指的指式上。所有对视觉中手的指式处理将视为手语识别的一部分,手指的特征包括两大类:一为手指的指头指尖组合形状,如手指头数目、手指头弯曲度、手指伸张度;二为手掌的表现形状,如手掌张与合、手掌的伸张度、手掌的视面视角,均为手掌的表现特征,在手语表达中具有实用语义。

② 手的方向和方位。手的方向及手掌朝向,一般以手掌的垂直向量和法向

量描述。在手语进行过程中,手作为非刚性物体在运动过程中发生各种形变,手的位置和手的状态为后面的手势分割、手势追踪的重要依据,所以在采集手语信息过程中需要及时准确地判断手势的状态。

③ 手语的空间动作。手势动作即手语进行过程中手的位置变化及手的运动轨迹。手语表达过程中手处于主动运动状态,对于语言元素的描述,依据手对于文字本身的象形描述,依据对事物的外在视觉特点描述,在这些描述中,均需要手进行一个范围内的动态移动过程,此过程中手发生了形变,空间位置也持续发生变化,对这些变化信息的采集即为对手的动作的描述和提取手的动作特征。手的动作特征主要包括平面上的水平和上下竖直运动。

④ 面部表情和其他体态。在手语表达过程中,除了手的形状表达、手的动作信息等手部特征外,结合身体其他部位姿态的表达在手语中占有重要位置。其中面部表情尤为关键,在 30% 的手语动作中均有面部器官的协作表达,有的手语表达融合了身体躯干部位,从而使手语信息完整达意。所以,在手语识别中其他体态也将需要考量并加以运用。

7.3.2　手势分割

手势分割是指将手势图像从复杂背景中分离出来,在前景中仅保留手势部分,是手势识别的重要环节和技术难点之一。由于手的表面光滑,在光照的影响下易产生高光和阴影,再加上受到背景的干扰,目前还没有很高效的方法能够将人手正确地从复杂的背景中分割出来,具有代表性的手势分割方法主要有背景减差法、边缘检测法和区域增长技术。

① 背景减差法。背景减差法是一种有效的对运动对象检测算法,基本思想是利用背景的参数模型来近似背景图像的像素值,将当前图像与背景图像进行差分比较实现对运动区域的检测,其中区别较大的像素区域被认为是运动区域,而区别较小的像素区域被认为是背景区域。背景减差法必须要有背景图像,并且背景图像必须是随着光照或外部环境的变化而实时更新的,因此背景减差法的关键是背景建模及更新。

② 边缘检测法。图像分割能够通过检测不同区域的边缘来获得对于强度的图像,边缘的定义是指那些强度发生突变的点。由边缘的定义可知边缘是图像的局部特征,因此决定某个像素点是否是边缘只需要局部信息。边缘检测技术可分成两类:串行技术和并行技术。串行技术是指判断当前点是否是边缘,依赖于边缘检测算子对前一点判断的结果;并行技术是指决定当前点是否是边缘,只依赖于当前点及其邻域点。因此,在采用并行运算时,边缘检测算子可以同时作用于该图像的每一个像素。而串行运算的结果依赖于开始点

的选择和前一点决定下一点采用的方法。常见的边缘检测方法有差分法和模板匹配法。

③ 区域增长技术。域值分割技术是一种简单的图像分割技术,它仅适用于高反差的简单图像的分割,不能满足灰度渐变或以某种纹理而不是灰度来表征不同区域的那些复杂图像的分割。区域增长是一种已受到人工智能领域中的计算机视觉十分关注的图像分割方法。特别适合于分割纹理图像,即可以用灰度与局部特征值信息进行简单的聚类分类,也可以用统计均匀性检测进行复杂的分裂与合并处理。这种方法是从把一幅图像分成许多小区域开始的,这些初始的小区域可能是小的邻域甚至是单个像素。在每个区域中,通过计算能反映一个物体内像素一致性的特征,作为区域合并的判断标准。

7.3.3 手势特征分析与识别

1) 特征分析

手势特征分析就是通过某种方式,把图像变成计算机能够识别的形式,以便于计算机能够对图像更好地进行分析和识别。在图像处理领域,普遍应用的图像特征有颜色、形状、纹理及特征点特征等。

(1) 图像颜色特征

颜色特征是一种对图像整体进行描述的特征算子,该特征不受尺度变化及光照环境等不稳定因素影响。颜色特征一般具有旋转不变性、对光照的鲁棒性、计算简单快速等优点,缺点是颜色特征对局部图像特征的描述欠缺,很容易丢失图像的局部信息。

(2) 图像形状特征

类似于颜色特征,形状特征可以被人类的视觉系统直接感受。该特征大致分为区域特征和轮廓特征。顾名思义,区域特征必然和图像的区域信息密切相关,而轮廓特征主要与图像的轮廓边界信息密不可分。轮廓特征主要有圆弧、线段、角点等形式;区域特征主要有不变矩、偏心率、主轴方向等不同的表现形式。

(3) 图像纹理特征

图像纹理特征也是一种图像全局特征。纹理是能够体现图像灰度分布规律或者颜色分布规律的总称。该特征不是基于图像内某个特定像素点的特征信息,而是综合区域内邻域像素点的统计特征信息。

(4) 特征点特征

特征点又称兴趣点、显著点,近年来特征点的使用较为频繁。特征点是通过点的位置来实现对图像的特征表示,在局部邻域具有一定的模式特征,因此特征点是一种局部特征的描述。一种表现能力较好的特征点需要有以下几方面的特性：重复度高、独特、局部性优、准确、紧密。

2）识别技术

常见的识别方法有：结构模式识别法、决策理论法、模糊集识别法、人工智能方法、模板匹配法、神经网络法。

① 结构模式识别法。结构模式识别又称句法识别，是一种自底向上的方法。假设一个待识别的方法非常复杂，可以先把这个模式分成几个较简单的子模式，子模式又可以进一步分成更简单的子模式，最后一个子模式由若干个基元组成。就像一个句子由若干短语构成，一个短语由几个单词构成，一个单词又由几个字母组成。通过基元对构成模式的规则称为文法，对基元进行识别后，再对模式组成规则进行分析，也称文法分析，从而可以实现整个模式识别。

② 决策理论法。也称统计模式识别，是利用数学中的决策理论，先定义模式分类，然后对样本空间进行训练，划分出不同模式分类的决策边界。识别时，输入待识别的图像，利用训练好的决策函数，将图像归入所述的分类中。其中心思想是对大量的图像样本进行统计分析，找出最能体现分布规律的特征进行识别，算法的关键在于如何取得最优的决策边界，贝叶斯分类法常常用来训练决策函数。目前常用的技术包括统计决策法、聚类分析法、最近邻法等。

③ 模糊集识别法。模糊集识别法的理论基础是诞生于20世纪60年代的模糊数学，它借鉴人类大脑对事物进行判断的方式，把计算机二值逻辑转向连续值逻辑，用不是太精确的方式描述问题。如果一些图像识别问题特别复杂，很难用一个确定的标准进行描述和判断，例如人类面部表情识别，就可以应用模糊集识别法，这样可以大大简化识别系统。

目前应用比较广泛的理论和方法包括模糊聚类、最大隶属原则、基于模糊等价关系的模式分类和基于模糊相似关系的模式分类。其中模糊聚类方法已经取得很多成果，如手写文字识别、白细胞识别、染色体识别、图像形状分析等。在图像识别中应用模糊集识别法的关键是确定某一模式的隶属函数，通过样本像素的隶属函数的值（隶属度）及样本像素的灰度值共同决定了模式的统计指标。隶属度表示目标对象隶属某一模式的程度。由于隶属函数带有个人经验性，给实际应用带来较大的困难。

④ 人工智能方法。人工智能是让机器模拟人脑思考的理论和方法，目前比较成熟的应用形式是专家系统。可以利用人工智能中知识表示、知识推理等技术构建图像识别系统。目前还处于初级阶段，没有达到实际应用的程度。

⑤ 模板匹配法。模板匹配法是指事先建立一个标准模板库，通过比对目标

图像与模板库中图像的相关性,找出具有最大相关性的作为识别结果。识别的关键在于模板库的建立和相关性函数的设计。

⑥ 神经网络法。神经网络法是指通过硬件或软件模拟人脑神经网络功能,包括大量的节点和连接。每个节点是一个处理单元,各个单元之间通过一定的方式连接起来,形成网络。

7.4 文语转换技术

文语转换(Text‐to‐Speech)是指把文本文件或文字串通过一定的软硬件转换后由计算机或电话语音系统等输出语音的过程。近年来,随着计算机多媒体技术的发展和信息产业的蓬勃兴起,文语转换系统已初步显示了其巨大的应用前景,因而也逐渐成为一个活跃的研究课题。文语转换系统实际上是一个人工智能系统,它既包含有很高级的信息处理,又包含发音器官复杂的生理控制,牵涉到语音学、语言学、数字信号处理、电子工程技术、生理学、计算机科学等多个领域的内容,因而要实现这种文语转换需要用到多学科的知识和技术,难度也比较大。迄今为止,即使是对于研究历史较长的英语来说,也未能开发出一套相当满意的文语转换系统。人们正在从各个领域(特别是语音学)去探索。

7.4.1 汉语文语转换系统(CTTS)的系统总体结构

CTTS 系统主要由如下功能模块构成:主控模块、句子切分模块(GET_SEN-TENCE)、特殊符号处理模块(SPECIAL_WORD)、自动分词模块(WORD_SEG-MENT)、句法分析模块(PARSER)、多音字处理模块(MULTI_DURATION)、韵律分配模块(PROSODY_ASSIGN)、音长调节模块(ADGUST_DURATION)、基频调节模块(ADGUST_PITCH)、语音输出模块(OUT_SPEECH)等。系统的总体结构及处理流程如图 7‐7 所示。

CTTS 系统考虑了华建英汉双向电子词典对汉语语音输出的如下需求:

① 可把国标 GB 2312—1980 中的汉字组成的任意文本转换成语音输出。

② 输出语音清晰,句子的语音输出有较高的自然度。

③ 语速、音高、音强等韵律特征在一定范围内可调节。

④ 嵌入其他模块或与其他模块连接时,不需作任何改动。

⑤ 适用于配声卡和 Windows 平台的 486 以上的计算机,鲁棒性强。

该系统以汉语单音节作为合成语音基元,目前已应用于华建英汉双向电子词典,用来完成汉语语音输出功能,获得了较好的效果。

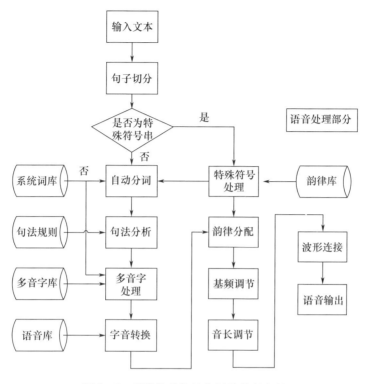

图 7-7　系统的总体结构以及处理流程

7.4.2　文语转换系统的合成方法

按照技术方式,文语转换系统的合成方法可以分为参数合成法、波形合成法、规则合成法。

参数合成法又称为分析合成法,就是将语音参数分析得出的每一帧的语音参数,包括清浊音判断、声源参数、能量、声道参数等,按照时间顺序连续地输入到合成系统中,合成系统即可输出合成语音。

波形合成法是一种基于语音波形存储和拼接的语音合成方法。与规则合成法不同,波形合成法在拼接合成基元时对拼接基元并不做较大的修改和调整,仅仅是适当调整一下合成基元的时长和幅度;另外,在合成基元的选择上,波形合成法常常选用词组、短语,甚至句子作为合成基元。由于很大程度上保持了原始语音的波形,波形合成法可以产生质量很高的语音,但是,受到合成基元的存储容量和利用效率的限制,波形合成法通常只用于有限词汇量的文语转换系统,如自动报时、报警、公共交通的报站提示等。

263

规则合成法是一种比较高级的合成方法。与波形合成法不同,规则合成法在系统中存储最小语音单位的声学参数,同时音素组成音节、音节组成词、词组成句子以及控制音调和轻重音的种种韵律。规则合成法的优点是可以实现无限词汇量的文语转换,因此,这种方法可以用于对词汇量有更高要求的场合,如读书、新闻播报等。

7.4.3 影响汉语文语转换系统质量的关键因素

在汉语文语转换系统中,自然度和清晰度已成为两个最重要的指标,也是影响转换质量的关键因素。目前各种合成语音系统输出的语音音质跟自然语言的语言音质相比还有较大差距。对于单音节的声学语言学表现与音节在词语中有什么不同,尚未找到普遍的规律。因此为了提高汉语文语转换系统自然度和清晰度,今后将在声学语言学上多作些研究。文语转换系统要涉及语句的语言学问题,不仅有句法问题,还有语义和语用问题。只有全面考虑才能对句子的轻重位置、各成分的时长分布、各种节奏停顿,即较为全面的韵律特征给出定量的结果,这样才能把包括文字串和符号串的一篇文章转换成抑扬顿挫、流畅自然的语音。

7.4.4 文语转换系统的应用

1)在电话语音系统中的应用

电话语音系统是通过电话语音卡将计算机与公用电话网连接在一起而形成的系统,它将计算机与电话的优势有机地结合在一起。用户可以利用电话通过语音卡与计算机进行交互,从而方便地得到各种服务。将文语转换系统用于电话语音系统,发挥二者的优势,无疑扩充了电话语音系统的功能,使电话语音系统能提供更加完善、更加高效的服务。

2)在语音翻译系统中的应用

语音翻译系统通过对不同语言的话语的自动互译,使得语言不通的人们之间进行没有障碍的自由交流成为可能。它的实现需要准确的非特定人、大量词表的连续语音识别,恰当表达说话者意图的机器翻译,最后通过流畅的目标语文语转换进行语音输出。

3)在语音工厂报警系统中的应用

将文语转换技术应用到动态语音报警系统中,直接用话音向工厂值班操作人员或者其他技术人员、决策者报告事故的地点、位置、名称、属性、状态、处理方法和超限参数的名称、属性、超限数值及处理方法,它的优点是能按照当时情况,实时动态地对各种事故和参数超限信息以清晰、自然的语音输出,这对提高工厂的安全运行及自动化水平都具有重要的意义。

7.5 公共场所听力补偿技术

在公共场所听力补偿技术方面,将公众场所的广播信号或特定语音信号通过无线调频系统,经减除噪声、提高信噪比后传送到助听器或人工耳蜗等助听装置接收,并可以根据用户自身感受调节增益,发挥助听装置的应有效能,帮助听觉障碍者实现接收公众音频信息和与正常人沟通的需求。

7.5.1 无线调频技术

无线调频(frequency modulation,FM)技术是目前发展最为成熟、应用范围最广、成本最低的无线技术之一。在技术应用上,大部分无线耳机、一部分无线音箱、无线话筒等采用的是无线调频技术。一般将助听器和植入装置以外的助听设备称为辅助听觉装置(assistive listening devices,ALDs),包括感应线圈系统、硬连线系统、红外线系统、无线调频系统等。FM 调频系统的主要功能是将声源以无线方式传递给听觉障碍者,以改善信噪比。这种辅助听觉装置的实现方式一般为声音信号被麦克风拾取,然后以无线电调频为载波传递给听觉障碍者使用的接收器。

7.5.2 无线调频系统的简单历史

无线调频系统的产生要追溯到 PHONAK(峰力)公司推出的无线调频设备,后来 PHONAK 又推出了了无线的、小巧的、方便老师和学生使用的设备。现在,体积最小的无线调频设备就是 PHONAK 公司研制的。当时使用的频率只能是商业无线频率,在教学中,老师和学生会受到商业信号的干扰。为了解决这个问题,PHONAK 公司经过长期的努力,最终让 FCC(美国通信委员会)在 1971 年特批了专门的无线频率段给听觉障碍儿童语训使用,专门为听觉障碍儿童研制的无线调频系统就此产生了。此后各个国家纷纷制定了各自的政策,特批了专门用于听觉障碍儿童使用的无线频率段。

现在的无线调频产品已经不是传统的无线调频设备了,不过仍然使用这个习惯的称呼。现在最新的产品已经是动态调频(WD)技术了。

从这个简单的历史可以看出,无线调频产品有了这个基础,才能创造出的各种康复方法。

7.5.3 无线调频技术存在的优点

它的传输距离较远,普通产品可以达到二三十米的距离,在改变发射功率和接收天线灵敏度后还可以增加距离;无线调频技术可以实现"广播式"连接,即只要调至相同频率后一个发射机可以匹配多个接收机,比较适合教学使用;无线调频技术穿透能力强,即便是有墙壁的阻挡也不成问题,适合于教室、家庭及公共场所应用。

本节基于2.4GHz技术,提出了一种面向听力补偿应用的多媒体无线音频系统。该系统包括发射器与接收器,发射器不仅能够通过麦克风采集声音,还可以用内置的媒体播放器无线发送音频文件中的声音信号,接收器连接在听障者配戴的助听器或人工耳蜗上,可用于教室、家庭、公共场所的听力补偿。与传统无线调频系统的功能及效果相比,保密性好、距离远、音质清澈(12kHz频宽CD音质),有效地将高品质的音频信号传输给广大助听器和人工耳蜗使用者,为听障人士提供了更好的学习条件和多样化的生活、娱乐工具。

7.5.4 基于2.4GHz技术的听力补偿无线音频装置

2.4GHz频段近年来被蓝牙和WiFi等主流无线技术广泛采用,将该频段技术应用于无线音频传输具备很多优点:

① 传输距离远。2.4GHz技术已成为很多个人消费电子产品的新解决方案,这主要得益于其传输距离远的特性,对于无线音频传输来说,采用该技术也同样具备该特性,经测试,采用F系列芯片组的本产品,可在目视无障碍前提下、30~80m的范围内轻松传输麦克风拾音和内置音频文件数据,大大突破了传统无线调频产品30m的传输距离。

② 传输速度快。能更好地保证HDCD等高清音频的高保真传输。采用2.4GHz频率作为载波,从传输速率来看,目前WiFi技术的理论传输速率已突破108 Mb/s;其未来与超宽带技术结合的产品有望实现更快的速度。这样无线音频传输可以突破以往的局限,采用最具保真度的采样频率,从源头上保证音质传输与接收效果,而不再是传统的单声道信号传送。

③ 动态范围广。当前,助听器与人工耳蜗不仅在通道数、运算速度等方面有了长足进步,在处理声音的频宽方面也从6kHz拓展到8kHz,甚至10kHz或更广。而传统的无线调频目前还多停留在7kHz以内,明显滞后于助听器和人工耳蜗的进步。基于这一现状及2.4GHz技术的优势,多媒体无线音频系统采用的新一代数字平台将音频处理带宽定义在12kHz,并可以根据助听器和人工耳蜗的发展不断更新应用到产品中,从而让用户享受到更佳的音效、更细腻的音色、更宽广的动态范围,尤其满足了对音乐、戏剧聆听有高要求的特定人群。

④ 信号稳定性高,保密性强。每信道6MHz的频宽间隔保证了信号的稳定性。同时,该装置可支持点对点和点对多点的多种传输模式,具备多个备选频

段,可轻松避开用户担心的干扰频率。

采用高保真立体声模块,当音频信号输入后被 A/D 模块转变为数字信号,采样率达到 44kHz 以上。目前 P2P 协议的 2.4GHz 无线传输可以达到每秒 2Mb 的数据量,超过了 CD 级音质每秒 1.4Mb 的数据量,所以 2.4GHz 能做到无损传输;经过数据压缩后在射频单元,以 2.4GHz 载波频率发射出去,整体电路简单可靠,功率小,适合教学及个人使用。通过加大功率或外置天线等方式,可提高信号灵敏度,有效增加发射距离,百米以上距离可以轻松实现,不仅能满足室内的需求,更可让用户走出户外。

7.5.5　面向听力康复教育和训练的无线音频系统

本节提出的无线音频系统是一套完整的面向听力康复教育和训练的多媒体无线音频系统,因此,除实现了基于 2.4GHz 技术的听力补偿外,还实现了面向听力康复教育和训练的相关功能,包括麦克风灵敏度调节、语音示范、数据记录及教学标准化等功能。

1）自由麦克风灵敏度调节功能

在发射器中,通过对输入声音的前端放大,可以将麦克风灵敏度增益提高 20dB,并让使用发射器的讲课人根据自身声音状况自由调节发射器输出增益,调控设置为 1～16 级(16 级为最大增益),将当前的 FM 系统信噪比从 40dB 提高到 65dB 以上,为声音较小的教师提供了非常有效的帮助。

2）语音示范功能

如同听力正常者学习外语时也会经常借助耳机听取标准发音的示范音一样,听障者在学习语言的时候更应该如此,尤其是学龄儿童,他们在语言学习期接收到的语音信息,将是他们学习的基础和范本。中国地域广阔,方言种类繁多,虽然在听障儿童教学时都要求采用标准的普通话教学,但事实上大部分教师没有经过严格的训练,自身的普通话不标准,很大程度上影响了教学,再加上缺乏教学手段,教师授课时不能保证所有学生都可以听清楚。为此,在信号源方面,除了发射器原有的麦克风输入外,增加了数据记录功能、媒体播放功能和数据存储单元,把标准化的音频文件变为可重复性的操作,排除了人为因素可能造成的失误,为语音教学达到了良好的示范效果。

3）数据记录功能

可以将会议、讲话、教师讲课等重要内容同步录音,并可反复播放收听和作为电子文档存至计算机。语音教学的实时动态记录更符合教学管理的要求。媒体播放功能:可将电子音频文件从计算机下载至发射器,也可以预先制作音频课件,把音频课件的电子格式存至发射器,任意选择相应音频文件作为上课内容播放,大大降低了教师的工作强度;成年人可以自己选取数字音频文件随机播放,并可编辑文件,全面满足学习、娱乐等不同生活情境的听觉体验活动。为老年人设计的版本还提供独立的收音机功能,让使用者无需外接更多音频设备就能够满足需求。

4)教学标准化功能

与语言的标准化教学机构合作,将正版教学内容集成到多媒体无线音频系统中,做到标准化,减少因个人原因造成的失误;同时减轻了教师的工作压力,把更多精力放在矫正和监听教学的效果上,提高教学效率和质量。毕竟一个人的精力是有限的,通过标准化的工作可节约大量人力。把主要精力放在制作标准化教学课件(语音课件)和矫正发音上面,将对语言教学起到事半功倍的效果。

随着人们物质水平和精神水平的提高,对于助听器的效果及舒适度有了更高的要求,基于数字芯片的数字助听器以其灵活、功能强、体积小以及可以根据个人的听力损伤情况进行验配等特点逐步取代模拟助听器,成为助听器市场上的主流。目前,数字助听器在降噪、音质及舒适度等方面仍在不断完善,高效的音频信号处理算法也越来越多地得到重视。

第8章 信息无障碍网站

随着信息技术的高速发展,信息通信技术与计算机密切融合,人们对互联网的依赖程度越来越高,网络成为了人们获取信息的重要渠道,信息无障碍网站为残障用户使用互联网提供了方便。

8.1 信息无障碍网站建设标准

Web 无障碍是指网络的可访问性。Web 可访问性的定义明确了残障人士能感觉、理解、操纵 Web,并与 Web 互动,使它们能融入 Web 中,成为 Web 的因素。但是在我国 Web 无障碍事业发展的滞后,很多 Web 站点不符合 W3C 的 Web 无障碍标准指导性规范,使残障人士无法享受 Web 等信息技术带来的成果。

由于视障用户不能直接通过视觉把信息传递给大脑,所以要借助于信息无障碍网站来获取相关信息。因而必须利用 Web 浏览与设计的辅助技术,结合 W3C 制定的信息无障碍网站设计标准来开发出适用于视障人士的 Web 网站。

在构建信息无障碍网站技术方面,W3C 的 WAI 项目组为了能够推进和规范 Web 中的无障碍建设,推出了以 Web 内容无障碍规范为核心的一系列技术规范,最卓有成效的是网页内容无障碍指南,即 WCAG,使其成为国际上最为通行的信息无障碍标准。WCAG 考虑到了各类残障人群在访问网页时的特点而制定的与之相对应的技术标准,它对网页设计者提出了具体的网页内容无障碍要求。

W3C 于 1999 年和 2008 年分别推出了 WCAG 1.0 和 WCAG 2.0 两个版本。WCAG 1.0 共分为 14 条规范、65 项检验点,按照检验点对可访问性的重要程度,赋予每个检验点一个优先级,分别为优先级 1、优先级 2 和优先级 3,并根据最终检测结果将网站无障碍划分为 A、AA、AAA 三个级别,三个级别分别为依次递进关系,只有完全通过低一级之后才能进行高一级的检测。其中等级 A 表示受检网站中所有优先级 1 的检测点都通过检测,代表此网站达到了网站无障碍建设的最基本要求,使得特殊人群能够访问到 Web 文档的最基本内容;等级 AA 表示受检网站中所有优先级 1 和优先级 2 的检测点都通过检测,代表所有用户从此网站获取信息不再感到困难,此网站已扫清相当数量访问 Web 文档的障碍;等级 AAA 表示所有优先级 1、优先级 2 和优先级 3 的检测点都通过检测,代表所有用户在该网站获取信息时已基本没有障碍,大大提高 Web 文档可访问性。WCAG 2.0 则从指导思想上提出了 Web 文档在设计时要遵循可感知性、可操作性、可理解性、健全性这四项原则。这四项原则又被细化为 12 条指导方针,并根据检测结果也将网站划分为 3 个合规等级:A、AA 和 AAA。

开发工具易访问性规范 ATAG(Authoring Tool Accessibility Guidelines)指的是可以用来创建网页内容开发工具的软件,如制作网页内容的编辑工具等。

用户代理易访问性规范 UAAG(User Agent Accessibility Guidelines)提供的指导方针使残障人士(视觉、听觉、身体、认知和神经系统)能通过用户代理无障碍地访问 Web 页面,用户代理包含 HTML 浏览器及其他类型能返回并提供网页内容的软件。

符合这些准则的用户代理通过自己的用户界面、其他内部工具及技术,能够很好地实现信息无障碍。

8.1.1 国外网站信息无障碍建设标准

很多国家都有明确的关于信息无障碍的法律或法规,美国于 1998 年通过修正 1973 年复健法案的第 508 部分(即 508 法案),要求所有联邦机构在发展和应用电子及信息科技时,都必须切实保证身心障碍者也可以使用。508 法案明确规定了联邦政府采购计算机、电子产品和服务必须是无障碍的,并对信息产品无障碍提出了相关标准。508 法案要求当联邦机构开发、引进、维护或者使用电子信息技术时,残疾的联邦成员应该获得和使用与无残疾的联邦成员相当的信息和资料,除非此机构会为此而背负不当的负担。508 法案同时也要求那些从联邦机构寻求信息或服务的残疾人能够获得和使用与正常人相当的信息和数据,除非此机构会为此而背负不当的负担。

508 法案的出台引起了强烈的反响,不但美国部分州政府以法律法规的方式进行了响应,其他一些国家政府也相继启动了信息无障碍的立法工作。英国先后出台了《英国残疾人法》《1995 年残障歧视法》《2001 年特殊教育和残疾法案》。而日本政府在 2000 年的电信政策白皮书中明确指出必须建设一个无障碍的信息环境,以保障年长者和身心障碍者信息可及的平等机会,并在 2001 年颁布的 Re-Japan 2002 信息社会重点建设计划中,针对相对弱势的族群,拟定相关的具体措施,为年长者及身心障碍者提供一个无障碍的信息可及的环境。香港

1996 年公布的《残疾歧视条例》对信息无障碍方面也作了相应的要求。欧盟国家也都有比较成熟的相关法律。

还有一些公司也提供了技术支持,著名的 IBM 公司于 2000 年在美国组建了全球信息无障碍中心,微软和谷歌公司也考虑了无障碍信息技术,如在其产品中实现了文本语音转换等技术。

8.1.2　我国网站信息无障碍建设标准

为了克服一般网站开发标准不能满足特殊群体无障碍获取网站信息等技术要求的缺点,2006 年,中国电信研究院研究并提出了信息无障碍标准体系框架,并在该框架文件的指导下,积极开展核心技术标准的研究工作。信息无障碍标准体系框架规划了面向基础环境差异人群、身体机能差异人群、行为习惯差异人群、语言文化差异人群的 4 个研究方向,每个方向上研究 4 类标准,即基础类、技术和产品类、服务系统类、测试评估类标准,见表 8 - 1。

表 8 - 1　不同障碍类型的表现和需求

障碍类型	表现	需要的辅助技术、功能
身体问题和习惯差异障碍	手指、手臂操纵困难,不能灵活地使用手指,手指无力或不能正常分离;使用四肢进行传递、移动、操纵时困难,不能够正常触摸、举放、抓握、旋转;只能坐轮椅或卧床,身体不能自由移动、肌肉力量缺失;左撇子	免提功能、语音控制、语音识别、特殊的按键设计、辅助输入、辅助定位、触摸屏、辅助支撑、左手设计
感官感知障碍	视力低于正常值、视野范围受限、视线障碍(白内障)、色盲、失明、听力损伤、耳聋、失语、平衡失调、触觉灵敏度缺失、触觉过于敏感	屏幕阅读、盲文显示输出、视觉显示辅助(屏幕放大、色彩转变)、语音转换成图形、文字、字幕功能、声音转译、语音放大、语音合成
认知问题和文化差异障碍	智力残障、记忆力衰退/丧失、读写困难、文盲、地域文化差异、精神损伤、儿童	消息提示、图形符号界面、操作提示、简单易懂的文字说明
沟通问题障碍	诵读困难、沟通困难、文盲、儿童	图形符号界面、文字图形化
混合型障碍	以上多种	以上多种

2012 年 12 月 28 日,工业和信息化部发布实施通信行业标准《网站设计无障碍技术要求》YD/T 1761—2012,代替 YD/T 1761—2008,对网站就设计无障碍技术要求作了详细说明。YD/T 1761《网站设计无障碍评级技术要求》和 YD/T 1822《网站设计无障碍评级测试方法》构成了网站信息无障碍设计的系列标准。

目前,我国网站信息无障碍技术标准(以 YD/T 1761—2012 标准为例)主要参考了 W3C 的 WCAG 标准,以 WCAG 的四项原则为标准的总体框架,在这个基础上吸收了 WCAG 的相关规定。无障碍技术标准重点内容包括可感知性、可操作性、可理解性、兼容性,如图 8-1 所示。

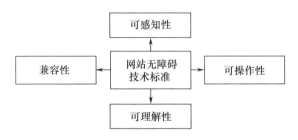

图 8-1　我国网站信息无障碍技术标准

① 可感知性。要求网站的设计要保证人们很方便地通过自己的感官获取信息。例如,视觉障碍者看不到信息,在网站内容中出现图片的时候,就要加一些注释来说明图片的主要内容,帮助视觉障碍者利用读屏软件获取信息。听觉障碍者听不到声音,在播放多媒体信息的时候就要为听觉障碍者加上字幕或手语旁白。色盲在辨识颜色方面有困难,网站内容中就要注意不要让颜色带有特殊的含义,例如不要单纯用红色表示一些警示信息等。

② 可操作性。要求网站设计要为人们的操作提供各种便利,使用人在获取信息和发送信息时都感到舒适方便。例如,视觉障碍者不能用鼠标,无障碍的网站设计就要求支持键盘操作,通过键击动作来控制页面的变化,这些键击动作的来源可以是键盘,也可以是其他能够产生键盘输入效果的软硬件。残疾人、老年人等特殊人群操作计算机速度可能比较慢,容易出现操作错误,而且很难察觉自己的失误,那么无障碍的网站设计就要确保用户有足够的操作时间,还要提供一些检查错误或帮助用户纠错的辅助措施。

③ 可理解性。主要有两方面的要求:一是要求文本内容可读、可理解;二是要求网站内容的布置和功能性是可预测的。举例来说,考虑到任何人的知识面都是有限的,为了帮助人们理解信息,无障碍网站设计就要求给内容中出现的专业术语、生僻词汇提供解释,缩略语要注明全称。此外,考虑到视觉障碍者上网寻找信息的困难,无障碍网站设计要求信息内容的布局保持一定规律性,以便视觉障碍者在访问过程中积累经验,在记忆帮助下更有效率地找到需要的信息。实际上,网站设计中采用一致的表现方式和布局结构的要求也会使所有普通人受益。

④ 兼容性。兼容性有两方面的要求:一是要求用户代理具有兼容性;二是要求网页具有兼容性。用户代理是指那些能够检索并向用户展现 Web 内容的

软件,用户可能使用不同企业开发的、不同版本的用户代理访问网络。因此要求网页的设计要具备足够的强壮性。无论用户使用何种用户代理访问网页,得到的解析结果都是唯一的。此外,兼容性还要求无障碍网页和普通网页之间保持良好的并存关系,例如,某些网站进行全面的无障碍改造有困难,为了满足特殊人群的需要,可以在普通网页上建立一个链接,指向一个无障碍的界面。

8.2 信息无障碍网站建设的设计

在目前的网站情况下,视觉障碍者和其他有视觉残疾的用户遇到的可访问性问题最严重,因为大多数网页都是高度形象化的。本书以参考文献[7]为例,简要介绍针对视觉障碍人群的信息无障碍网站的设计。

8.2.1 信息无障碍网站建设的设计原则

针对视觉障碍人群的网站的设计原则有通用设计原则、全纳设计和全民设计原则及无障碍设计原则等。

其中无障碍设计原则有四个基本因素,分别是内容、结构、技术和浏览。在内容因素上,应该考虑网页的文字信息和多媒体信息的内容无障碍设计;在结构因素上,应该考虑网页内的版面规划和内容结构上的无障碍设计;在技术因素上,应该考虑处理网页内容、文件语言技术、程序语言技术、媒体技术和输入输出设备技术等的无障碍设计;在浏览因素上,应该考虑网络环境内各网页间的浏览结构的无障碍。网页设计中的四个无障碍因素可以对应无障碍网页无障碍设计四项原则,如图 8 - 2 所示。

多媒体相关信息的无障碍主要是网站内所呈现的各种信息都必须考虑无障碍设计的原则。这里的各种信息既包括语言,如中文、英文、日文、韩文、西班牙文等,又包括文字信息和多媒体的信息呈现,如图形图像、影像、音乐、视频、语音等,这些非文字的信息内容必须加入同等替代的文字信息,以便提高信息的无障碍性。因为对于视觉障碍者来说,这些多媒体信息用同等文字替代,才可以通过屏幕阅读器、点字显示器等多种特殊设备对它们进行处理,从而使视觉障碍者能轻松地理解网站所要阐述的所有内容。

在设计网页结构时,设计者往往会忽略视觉障碍者的感受,所以通常情况下所设计出的网页结构,都是易于普通人访问的,例如过多地考虑如何把网站设计美观、如何设计花哨等,这样对视觉障碍者来说,很难轻松地浏览网站,给他们造成了极大的困难。

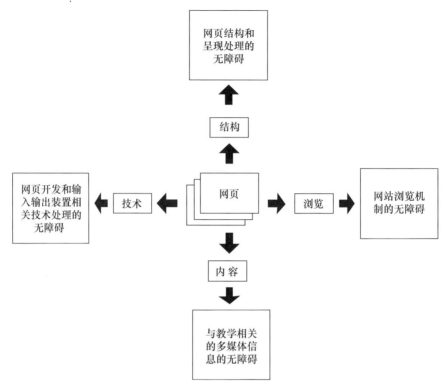

图 8 - 2　四项基本无障碍设计原则

　　设计者可能要考虑文字排版必须对齐的问题,采用了表格和页框进行文字排版设计,这样做会造成网页中出现很多无意义的页框和表格,从而使视觉障碍者在使用屏幕阅读器时无法准确地处理信息,导致信息不能被完整识别出。所以在设计无障碍网站时必须忠实地利用结构和呈现原先设定的功能,毋贪一时的便利或美观而混用不当的标签。

　　在信息技术日新月异的今天,特别是多媒体技术的迅速发展,也带动了一些新技术的出现,包括新的输出和输入设备、网页内的程序对象、Script 语言、特殊媒体技术及网页排版语言等。视觉障碍者在访问网站时,所使用的特殊上网设备可能未必支持新开发的技术,所以设计者在设计网站页面时,如要引用新技术的话就必须得考虑清楚,该技术是否能与特殊设备相匹配,在不支持此技术的情况下,能否找到其他替代方案,让视觉障碍者可以在不支持此技术的情况下,仍然可以使用此网页的信息内容。例如,在设计网站时,可以考虑视觉障碍者在不使用鼠标对网页进行浏览的情况下,能够用键盘替代操作网页的相关需求,网页设计在使用到网页内的程序对象时,必须考虑特殊上网设备可能无法执行此程序对象,因此应该提供替代网页或相关措施让使用网页者可以获得其信息内容。

网络环境内各网页的浏览机制应考虑无障碍操作的需求。视觉障碍者在使用特殊设备时,因其浏览操作不如市面上一般浏览器那么方便和灵活,因此网络环境浏览机制的设计应力求简单、清楚,让网页使用者可以依其需求来浏览网络环境。

8.2.2　针对视觉障碍者的无障碍教育网站的技术依据

而技术依据包括 XML 可扩展标记语言、CSS 层叠样式表、SVG 可缩放矢量图技术、.NET 框架下的无障碍教育网站开发技术等。

XML 是一种可扩展标语言,它和 HTML 类似,都是标记语言,拥有很好的数据库的储存格式,可扩展,高度结构化,便于网络传输,决定了 XML 卓越的性能。XML 是 W3C 创建的一组规范,可以方便地让软件的开发者和网页内容创作者在网页上组织信息,不仅满足了正在不断生长的网络应用需求,还希望借此保证在通过网络进行交互的时候,可以具有良好的可靠性和互操作性。XML 大大提高了数据的可用性和共享性。

在 Web 开发技术中,CSS 主要有几个方面优势:灵活性、呈现性和易访问性。利用 CSS 技术可以轻松建立可访问站点,CSS 具有帮助使用 Web 网站有困难的人的潜力。大多数 Web 网站传统上都是使用表格来构建的,视觉障碍者访问这些页面会有困难,问题就在于表格与屏幕阅读器之间缺乏兼容性。使用 CSS 能够在页面中完整定义的是不可视元素。屏幕阅读器可以使用这些元素快速导航,有效处理文档。由于 CSS 没有显示标记,屏幕阅读器所遇到就只有实际内容,视觉障碍者可以借助屏幕阅读器聆听页面的内容,从而更加容易地浏览 Web 页面。

SVG(Scalable Vector Graphics)是一种开放标准的文本式矢量图形(Vector graphics)描述语言,是基于 XML 的用来描述二维矢量图形和矢量/点阵混合图形的标志语言,是一种全新的矢量图形规范,而 GIF、JPEG 是位图图像格式,有了两者的概念之后,SVG 较 GIF、JPEG 的优势显而易见。目前较为流行的 SVG 创作工具主要是 Adobe Illustrator,这是目前较为成功的一款结合 SVG 功能的矢量创作软件,它可进行 SVG 静态图像创作并通过 JavaScript 实现部分交互功能。

通常情况下,这个 Web 标准可以用最少的工作量来完成被最多的受众能访问的 Web 站点,这对于建立公共的网页来说,Microsoft ASP. Net 2.0 无疑是最佳的选择,这个框架也是最佳的框架。例如,在按照标准生成网页后,在 Internet

Explorer 中以某种方式显示的网页也同样可在其他浏览器中显示,并且不需要额外的任何工作。Web 标准的另一个优势是使 Web 站点更加易于视觉障碍者访问,Microsoft ASP. Net 2.0 的框架能够很好地满足 WCAG 中的优先级 1 和优先级 2 的检查点,以及 508 法案中的准则。

8.2.3　信息无障碍网站建设的系统设计原则

1)适用性原则

网站开发总的目的是保证能够满足视觉障碍者从网站便捷获取信息的需求,是开发网站最基本的原则。在满足此需求的前提下,应该从视觉障碍者的角度考虑,使设计的系统操作简单化、易用化。应该以降低系统的成本为目标,避免一味追求界面的美观度和技术的先进性而不考虑实际使用人群(视觉障碍者)的体验。没有针对实际使用人群和应用的开发即使再美观技术再先进也是失败的。

2)可靠性安全性原则

可靠性和安全性是网站系统开发重要的需求之一,也是系统设计质量的重要指标。无障碍教育网站的网络环境中,对于现在大量存在的网络病毒、黑客攻击等安全威胁,应该具有一定的防御能力,对于不同的网络带宽和访问量等外界运行环境的变化,应该具有较强的适应能力。只有安全可靠的系统才能发挥网站应有的功能。

3)可拓展性原则

网站系统的设计应该提供可拓展能力,以满足未来需求的发展和变化。主要可以采用分布式设计、系统结构模块化设计等技术手段,把系统设计分为多个功能相对独立的模块,提供系统的可拓展性。

8.2.4　信息无障碍网站建设的开发流程

一般的网络环境开发采取的是"自顶向下"的 Web 开发方式。

①在建设站点之前,认真分析和掌握网络环境中遇到的各种问题以及要达到的目标,清晰地理解和定义目标有助于确定网络环境设计的合理性。

②创建开发规范书,它记录了站点的所有需求,并认真考虑所有潜在的学习者的访问需求。

③制订网络环境计划书,包括技术和界面的。

④网络环境的实现和测试,在发布前,根据阅读者的反馈意见不断修改和校正。

具体网站开发流程如图 8-3 所示。

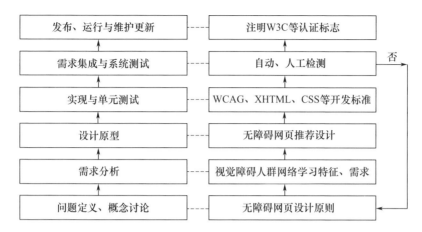

图 8 - 3　信息无障碍网站建设流程

8.2.5　系统的总体框架

本系统是基于 ASP. NET 2. 0 的 Web 应用系统,采用 B/S(Browser/Server,浏览器/服务器)模式。B/S 模式最大的好处是运行维护比较简便。管理成本较低,用户界面一致,使用简单,能实现不同的人员从不同的地点以不同的接入方式(如 LAN、WAN、Internet 等)访问和操作共同的数据。

使用者不需要额外安装新的软件,只需安装网页浏览器就可以进行操作。方便维护和管理,应用程序运行在服务器端,这样便于系统的管理、更新和升级,降低了服务器和客户端之间的依赖性,同时提高了应用程序代码的安全性,有效地保护系统平台和服务器数据库的安全。

整个无障碍网站系统采用三层结构体系——用户界面层、系统逻辑层和数据访问层,如图 8 - 4 所示。

1)用户界面层

用户界面层提供应用程序的用户界面,也称为表现层,应用程序有一系列用户与之交互的页面组成。用户通过访问该层即可直接访问系统,实现需要的功能。不同的用户以不同身份进入系统,用户分类为普通浏览者、注册会员、普通管理员和超级管理员,不同的用户在系统中的权限不同,权限由低到高。普通浏览者可以登录网站查看各种文学作品、图片和部分教学录音;注册会员除了能浏览网站中所有的资源外还能下载各种音频和文学作品;管理员通过登录进入后台管理网站内容,登录后可以管理所有内容及系统设置。用户界面层采用浏览器登录方式,方便用户,界面亲切友好。此层主要通过 ASP. NET 2. 0 和 Web Forms 来实现。

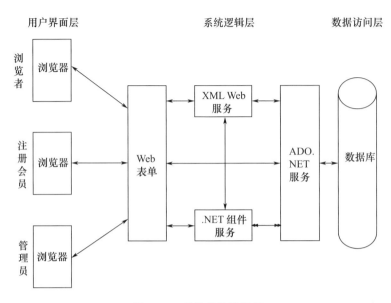

图 8 - 4 系统的总体框架

2) 系统逻辑层

系统逻辑层实现应用程序的业务功能,处于用户层和数据层之间,是整个分层模型的中间层,是分层模型中重要的一层。本系统中由多个模块组成。内容有用户登录、内容检索、文学书库中心、图片中心、音频中心等。这一层为用户界面层提供功能调用,同时它又调用数据访问层所提供的功能来访问数据库。通过 ADO. NET 来实现对数据层的数据快速访问。

3) 数据访问层

数据访问层提供对外部数据库的访问,是整个分层体系的最底层,该层的主要技术是 ADO. NET 和 . NETXML 功能。实现与数据库的交互,即完成查询、插入、删除和修改数据库中数据的功能。数据访问层为系统逻辑层提供服务,根据业务逻辑层的要求从数据库中提取数据或者修改数据库中的数据。它由用户信息数据、网站内容数据等组成。其中,用户信息数据包括普通用户和管理人员的基本信息。网站内容数据主要包括文学图书、图片、音频等信息和链接地址。

8.2.6 系统部署架构

本系统采用 B/S 三层架构,由 Web 服务、应用服务和数据库三层服务器构成,客户机没有特殊要求,只需要能够连接局域网,安装有最基本的 Web 浏览器就可以。由于大量图片、音频的在线浏览或播放需要占用大量的系统资源和带宽,因此为了提高带宽利用率,把图片和音频各自制作了一个服务器。

这样做大大地提高了网站的整体性能。系统部署架构如图 8 - 5 所示。

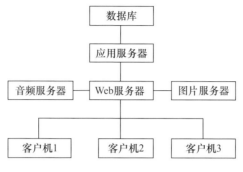

图 8 - 5　系统部署架构

8.2.7　系统功能架构

一个系统的设计要考虑整个系统要实现的功能,所以在进入编程之前,要有系统的功能架构图。根据这个架构图可以清楚地看到系统的各个模块及各模块能够完成的功能。系统的设计将根据图中的各个模块,分别实现各种功能。系统的功能架构如图 8 - 6 所示。

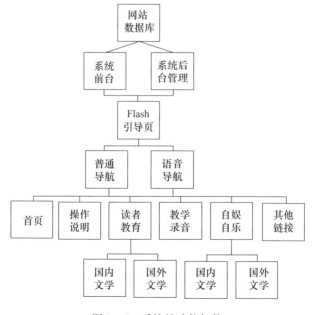

图 8 - 6　系统的功能架构

279

8.3 信息无障碍网站设计中的关键技术

信息无障碍网站设计的关键技术主要包括快捷键的设计、为图片提供同等内容的替换文字、调节文字大小、在线语音合成技术、导航的语音合成技术、内容的语音合成和改变色彩对比度。

8.3.1 快捷键的设计

这里所指的快捷键,就是把网页与快捷数字相链接,让预先设定好的快捷键或者特殊设备代替鼠标的操作,对浏览整个网站进行控制,这样设计的意义在于可以让视觉障碍者不受鼠标的局限。一般来说,传统的教育网站都是用鼠标进行操作的,鼠标操作是传统的学习网站必须使用的手段,但是视觉障碍学习者不能像普通人那样有效地使用鼠标。对于视觉障碍者来说,不能使用鼠标准确地点击某个按钮,进入到某个页面,在浏览整个网页造成了一定的困难,快捷键的设计可以让视觉障碍者对网页进行准确快速地链接和操作。掌握了快捷控制的视觉障碍学习者可以自由地对网页进行操作和使用,从而提高自己的网络学习的能力。本设计主要通过 JavaScript 脚本来实现快捷键与导航的关联。在设计中为了体现更人性化符合人们习惯的操作方法,选择了数字快捷键设置,数字与导航条一一对应,想要到达所需要的导航条指引页面只需按下相应的数字键。快捷键的设计如图 8 - 7 所示。

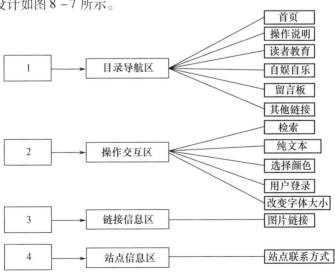

图 8 - 7 快捷键的设计

8.3.2　为图片提供同等内容的替换文字

针对视觉障碍者的无障碍教育网站设计,最关键的一点就是所有的信息都能被识别,特别是借助屏幕阅读器等辅助工具上网的视觉障碍者,对于页面的文字、内容及图片的访问存在着一定的障碍,那么这些视觉化的信息就必须通过屏幕阅读器转化成文本信息,并且这些信息是必须能被屏幕阅读器所识别和捕捉到的。对于文本信息来说,通过屏幕阅读器进行捕捉和识别并不困难,但是对于非文本信息,例如图片图像来说,这就有一定的难度,唯一的解决办法就是将这些非文本信息合理地转化为文本信息。

8.3.3　调节文字大小

调节文字的大小和对比度是针对弱视等人群专门设计的。对于弱视群体来说,这两项功能的加入对用户访问的方便性有很大的帮助。特别对于视觉障碍者而言,大大增加了网页的可操作性和易访问性。例如,在加拿大的视觉障碍者数字图书馆中,访问用户可以自己喜好对网页进行设置,比如显示的颜色、导航的位置、描述性表单和每一项所显示的结果数。其中,在显示颜色这一功能上对网页的色彩进行了设计,在默认情况下,网页的色彩是白色的底和黑色的字,还有黑色的底和白色的字可供选择。还有导航的位置设计:在默认的情况下,导航的位置是在网页的左边,可以通过一个单选按钮使导航的位置进行变化,有顶部和底部两种选择。

在技术上网站开发人员不仅可以使用多个 CSS 样式表来供用户进行切换,还可以使用绝对和相对字体尺寸,相对字体尺寸是将 font-size 属性设置为某一数字,相对字体尺寸是将该属性设为默认字体大小的百分数,要使其与在可视化浏览器中选择的文字大小兼容,相对字体尺寸还是比较好用的。这样,当视觉障碍者用户使用浏览器不同字体大小的命令时,网页上的文字就会随之做出相应的调整。同时,在字体的选择上尽量不要使用那些不常见的,最好使用系统默认安装的字体,中文就是宋体、黑体等,外文可以选择 Microsoft Sans Serif 字体等,这能保证在不同的操作系统下,网站文字都能正常显示。

8.3.4　在线语音合成技术

在线语言合成技术指网络使用者可以在打开网页的时候听到网页的自动朗读,而不用进行多余的操作,这大大方便了视觉障碍者。在这里,必须考虑视觉障碍者的特殊性,为其所设计的网页要区别于普通网页,大致内容包括导航页和内容页。无论是导航页还是内容页都只涵盖其本身的骨干内容,而没有其他多余的东西,这样可以尽量简化网页的设计。

8.3.5　导航的语音合成技术

朗读导航条的内容和增加快捷控制的说明是导航页面的语音合成不可或缺的两个方面,所以导航过程中的语言声音便以设计成背景声音的方式来实现。首先,依据具体需要为导航页面设计并嵌入所要朗读的声音内容,包括导航内容和操作说明,并事先用文字方式记录下来,不但要求内容清晰易懂,更要简明扼要。随后,利用 Cool Edit 对录音数据进行编辑和后期处理,使音色悦耳清晰,音量适中,并且为了减少数据用量方便网页流畅地打开要将其保存为 MP3 格式。最后,将编辑好的音频嵌入到设计好的导航页面使其一一对应,成为网页导航。主要是借助 <bgsound> 标记实现,代码如下:

　　<bgsound　src = "beijingyinyue/shouye. mp3"　loop = "1"/>

将这段代码放入 <body> 标记下面。这是首页的导航语音代码,其中 src 为背景声音的存储地址,loop 为播放次数。运用这些标记便可以实现语音页面导航。更方便的是在不同的页面里只要事先嵌入准备好的网页语音即可。

8.3.6　内容的语音合成

要实现文本发音,光有 TTS 引擎还不够,还需在编程软件中利用编程接口实现文本发音的功能。Microsoft Speech SDK 5.1 是微软公司提供的软件开发包,集成了 Speech Recognition 和 Speech Synthesis Engines。Speech Recognition 是语音识别,Speech Synthesis 就是语音合成,通过它可以很容易地建立功能强大的文本语音程序,实现文本的朗读功能。

8.3.7　改变色彩对比度

色彩的无障碍设计也是针对色弱、色盲等色觉障碍人群的。对许多人而言,颜色本身有它的内涵,如习惯用红色来表示重要的信息,但是对颜色识别能力有障碍的人来说,原本颜色所传达的信息可能会丧失或受损,网页内容的传达将达不到可及性的要求。例如,当前景色和背景色在色泽上太接近的时候,有的人可能无法分辨;又如,不同物品的叙述用不同颜色来代表时,有的色盲者可能也无法分辨。在设计时,应注意不要对重要的信息使用容易混淆的颜色。要确保前景色和背景色或周围其他颜色有明显的区分,不要使用不可见的文本(前景色和背景色颜色一样,导致文本不可见)。还要避免网站中前景色和背景色的颜色搭配不合理的情况,例如,白色背景上是黄色的字,浅蓝色背景上是深蓝色的字。另外要避免两种互补色同时出现在屏幕上,如红字绿底。

　　色觉障碍者有多种类型,最常见的是红色盲(无法识别红色),绿色盲比红色盲少些,蓝色盲比较少见。确保前景色和背景色彼此呈现明显的对比。当提供图形图像给色觉障碍者时,必须确保前景颜色与背景颜色有其明显的对比度。对比度是图形图像的一个重要指标,背景和文字如果区分不大,就会使低视力学习者,甚至是正常学习者都难以看清楚,从中获得信息就更难了。

　　前景色和背景色对比鲜明是网页色彩无障碍设计的一个关键要素,这样才有便于有颜色缺陷、色盲色弱或使用黑白屏幕的用户使用。禁止使用色调环上的邻近色调形成对比。

　　不建议以英文颜色名称设定网页色彩,而应该使用 16 进制颜色码取代英文颜色名称。

8.4　信息无障碍网站测评工具

　　信息无障碍网站在开发和建设完成时,应采用一些测评工具去检测,如果未达到信息无障碍网站的技术标准,则对网站进行相应的改进,使其达标。测评工具有 Web Accessibility Checker(Achecker)、Bobby 软件(Web Xact)、Lynx Viewer 等。

　　Achecker 是由加拿大安大略省政府资助的一个开源的网络可访问性评价工具,可基于 WCAG 1.0、WCAG 2.0、BITV 1.0、Section 508 和 Stanca Act 等多种标准对网站可访问性进行评价。它不仅提供联机的工作界面,同时还提供应用程序接口,评价数据遵循 XML 格式,适宜作较大规模的网站测评。Achecker 确认 3 种网页错误:"已知错误""疑似错误"和"潜在错误"。

　　WebXact 是一种提供在线测试的网页无障碍评估工具,根据 W3C 提出的《无障碍网页内容指南》的检查点而设计,目前在一些国家和地区,已经普遍接受该指南作为确保网页符合无障碍要求的标准。在 Bobby 测试中,共有按照指南有关无障碍网页设计原则的 24 项检测标准,分为优先级 1、优先级 2、优先级 3 三个层次。2008 年 2 月停止了免费在线测试,WebXact 的设计者开始与 IBM 无障碍信息中心合作开发新的 Web 可访问性工具。

　　Lynx Viewer 是能够让网页仅以文本的格式显示,从而检查网页在 Lynx(这是一个字符界面下的全功能的万维网浏览器,搭配可触摸式的点字显示器后就可以给残障用户使用)中的显示结果。它针对被测网页生成一个 HTML 网页,并指出页面有多少内容可供 Lynx 这个纯文本浏览器使用。对于视觉障碍者来说,Lynx Viewer 是一种非常实用的工具,它可以迅速判断某个站点是否能够顺利使用屏幕阅读器或点字显示器读取。

W3C CSS 验证服务主要用来检查层叠样式表(CSS)文档和 HTML 文档或者 XHTML 文档中的 CSS 内容。测试方法分为 3 种:输入指定的网址、导入网页原件、直接输入网页内容。

W3C Markup 验证服务是一种免费的网络服务,它主要是用来检查网页文档的格式,如 HTML 或者 XHTML 是否符合 Section 508 的规则或互联网协会所推荐的其他标准。W3C Markup 验证服务的测试方法也可分为同样的 3 种测试方法,只是对运行的操作系统有一些特殊要求。除了提供 Markup 验证服务以外,还提供了 RSS/Atom feed、CSS 样式表、链接检查等验证服务。另外,也提供相关软件的下载。

WDG HTML Validator 是一个很好的工具,能找出网站语法错误,并标注出来,也可选择对网站上单独的每一页进行分析。

RUWF XML Synatx Checker 用于查找 XML 文件的错误。

W3C Feed Validation Service 用于查找 Atom 和 RSS feed 中的语法错误。

W3C Link Checker 用于搜寻查明网站内的所有链接里是否有断链。

HERA(Accessibility Testing with Style)使用一种极为复杂但容易理解的方式指出网页的 WCAG 1.0 兼容性问题。

HiSoftware CynthiaSays Portal 采用了非常严格的规则来测试网页(根据 Section 508 和 WCAG 1.0 规则),生成的报告极为详细。

ATRC Web Accessibility Checker 测试网站与 WCAG 2.0 优先级 2 兼容性,它会生成一份报告,提出一系列建议,例如,如何提升页头、链接、数据、图表和文字的访问速度。

8.5　信息无障碍网络交互方法

信息无障碍网络旨在确保任何人都有办法获取网页上的媒体内容——无论人们是否遭遇了身体、心理或技术上的障碍,都不会妨碍人们接收作者所释出的资讯,使网络上的内容更易于取得、利用。信息无障碍网络的交互技术如图 8-8 所示。信息无障碍网络交互方法有服务器端语音推送技术、交互式智能语音技术、手语表达理解和转换技术、公共场所听力补偿关键技术、Web 2.0 技术等。

1)Web 2.0 技术

Web 2.0 技术是一套可执行的理念体系,实现网络社会化和个性化的理想,使个人成为真正意义的主体,实现互联网生产方式的变革,从而解放生产力。而 Web 2.0 包含有博客(blog)以及 RSS(简易聚合)、Web Service(Web 服务)、API

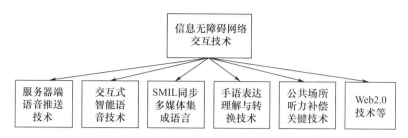

图 8 - 8　信息无障碍网络交互技术

(Application Programming Interface,开放式应用程序接口)等。Web 2.0 是以人为核心,旨在用户提供更人性化的服务,Web 2.0 强调的是用户体验,突出的是用户个性化。作为一个新兴的社群环境,Web 2.0 时代借助 RSS 和 XML(Extensible Markup Language,可扩展标识语言)技术,实现用户与网站之间的交流,残障用户可以根据自己的喜好自由选择信息,使得具有特殊个人喜好或者共同用户体验的用户群体可以通过虚拟社群的形式,建立起某种经常性的联系。

　　视觉障碍用户获取 Web 页面信息比较常用的就是采用屏幕阅读技术:将屏幕信息转化成合成语音或可刷新的盲文显示,通常只可转化文字信息。如果图形中有描述图像的替换文本,则也可以转化输出替代文本。读屏软件的具体工作流程如图 8 - 9 所示。

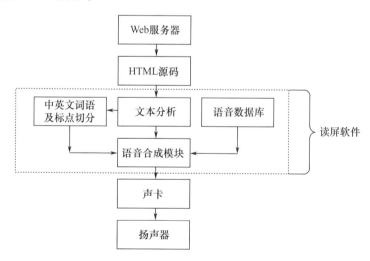

图 8 - 9　读屏软件的工作原理

　　读屏软件根据 Web 服务器返回的 Web 页面 HTML 源码,对 HTML 进行分析得出正文内容和各种 Web 标记,对正文的中英文内容和标点符号进行分析,决定是否朗读及朗读方式,最后由语音合成模块结合语音数据库对 Web 页面进行语音合成并送给声卡,通过扬声器播放出来。

2)SMIL 技术

同步多媒体集成语言(synchronized multimedia intergration language,SMIL),是一种和 HTML 具有基本相同结构的标记语言。它可以将 Internet 上不同位置的媒体文件关联在一起,媒体播放器通过载入 SMIL 文件,会根据文件中设置的播放顺序、位置等属性,将这些文件集成到同一窗口播放。SMIL 已经渐渐成为网络多媒体的国际通用标准语言。随着媒体播放器的不同,它所支持的媒体格式也不同,但它几乎支持所有的媒体格式。目前支持 SMIL 文件的播放器有 RealPlayer 8.0、QuickTime 4.1 及 Internet Explorer 等,也可以一样播放 SMIL 文件。现在 SMIL 也成为数字高清晰电视技术的一个组成部分。

SMIL 语言和其他多媒体集成工具相比,突出的优势包含以下几个方面:

① 由于流媒体服务器可以发布多种流媒体格式,如音频、视频、文字及图片等,SMIL 文件只是将各种媒体文件关联起来,而并没有将它们融为一体。当重新组合生成新的多媒体节目时,只需要重新编辑 SMIL 文件即可。

② 由于 SMIL 为每一个关联的媒体文件都列出了一个独立的 URL 地址,在编辑多媒体节目时,可以使用存放在网络中任何一台服务器上的媒体文件,这有利于网络服务器的分类和有效使用。

③ SMIL 语言可以很方便地建立和控制多媒体节目以及各关联文件的时间线。对于具有内部时间线的媒体文件,比如音频和视频文件,可以运用 SMIL 选择播放其中的一个或几个片断;在视频的其他时间甚至在其他视频中再播放其他片断,而不需要对视频文件做任何变动。

④ 当多媒体节目中含有多个同时播放的可视媒体对象时,比如,播放一段视频,需要同时显示 RealText 制作的相关文字说明以及 RealPix 制作的相关图片,运用 SMIL 可以精确安排整个窗口的播放布局,使得各媒体相得益彰,用户一目了然,充分体现网络多媒体的丰富效果。

⑤ 运用 SMIL 可以使用客户端的播放器选择播放不同语言的同一媒体内容。比如,制作一段有不同语言声音的视频文件。先制作没有声音的视频文件,再分别制作不同语言的声音文件,在 SMIL 文件设置视频和声音文件的播放匹配以及声音文件的播放条件,在网页中只需建立单一的和 SMIL 文件的链接。当用户点击链接,用户端的媒体播放器如 RealPlayer,会根据用户端的系统语言选择播放相应的声音文件。

⑥ 运用 SMIL 可以为不同的传输带宽列出不同的媒体文件。用户端的媒体播放器会根据各自的传输带宽选择载入相应的文件来播放。这样通过一个链接就实现了支持多带宽连接,而不必再为不同的网络用户,如 Modem 用户、ISDN

用户和 LAN 用户分别设置连接。

⑦ 由于 SMIL 文件是纯文本文件,使用文本编辑器可以很方便地对其进行修改。因此可以根据用户浏览器中的风格设置,创作不同风格的 SMIL 文件,为不同的用户提供不同风格的多媒体节目。

第9章 信息无障碍家居与社区

信息无障碍家居与社区是信息时代的必然产物,我国的家居及社区智能化、网络化水平随着计算机技术、现代通信技术、自动控制技术、图形显示技术的飞速发展得到不断提高。

9.1 信息无障碍家居与社区的关键技术

信息无障碍环境的关键技术可以分为两部分:硬件部分和软件部分。硬件部分的关键技术主要有物联网技术、卫星定位与导航技术、RFID 技术。这些技术偏重与硬件,进行信息的收集,充当信息无障碍社区/家居服务平台的"感官"。软件部分的关键技术主要有 SOA 架构技术、云计算技术、数据仓库与数据挖掘技术、系统安全技术。这些技术只要用于服务平台的搭建,使之具有安全性、开放性、可扩性等。

1）物联网

物联网在社区和家居环境网络化中发挥着重要作用,小区基础设施智能建设以及其与社区服务的联系离不开物联网,智能家居以及其与社区信息服务的联系也离不开物联网,物联网是住户、社区及外界社会服务的纽带。

物联网作为继互联网之后信息技术的又一次跨越,将对人们的生产、生活和工作方式产生深刻的变革。在互联网时代,人们对于信息获取的方便性、快捷性和多样性,信息处理的精确性、高效性和有效性,信息传输的有效性、可靠性和安全性等都提出了急切的要求。为了满足人们的这一系列需求,物联网技术应运而生。

物联网是实现物物相连的互联网络,将用户端延伸到了任何物品和物品之间,完成信息交换和通信,提供更加全面、丰富的信息,实现智能化控制与决策。物联网是新一代信息技术的重要组成部分,英文名称是"The Internet of things",顾名思义,"物联网就是物物相连的互联网"。这有两层意思:第一,物联网的核心和基础仍然是互联网,是在互联网基础上延伸和扩展的网络;第二,其用户端延伸和扩展到了任何物品与物品之间,进行信息交换和通信。因此,物联网的定义是通过射频识别(RFID)、红外感应器、全球定位系统、激光扫描器等信息传感设备,按约定的协议,把任何物品与互联网相连接,进行信息交换和通信,以实现对物品的智能化识别、定位、跟踪、监控和管理的一种网络。和传统的互联网相比,物联网有其鲜明的特征。

物联网将使物品具有智慧。物联网将实现对物品的全面感知,这将大大拓展人类对这个世界的感知范围,随着物联网技术和应用的发展,将能看得懂动物、植物以及非生命自然物品的思想和反应。

物联网将改变人类的沟通范围、模式、渠道和效率。物联网的出现将使得物品对物品、人对物品的沟通成为可能,这将不仅改变人类的沟通范围,使人类能在更广泛的对象范围、空间范围内开展沟通活动,而且使人类的沟通模式、沟通渠道、沟通效率发生深刻变革,使传统的一对面对面模式将不再成为必需,基于特定网络、特定工具的沟通渠道也仅是一种选择,同时物联网下的沟通效率也将大大提高,使人类的沟通理念、方法大为改观。

物联网的价值在于智慧的应用。物联网对人类的改变将是全方位的,它不仅将改变人类的生活方式,提高生活质量,而且将改变生产过程,提高生产力。物联网通过在家庭个人、产业经济、公共服务等市场的应用,使得这些领域主体"智商"提升、效率提高,带来人类社会生产力的二次飞跃。

从技术上看,物联网就是把传感器、传感器网络等相关感知技术,通过通信网络、互联网等多种传输网络,并使用计算机、智能处理和自动化控制技术,将人与物融为一体的智能网络。物联网的系统架构如图 9-1 所示,可以分为感知层、网络层和应用层三层。

信息时代,物联网无处不在。基于物联网具有实时性和交互性的特点,物联网技术渗透到我们生活中的方方面面,物联网在人们生活中的应用如图 9-2 所示。

2)卫星定位与导航技术

卫星定位与导航技术就是使用卫星对某物进行准确定位的技术,可以保证在任意时刻,地球上任意一点都可以同时观测到至少 2 颗卫星,以便实现导航、定位、授时等功能,用来引导飞机、船舶、车辆及个人,安全、准确地沿着选定的路线,准确到达目的地,还可以应用到手机追寻等。

应用卫星定位与导航技术可以为居民出行服务。例如,卫星定位与导航技术应用于城市交通的公交系统,可利用车载设备的卫星定位功能,对公交运行状态进行实时监控,将所得数据接入智慧社区服务系统,使得用户通过系统可以实时查询公交到站运行情况,方便用户乘坐公交出行。

应用卫星定位与导航技术可提供社会公共服务。例如,在老人或者小孩身上

图 9 - 1   物联网的系统架构

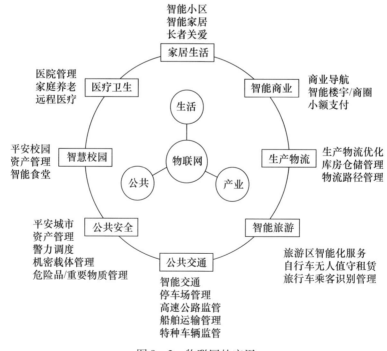

图 9 - 2   物联网的应用

安装卫星定位系统,通过各类传感器使老人和小孩的日常生活处于远程监控状态,有效避免老人和小孩走失。

3) RFID 技术

射频识别是一种无线通信技术,可以通过无线电信号识别特定目标并读写相关数据,而无需识别系统与特定目标之间建立机械或者光学接触。射频识别技术不用接触识别,识读距离远,信息存储量大,可读写标签信息,读写速度快,抗干扰能力比条形码强,可以实现同时读取多标签。

RFID 技术可在信息无障碍社区/家居服务平台统一识别方面应用,如统一的 RFID 身份识别,可用于社区门禁、社区医疗、社区服务支付、就餐购物、社区活动等所有社区服务,确保信息无障碍社区/家居服务"智能快捷"。RFID 在信息无障碍社区/家居服务平台中的应用如图 9-3 所示。

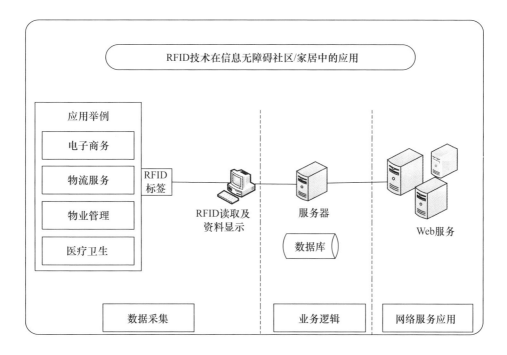

图 9-3 RFID 技术在信息无障碍社区/家居服务平台中的应用

4) SOA 架构技术

面向服务的体系结构(service oriented architecture,SOA)是一个组件模型,它将应用程序的不同功能单元(称为服务)通过这些服务之间定义良好的接口和契约联系起来。接口是采用中立的方式进行定义的,它应该独立于实现服务的硬件平台、操作系统和编程语言。这使得构建在各种这样的系统中的服务可以一种统一和通用的方式进行交互。

SOA 架构具有可重用性、敏捷性、低耦合性等特点。可重用性指一个服务创建后能用于多个应用和业务流程。敏捷性指服务的独立性,使每个服务可以被单独地开发、测试和集成。低耦合性指技术和位置的透明性,使得服务的请求者和提供者之间高度解耦。

由信息无障碍社区/家居的理念和需求可以知道,它是海量信息交汇的节点,因此需要一个综合的信息管理平台。该平台应对能够采集和存储监控信息做相应计算分析,实时处理大量用户的请求,并且具有良好的安全性和稳定性。SOA 可以把业务与技术分离,实现软件资源的共享与重用,随需求扩展系统,因此基于 SOA 的信息无障碍社区/家居服务平台可以最大限度地避免开发过程中所遇到的风险。

基于 SOA 架构的信息无障碍社区/家居服务平台在可用性、性能、可重用性、可扩展性、经济性等方面都有不错的表现。当然 SOA 并不是一个具体的技术,它不能解决系统开发时所遇到的技术难题,每一个技术难题依然需要具体的人员运用具体的技术去解决。SOA 能做到指导系统的设计,让系统能更从容地应对出现的问题。

5）云计算技术

云计算是基于互联网的大众参与的计算模式,其计算资源都是动态的和虚拟化的,而且以服务的方式提供。它以海量的存储能力和可弹性变化的计算能力成为解决海量数据管理和应用的有效方式,同时又能极大地发挥网络资源的价值和优势,通过广泛布置的传感设备、射频设备及相关网络终端设备讨社区的资源信息进行广泛采集,通过云计算平台的集中智能化处理,提供各种信息和应用服务,实现社区物业管理的高效运行,为住户提供一种安全、舒适、方便、快捷和开放的信息化生活空间,对于提高居民生活水平和解决老年人和残疾人行动不便等难题具有非常重大而深远的意义。

云计算技术将网络通信、智能家电、家庭安防、物业服务、社区服务、老人服务、增值服务等整合在一个高效的系统之中。云计算服务平台屏蔽了底层子系统的软硬件实现细节,并且提供连接服务的标准接口,使用户可以方便地接入云计算平台使用计算资源。

基于云计算的信息无障碍社区/家居服务平台以云计算平台为枢纽,通过社区门户网站将社区安防系统、社区节能监控系统、智能家居管理系统、社区物业服务系统等社区子系统有机结合起来,向社区居民提供全面的、便捷的、开放的服务项目。该系统结构图如图 9-4 所示。

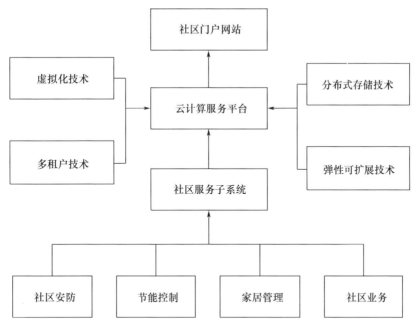

图 9 – 4 基于云计算的信息无障碍社区/家居服务平台

9.2 信息无障碍家居

9.2.1 信息无障碍家居介绍

信息无障碍家居是利用计算机、通信、网络、电力自动化、信息、结构化布线、传感等技术将家庭中各种设备相连,并集各项功能于一体的系统。以住宅为载体,采用无线联动的方式来进行设备控制和信息采集,以实现家居设备自动化、居家安防、远程人体健康监护、家庭娱乐互动、楼宇水电节能监测等功能,为人们提供高效、安全、便利的生活空间。

基于物联网技术的智能家居系统是将物联网技术应用于现实生活中,实时远程感知环境信息,将传统的控制方式扩展到互联网和移动终端进行互动,将传统的现场实体控制转化成虚拟的网络控制,从而构成集信息获取、智能控制、安防、远程监控功能为一体的智能系统。整个系统主要由家电控制、家居环境监控、安防监控、视频监控四部分构成,如图 9 – 5 所示。

家电控制部分,在每个被控制家电设备上安装一个家电控制模块和 WSN 节点,二者通过 RS485 串口相连,各个节点自动组成无线网络,控制中心根据

293

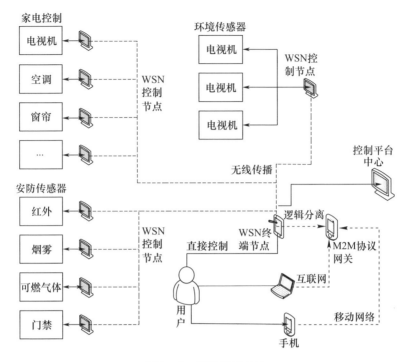

图 9 - 5　智能家居系统

系统软件要求对家电进行自动控制,比如可以根据室内温度开启空调或地热设备,根据光照进行开灯和开启窗帘,也可以通过远程控制系统对家电进行远程控制。

家居环境监控部分,对室内空气中的 CO_2、O_2、温湿度、光照参数进行监测,监测数据用通信网络传回控制中心,并可通过设定值进行相关设备控制,如开窗、短信报警等。

安防监控部分主要由多个传感器检测和处理模块组成,包括防盗、门禁、火灾及煤气有毒气体检测等。通过设置红外传感器对人体入侵进行检测预警;门禁通过 RFID 识别防范非法人员入侵;通过感知烟雾和有毒气体,对火灾和煤气等有毒气体的侵入进行检测预警。所有设备都通过 WSN 进行无线连接,报警信息可以通过手机远程通知业主,同时业主也可以通过手机远程查看室内情况。

视频监控系统利用视频监控设备对室内进行视频监控,且视频存储到控制平台硬盘内,可供事后查询。同时也可通过 Web 方式远程监控室内视频。

随着科技的进步和物质生活水平的不断提高,人们希望家居环境能够更安全、更方便和更舒服,智能家居系统随之产生。智能家居系统是指融合了自动化控制系统、计算机网络系统和网络通信技术的网络化、智能化的家居控制系统。

它作为物联网技术应用的重要组成部分,与居民的生活紧密相连,通常将居民家中的环境控制、家电、照明和网络等各种设备,通过家庭物联网连接到一起,形成一个由家庭网络服务系统、安全防护系统和家庭自动化系统所组成的家庭综合服务和智能化管理的集成系统,从而打造一个更安全、更便捷、更舒适的智能化家居生活空间。

在传统的智能家居系统中,主控制器与无线网络节点之间多采用基于总线的有线连接,布线方式施工成本高,也不便于维护和扩展。物联网技术的发展为新型智能家居提高了一种全新的解决方案。基于物联网的智能家居系统将家电通过传感器节点、网关节点与手机、互联网相连,给主人提供全方位的信息交换功能,帮助家庭与外部保持信息交流畅通,帮助人们有效地安排时间,增强家居生活的安全性,提高行动效率和生活幸福感。

目前,我国智能家居系统在社区和居民生活中的应用主要有家庭安防监控、智能家电、家庭健康服务和交通工具防盗跟踪等。其中最常见的有两个方面,即安防物联网系统和家庭健康系统。安防物联网系统负责家庭的财产安全,检测范围包括火情、水情、盗情、煤气泄漏等。家庭健康系统利用信息处理和网络技术,以声像、图形或其他形式传递医学信息,用于诊断、治疗和研究等工作。

智能家居系统主要包括家居环境智能控制、信息家电功能、智能家居安防预警、数字化家庭服务四部分功能,能实现家庭中对各种信息有关的通信设备、家用电器和安防设备的集中监视、控制和管理,以保持住宅环境舒适、安全,最大程度简化居民的生活,提高居民的生活品质。社区智能家居系统总体结构如图 9 – 6 所示。

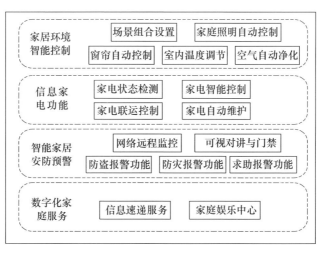

图 9 – 6　社区智能家居系统总体结构

1）家居环境智能控制

家居环境智能控制模块包括室内温度、湿度、光照和空气洁净度的自动控制，居民可以利用智能家居系统集成终端（如遥控器、手机、PDA 等），设置自己满意的家庭场景模式，实现全屋自动定时控制；还可以对家居环境的不同情景进行远程开启、切换、关闭等操作，实现家居环境的自动调节。

2）信息家电功能

用户可以利用多功能遥控器、手机、PDA、语音识别等，实现家电的协同联运工作，并实时进行自动诊断、维护与更新，最大程度简化家居生活，提高生活质量。

3）智能家居安防预警

智能家居安防预警能够实现家庭的安全防护和自动报警，家庭安全防护包括远程网络监控，可视对讲与门禁以及对火灾、盗窃、煤气泄漏等隐患进行预报与防护；还可以实时监控预防非法闯入、火灾、煤气泄漏、紧急呼救的发生，出现警情时自动发出报警信息，并在社区安保部门自动弹出客户的详细地址、姓名、联系方式等信息，及时提醒安保人员进行出警服务，同时启动相关电器进入应急联动状态，从而保护社区居民的人身和财产安全。

4）数字化家庭服务

数字化家庭服务能够保证社区居民与物业管理公司、社区服务中心间的信息互通共享，简化居民生活，实现包括家庭影院、背景音乐在内的全方位的娱乐功能。

9.2.2　以智能轮椅为中心的智能家居系统

智能轮椅就是一种典型的智能服务型机器人。随着社会的发展和人类文明程度的提高，老年人、残疾人的服务需求日益增加，他们越来越需要运用现代高新技术来改善生活质量和生活自由度。而现在随着智慧生活的概念提出，智能家居的产品快速发展，智能轮椅作为助老、助残服务机器人系列产品中的一个重要研究领域已逐渐成为国内外科技人员研究的热点。下面介绍智能轮椅的家居服务示范，如图 9 - 7 所示。

该系统可以通过操纵杆控制、语音控制、手势控制、头部控制和生物电信号控制等方式对智能轮椅进行控制与操作。其次通过传感器网络可以获取家居的健康和安全情况（例如室内的空气质量检测；当有非法入侵时，轮椅检测到非法入侵的信号，然后通知家居管理系统，家居管理系统可通过安装在住户室内的报警控制器得到信号从而快速接警处理；报警联动控制可在室内发生报警时，系统向外发出报警信息的同时，自动打开室内的照明灯光、启动警报等）和残疾人士

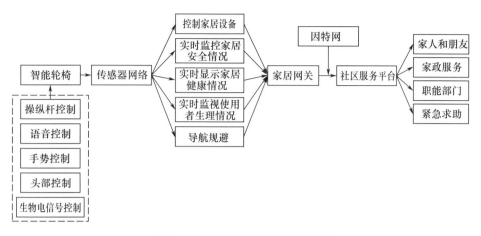

图 9 - 7　智能轮椅的家居服务示例

的生理情况(如心跳、坐姿和血压等),也可以利用传感器实现导航避障和控制某些家居设备(如安防、灯光控制、窗帘控制、煤气阀控制、信息家电、场景联动、地板采暖、健康保健、卫生防疫等)。智能轮椅可以使残疾人士更好地管理日常家居,还可以通过家居网关和因特网与社区、医院等进行互联。一旦残疾人士发生突发情况,可以通过智能轮椅的功能向相关部门及时求救。

9.2.3　智能轮椅手势识别系统

本书拟在智能轮椅上对基于归一化中心矩和改进的 DAGSVM 手势识别技术进行验证,因此设计了一个基于手势控制的智能轮椅人机交互系统,系统框图如图 9 - 8 所示。

首先由 Kinect 采集含有智能轮椅用户的场景的深度图像,去噪后计算该深度图像的灰度直方图,利用灰度直方图法分割出人手,对分割出的手势图像进行形态学处理。然后提取手势图像的归一化中心矩特征向量,将提取到的特征向量归一化后输入到改进后的 DAGSVM 分类器中进行分类。SVM 分类器是在采集大量样本后,批量提取其特征,并将特征值都归一化到[-1,1],每两类之间训练一个 SVM 分类器得到的,多个 SVM 分类器以类间距离作为测度按照一定的拓扑结构排序构成改进的 DAGSVM 分类器,在类间距离相等的情况下结合类的标准差考虑。将改进后的 DAGSVM 分类器的识别结果转换为相应的控制指令,然后通过Ad - Hoc 网络将控制指令传送给智能轮椅,从而达到控制轮椅运动的目的。

本书设计的基于手势控制的智能轮椅无障碍交互系统首先由 Kinect 采集图像,然后在笔记本计算机上对图像进行分析处理得到识别结果,最后通过无线网络将识别结果传送给智能轮椅,从而实现对智能轮椅的控制,如图 9 - 9 所示。

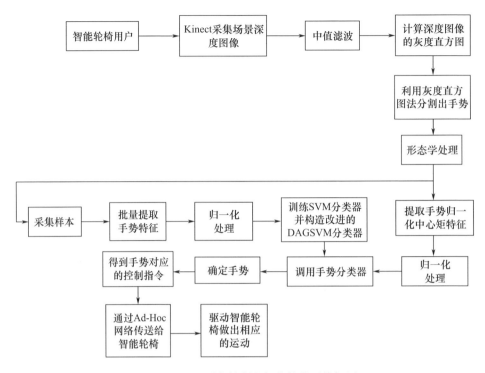

图 9 – 8　基于手势控制的智能轮椅系统框图

图 9 – 9　交互系统的构成

　　由图 9 – 9 可知系统可以分为硬件与软件两部分,硬件部分包括 Kinect、笔记本计算机和智能轮椅等,软件部分包括 VS 2008、OpenCV、OpenNI 和 LibSVM 等。

　　系统的主要硬件的选择和功能介绍如下。

　　(1) 图像采集设备

　　使用的是微软最新推出的 Kinect 传感器,其主要性能和参数如下。

成像分辨率:深度感应摄像头是 640 像素 ×480 像素,颜色感应摄像头是 640 像素 ×480 像素。

传输接口:USB 2.0。

最高传输速率:深度感应摄像头是 30 帧/秒,颜色感应摄像头是 30 帧/秒。

(2) 图像主处理器

分析并处理摄像头采集到的序列图像,分割出手势,提取其特征向量,使用改进的 DAGSVM 分类器确定手势的识别结果。以上都是基于个人计算机(PC)实现的,其配置如下:CPU 为英特尔酷睿 i3 3 代系列、2.4GHz;内存容量为 4GB;显存容量为 2GB;显卡类型为双显(独立 +集成);无线网卡为 Intel 1000 BGN。

(3) 智能轮椅

第 5 章已做详细描述,此处不再赘述。

本书所采用的软件编程环境是在 Windows XP 下进行的,使用到的软件和库主要有 VS 2008、OpenCV、OpenNI 及 LibSVM。

本示例将手势识别应用在智能轮椅上,将手势识别的结果转换为智能轮椅相应的控制指令,然后通过 Ad – Hoc 网络将控制指令传送给智能轮椅,从而达到控制轮椅运动的目的。

实验中为轮椅设计了一个"W"形运动路线,具体路线如图 9 – 10 所示,整个实验场地长 8m,宽 4m,轮椅一次完整的运动过程是从 A 点经由三个障碍物到达 B 点,实验过程中设置的三个障碍物是用来测试轮椅的避障能力的。障碍物之间的距离均为 1.5m,左右两侧的障碍物与墙的距离是 1m。

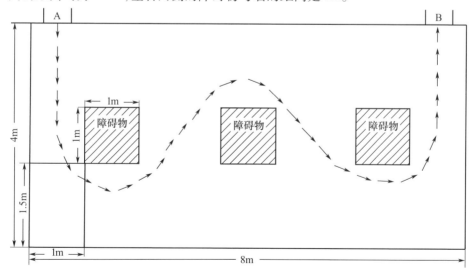

图 9 – 10 设计的智能轮椅运动路线

实验中的手势采用的是识别率较高的手势 1 至手势 5,使 7 名不同的实验者用手势控制智能轮椅,其中包括 3 名对系统熟悉的实验者和 4 名对系统不熟悉的实验者,每名实验者操作 3 次,分别任取 3 次熟悉该系统实验者和不熟悉该系统实验者的操作轮椅时的实际运动路线图,如图 9 – 11 和图 9 – 12 所示。不论是熟悉该系统的实验者还是不熟悉该系统的实验者,都能够较好地完成规定的运动路线,所以该系统具有一定的友好性。

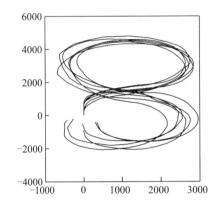

图 9 – 11 熟悉系统实验者的实际运动路线

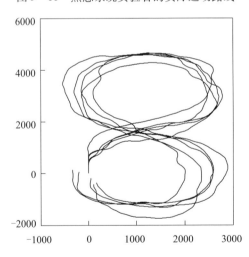

图 9 – 12 不熟悉系统实验者的实际运动路线

统计每位实验者每次从 A 点行驶到 B 点的时间。同时也让 7 名实验者用手柄方式控制智能轮椅,每名实验者操作 3 次。轮椅路线约为 22m,轮椅运动速度为 8cm/s,所以理论上手柄控制轮椅的时间约为 $2200/8 = 275s$。标准差反映的是数据的离散集中程度,所以对手势和手柄两种控制方式分别计算其时间的标准差,见表 9 - 1。

表 9 - 1　手势和手柄控制智能轮椅的统计结果

实验者	手势控制			手柄控制			两种控制方式比较
	每名实验者的运行时间/s	平均时间/s	标准差/s	每名实验者的运行时间/s	平均时间/s	标准差/s	平均时间之差/s
1	317.5			290.0			
	312.8			288.4			
	308.2			286.3			
2	329.3			293.5			
	325.7			289.7			
	321.6			287.9			
3	335.4			288.4			
	333.0			286.3			
	327.3			285.1			
4	339.9	324.9	9.64	294.2	289.8	3.21	35.1
	337.3			293.7			
	333.4			291.6			
5	323.1			289.7			
	317.3			288.5			
	309.2			285.3			
6	340.5			296.9			
	335.7			293.0			
	320.6			291.7			
7	330.8			291.5			
	325.9			288.3			
	310.0			287.1			

从以上表格可以得知,采用手势控制智能轮椅的标准差为 9.64s,说明不同人用手势控制智能轮椅的时间波动较小,因此本书设计的基于手势控制的智能轮椅系统有较好的稳定性。同时手势控制方式与手柄控制方式的平均运行时间相差 35.1s,在可接受范围之内,说明用手势控制智能轮椅是可行的。

9.2.4　智能轮椅语音识别系统

智能轮椅的语音控制系统由上位机(笔记本计算机)和下位机(智能轮椅

控制系统)两部分构成,上位机上的软件设计是基于 VC++6.0 的,下位机的控制系统是集成在 ARM 开发板上的,上位机和下位机之间的通信通过串口实现。本章在进行系统的软硬件设计之前,首先进行语音信号的采集和语音库的建立。

在本书的信号采集当中,需要考虑到以下几个参数:采样频率、采样位数及声道数。

① 采样频率:是指在单位时间内采集语音样本的次数,它的基本单位是赫兹(Hz)、千赫兹(kHz)。在单位时间内,采样频率越高,相应的采样次数也越多,录制语音的质量就越好,但得到的波形文件所占的内存也越大。

选取采样频率时遵照奈奎斯特采样定理:即选取的采样频率大于输入的未知信号的最高频率的两倍时,就可以把原始信号从采样序列中重构出来。经常用到的采样频率有 8kHz、16kHz、48kHz 等,本书采用 8kHz 的采样频率。

② 采样位数:就是数字化后的代表语音信号的每个采样点存储在内存中的二进制位数,选取较大的采样位数,靠近原始信号的可能性就更大,但相应地也会占据较大的存储空间,经常用到的采样位数一般是 8 位、16 位、32 位,本书选择 16 位的采样位数。

③ 声道数:这是一个能够映射出数字化语音质量的重要参数,一般有单声道与双声道两种类型。其中,双声道也叫作立体声,它的音色与音质都比单声道的要好很多,但问题是数字化后双声道所需要的存储空间却是单声道的两倍。

采集语音信号时,因为采样位数与声道数的差异,而产生了不同的 PCM 数据格式,如图 9-13 所示。

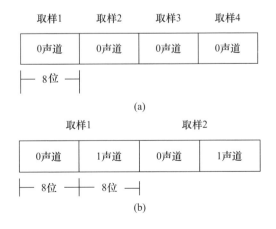

(a)

(b)

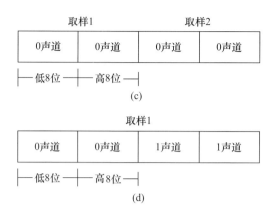

图 9-13　PCM 的 4 种数据格式

(a)8 位单声道 PCM 数据格式；(b)8 位双声道 PCM 数据格式；
(c)16 位单声道 PCM 数据格式；(d)16 位双声道 PCM 数据格式。

　　本书实验采用 Cool Edit Pro 录制训练和识别所用的波形文件(前进、左转、后退、右转、停止 5 个指令)，录制语音的界面如图 9-14 所示。Cool Edit Pro 的采样频率设置为 8kHz，采样位数是 16 位，采样单声道的方式录制，Windows PCM 编码，结束录制后为所录文件命名，并以 .wav 格式存储在系统中。

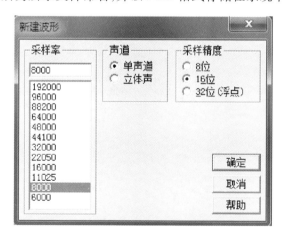

图 9-14　Cool Edit Pro 语音采集界面

　　语音识别系统搭建完成之后的工作就是将之移植到智能轮椅上，完成对智能轮椅的语音控制，语音控制智能轮椅的系统结构图如图 9-15 所示。

　　通过上位机识别前进、左转、后退、右转、停止 5 个指令，之后通过串口把通信协议发送到智能轮椅结果处理模块上，该模块将识别后的指令通过控制系统来控制轮椅运动。智能轮椅语音识别系统的硬件平台主要有智能轮椅、串口通信设备、笔记本计算机、麦克风。

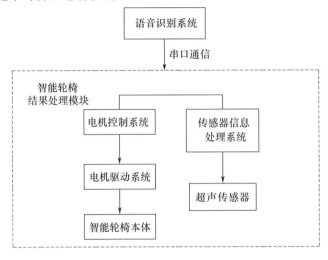

图 9 – 15 智能轮椅的系统结构图

① 智能轮椅:本书所用的智能轮椅如图 9 – 16 所示,该轮椅采用差分驱动,可灵敏地调整速度,最高速度为 1.5m/s,能灵活转弯。

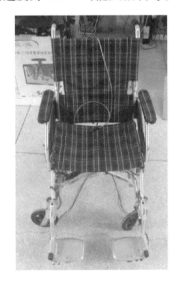

图 9 – 16 智能轮椅

② 串口通信:串口通信实现了笔记本计算机与智能轮椅间数据的双向交流,通过无线局域网将上位机的控制指令发送给轮椅的控制系统,同时将轮椅接收指令后的状况反馈到笔记本上。针对本书的控制指令,串口通信的协议依次

是:前进{0x55,0xD1,0x00,0xE3,0xAA}、左转{0x55,0xD5,0x00,0xE7,0xAA}、后退{0x55,0xD3,0x00,0xE5,0xAA}、右转{0x55,0xD7,0x00,0xE9,0xAA}、停止{0x55,0xD9,0x00,0xEB,0xAA}。

③ 笔记本计算机:笔记本计算机(上位机)主要负责将输入的语音指令转换为轮椅的控制信号,是智能轮椅语音识别系统的核心部分,本书选取配置不是很高的笔记本计算机进行实验。

④ 麦克风:麦克风是整个系统的重要的输入设备,但由于是在信噪比随时变化的噪声环境下进行识别,本书实验时就选取了性能一般的麦克风。

本示例在 VC++6.0 平台上进行开发,智能轮椅软件设计流程图如图 9-17 所示。

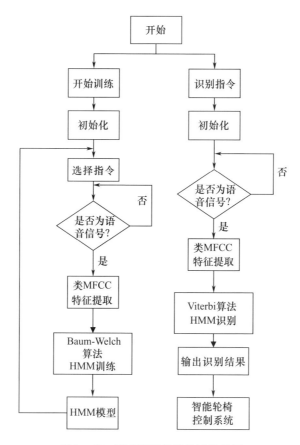

图 9-17　语音识别软件设计流程图

图 9-17 中训练和识别阶段检测是否是语音信号时,都是采用本书提出的基于不等带宽子带方差的端点检测算法实现的,对语音特征参数的提取采用本

书提出的类 MFCC 特征提取算法,识别后输出的语音指令在智能轮椅平台上进行控制实验。

本示例在实际应用平台智能轮椅上进行实验与分析,设计前进、左转、后退、右转和停止 5 个语音测试指令控制智能轮椅完成指示的动作。

一个实用的语音控制系统,不仅需要可靠的硬件平台的支撑,也需要良好的软件平台的支撑,本书为了操作方便,设计了一个简单实用的智能轮椅语音控制系统应用界面,如图 9 - 18 所示,并在该界面上对智能轮椅进行语音控制实验。笔记本计算机上的语音识别结果的显示界面如图 9 - 19 所示。

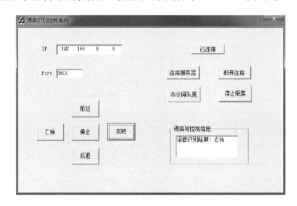

图 9 - 18 语音识别控制界面

图 9 - 19 识别结果界面显示图

为了验证本书改进算法后的语音识别系统在信噪比变化的噪声环境下对智能轮椅语音控制效果,选取 10 对男女按照图 9 - 20 中的轨迹控制轮椅进行实验。实验环境是实际噪声环境(信噪比会随时产生变化),智能轮椅的转速设计为 0.8m/s,实验要求每人重复多次控制轮椅完成全过程的运动。

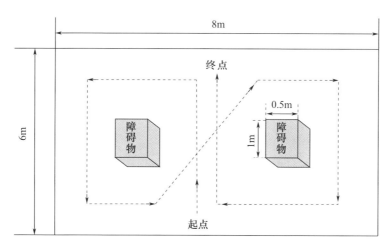

图 9 - 20　智能轮椅轨迹示意图

为验证实验效果,选取 10 对男女中任意 4 个男生和 4 个女生的其中任一次实验得到数据来生成测试轨迹图,如图 9 - 21 所示。

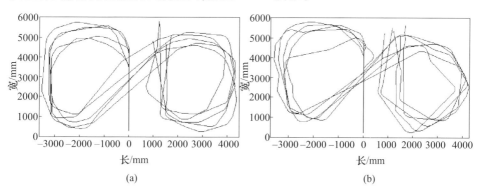

图 9 - 21　智能轮椅行走轨迹图

(a)前 4 名学生实验轨迹图;(b)后 4 名学生实验轨迹图。

图 9 - 21(a)是前 4 名学生的实验轨迹图,图 9 - 21(b)是后 4 名学生的实验轨迹图。从图中可以看出,本书改进算法后的语音识别系统能较好地控制智能轮椅按照指定路线顺利地完成实验测试。由于轨迹图是任意一人的任意一次实验所得的数据产生的轨迹,从而证明了本书语音识别系统很稳定,具有较高的鲁棒性。

9.2.5　智能轮椅脑机接口

脑机接口技术是最新发展起来的一门技术,它可以不依靠人的肌肉运动就能在一定程度上实现用户与外界的交流,例如,控制轮椅、控制机械手臂等。其中,想象运动脑机接口是脑机接口中比较典型的一类,它可以识别用户想象的动作,从而传递用户的信息给外部设备。本示例智能轮椅脑机接口包括的几个模块如图 9 – 22 所示。

图 9 – 22　智能轮椅脑机接口主要模块

　　本书中想象运动接口是基于想象左手运动和想象右手运动两种不同的脑电信号来进行设计的。想象运动脑机接口的整体设计框图如图 9 – 23 所示。

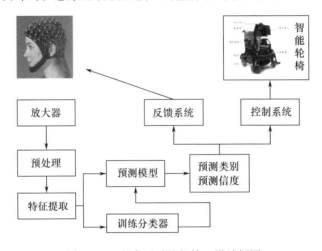

图 9 – 23　想象运动脑机接口设计框图

　　想象运动脑机接口主要分为两个过程:离线训练过程和实时识别过程。离线训练过程是使用者按照训练的方式和时序进行对应的想象动作。程序对训练过程中采集的数据进行处理、分类,得到一个用来区分不同类别数据的预测模型。识别过程则是利用训练过程中得到的模型来预测实际控制中脑电信号的类别。为了保证识别的准确性,两个过程都采用了相同的数据采集、数据预处理、特征提取等算法。

　　在想象运动脑机接口的开发中为了提高开发的速度,本示例采样了 Matlab/C ++ 混合编程的方式来实现想象运动的脑机接口。由于 Matlab 丰富的滤波、矩阵运算等函数,程序实现中将数据的预处理、特征提取、模式分类、模式识别等步骤的运算全部由 Matlab 来实现。此外,Matlab/C＋＋混合编程的方式具有算法修改效率高的优点,在后期的算法改进中只需要修改 Matlab 的算法部分即可,其他部分基本不需要做大的改动。C＋＋只用来设计用户操作界面,并在界面程序中为 Matlab 提供采集的脑电数据,并取回训练和识别的结果,根据识别的结果来控制外部的轮椅。Matlab/C＋＋混合编程的方式有两种,一种是通过调用 Matlab 引擎的方式,一种是调用 Matlab 编译后的动态链接库文件的方式。调用 Matlab 引擎的方式需要计算机上安装 Matlab 软件,而调用 Matlab 编译后的动态链接库的方式可以脱离 Matlab 运行环境。本示例中使用的是调用 Matlab 编译后的动态链接库文件的方式。

采集脑电和肌电信号的传感器选用美国 Emotiv System 公司生产的 Emotiv 信号采集仪。Emotiv 传感器上携带了多个电极,利用这些电极可以检测并采集到 EEG、EMG 和 EOG 3 种信号,其采样频率为 128Hz。Emotiv 整套系统由电极帽、电极、电极盒、无线 USB 接收器、棉塞和导电液体等配件组成,其系统结构如图 9 - 24 所示。

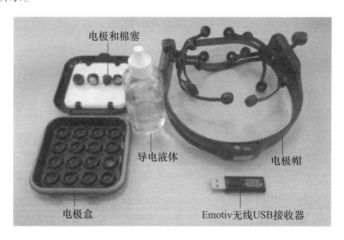

图 9 - 24　Emotiv 信号采集仪

电极帽是 Emotiv 系统的主要配件,其内部结构复杂,主要包括可充电的锂电池、放大器、滤波器(带宽为 0.2 ~ 45Hz)、模数转换器和去除工频干扰的陷波器。该电极帽共有 16 个电极,分别是 AF3、F7、F3、FC5、T7、P7、O1、O2、P8、T8、FC6、F4、F8、AF4、CMS、DRL,其中前 14 个电极是可拆卸的并用于信号采集,余下的两个电极"CMS"和"DRL"是不可拆卸的参考电极。图 9 - 25 给出了 Emotiv 传感器 16 个电极的安放位置示意图,其电极的位置安放是按照国际标准电极安放法进行放置的。

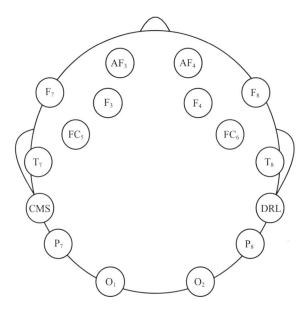

图 9 - 25　Emotiv 电极安放位置

在采集数据之前需正确佩戴 Emotiv 传感器,当采集信号的电极与大脑头皮接触良好时,采集到的信号质量高。该传感器的佩戴及注意事项如下:

① 湿润电极上的棉塞。当电极长时间未使用,电极上的棉塞会变得干燥,导致在采集信号时不能正常地检测到信号,此时需要在电极的棉塞上滴入导电液体,使其湿润。

② 安装电极。将电极正确地安装在电极帽上。

③ 采集数据。打开 Emotiv 传感器的电源,将传感器正确地佩戴在受试者头上,调整电极位置,待电极接触良好后才开始采集数据。

在数据采集完成后需将电极从电极帽上取下,让电极表面的棉塞自然风干,这样才不会影响下一次使用。如果棉塞一直处于湿润状态,电极会被氧化,直接影响数据的采集。

本示例通过 Emotiv 传感器各个电极通道采集到的信号可利用传感器自带的 TestBench 软件显示与保存,软件界面如图 9 - 26 所示。在图 9 - 26 中 Test-Bench 软件界面的左上方,可以看到各个电极在大脑上放置的示意图,可根据各个电极显示的颜色来判断电极与大脑头皮是否接触良好。这些颜色可分为黑色、红色、橙色、黄色和绿色,分别对应了电极与头皮接触情况的 1 ~ 5 个等级,等级越高表明接触情况越好。电极与大脑头皮接触的好坏会直接影响采集到的信号质量。软件界面的右方是各电极通道的信号波形的实时显示。在采集信号的过程中,通过图 9 - 26 左下方的 Save Data 按钮即可保存各电极通道采集到的信号数据。图 9 - 26 中 Load Data 的作用是将采集到的信号加载进来,并重新在这个界面进行显示。在使用传感器 Emotiv 之前,佩戴传感器的过程中必须在 Test-Bench 软件界面上确认电极已和大脑头皮接触良好,将电极与大脑的接触状态调至绿色,只有在接触良好的情况下才能进行下一步操作。在进行数据采集的试验过程中这个软件可以一直开着,以便随时观察电极的接触情况。

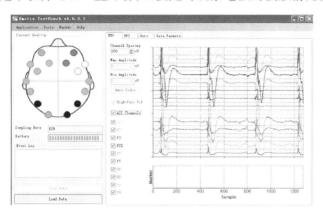

图 9 - 26 TestBench 软件界面

通常采集回来的原始数据是没有经过任何处理的,含有大量的干扰噪声。同时脑电采集设备为了保证采样的精度,脑电数据的采样率都很高(最高可以达到 8192Hz)。虽然高采样率保证了采样数据的准确性,但是采样率高也就意味着数据量也大,这给后续的数据分析带来了大量的计算负担。所以,在脑电信号的预处理阶段一般包含降采样、滤波等过程。而滤波又包括带通滤波、低/高通滤波、陷波滤波、空间滤波等滤波方法。带通滤波、低/高通滤波、陷波滤波是针对特定频率成分的处理方式,可以保留或者去除一定频率的特征。而空间滤波是为电极选择一个合适的参考电极来提高信噪比的方法,常用的空间滤波方法有共平均参考、拉普拉斯参考等。

经过预处理之后的脑电信号虽然保留了想象运动中最主要频带 8 ~ 30Hz 的成分,是脑电信号仍然是高维的信号,不能直接用来进行分类,因此有必要使用一种特征提取方法对脑电信号进行降维,提取脑电信号中主要特征。本示例中使用改进后的共空间模式(common spatial pattern)的方法来提取特征。共空间模式方法是通过寻找一个合适的映射使得映射后的两类数据的方差保持最大的差异,即两类数据投影在这个映射上之后,一类数据的方差最大,另一类数据的方差最小。

311

Bagging RCSP 延续 RCSP - A 算法中的迁移学习的思想,通过引入其他人的脑电数据来增强对于被试者的脑电数据协方差矩阵估计的鲁棒性,但随着训练数据的增加,RCSP - A 算法的分类准确率却增长缓慢,随之而来的是大数据带来的时间复杂度上升的问题。因此,本书首先将训练样本分成一个个数据包,通过 Bagging 的方式选择数据包引入被试者的脑电信号协方差矩阵估计中,然后利用这个协方差矩阵提取 RCSP 特征。

对于某一个被试者,协方差矩阵计算方式如下:单次脑电信号是由矩阵 $D_{N \times T}$ 表示的,其中 N 代表通道数量,T 代表每个通道的采样点数。经过归一化后的协方差矩阵为

$$C = \frac{DD^{\mathrm{T}}}{\mathrm{trace}(DD^{\mathrm{T}})} \qquad (9-1)$$

式中:D^{T} 为 D 的转置,$\mathrm{trace}(DD^{\mathrm{T}})$ 为矩阵 DD^{T} 的迹。则平均协方差为

$$\overline{C}_i = \frac{1}{M} \sum_{m=1}^{M} C_{\{i,m\}} \qquad (9-2)$$

其中:M 是训练数据的数量,i 指的是运动想象信号的类别,本书为左、右手想象运动。为了减少协方差矩阵估计的偏差,RCSP 不仅仅利用了该被试者的脑电信号,还引入了其他个体的脑电数据。公式如下:

$$S_i(\beta,\gamma) = (1-\gamma)X_i(\beta) + \frac{\gamma}{N}\mathrm{trace}\left[X_i(\beta)\right] \cdot I \qquad (9-3)$$

式中:$X_i(\beta)$ 计算方法为

$$X_i(\beta) = \frac{(1-\beta) \cdot C_i + \beta \cdot C'_i}{(1-\beta) \cdot M + \beta \cdot M'} \qquad (9-4)$$

其中:C_i 是受试者第 i 类的 M 个训练数据组成的协方差矩阵,C'_i 是其他人第 i 类的 M' 个训练数据组成的协方差矩阵。受 CSP 启发,协方差矩阵分解得

$$S(\beta,\gamma) = S_{\mathrm{left}}(\beta,\gamma) + S_{\mathrm{right}}(\beta,\gamma) = EVE^{\mathrm{T}} \qquad (9-5)$$

其中:E 是与特征值矩阵 V 对应的特征向量矩阵。构造白化矩阵:$P = V^{1/2}E^{\mathrm{T}}$ 而 $P \cdot S(\beta,\gamma)P^{\mathrm{T}} = c \cdot I$,其中,$c$ 为一个常数。因此,$S_{\mathrm{left}}(\beta,\gamma)$ 和 $S_{\mathrm{right}}(\beta,\gamma)$ 的特征向量相同,并且对于特征向量,二者对应的特征值之和为一个固定常数。若

$$S_{\mathrm{left}}(\beta,\gamma) = UV_{\mathrm{left}}U^{\mathrm{T}}$$
$$S_{\mathrm{right}}(\beta,\gamma) = UV_{\mathrm{right}}U^{\mathrm{T}} \qquad (9-6)$$

则可得投影矩阵 $W = U^{\mathrm{T}}P$。与 CSP 类似,RCSP 选择 W 的前后各 r 列来映射一个训练样本 D。那么分类的特征向量 y 为

$$y_q = \lg \left(\frac{\mathrm{var}(z_q)}{\sum\limits_{q=1}^{2r} \mathrm{var}(z_q)} \right) \qquad (9-7)$$

在训练过程中,提取出来的脑电特征的类别是已知的。这时候可以利用监督机器学习算法训练一个模型以尽可能小的误差来描述所有特征和它们所对应的类别之间的关系。当训练模型建立好了之后,实时的数据经过特征提取,再结合训练模型就能得到最后的识别结果。

本书示例中通过让 6 位受试者使用基于 CSP – A 的 BCI 系统和基于 Bagging RCSP 的 BCI 系统在轮椅平台上进行重复性实验,完成"8"字形路线。从图 9 – 27 中看出,在 8m×6m 的平地左右两边各放置一障碍物,受试者从起点出发,在轮椅以 0.15m/s 前进的设定下,通过想象左右手运动控制轮椅方向、双击咬牙控制轮椅停止,依次绕过左右两边的障碍物。跟其他在线系统一样,该控制命令取决于用户的思维活动。6 名受试者实验的轮椅轨迹如图 9 – 28 所示。在他们实验过程中控制轮椅的耗时如图 9 – 29 所示。

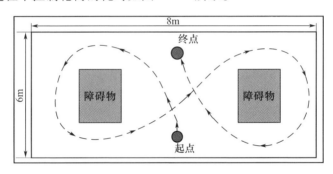

图 9 – 27　实验路径

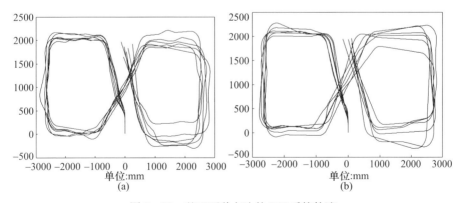

图 9 – 28　基于两种方法的 BCI 系统轨迹

(a)基于 CSP – A 的 BCI 系统;(b)基于 Bagging RCSP 的 BCI 系统。

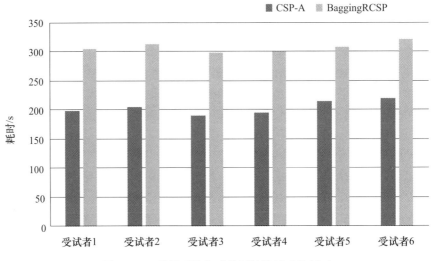

图 9 - 29　采用两种方式控制轮椅运动的耗时

图 9 - 28 为 6 位受试者分别在基于 CSP - A 和 Bagging RCSP 两种方法下控制智能轮椅走出的"8"字形轨迹,两种控制方法均能完成规定路径上的实验。由图 9 - 28(b)可知基于 Bagging RCSP 的 BCI 系统下,受试者都能够安全平滑地完成指定路线,但"8"字形右边没有左边顺滑,因为受试者在左右手运动想象过程中需要高度集中注意力,易产生疲劳使得脑电信号特征值发生变化,稳定性降低,导致一些信号的误识别,这一点从图 9 - 28(b)左右两边轨迹对比中亦可看出。从图 9 - 28(a)可以看出,虽然基于 CSP - A 的 BCI 系统也能完成指定路线,但与 Bagging RCSP 相比,其轨迹曲线出现一些波动,而且也不够光滑。这是因为相对于浅层学习方法而言,深度学习方法能提取更多的特征细节,能建立更精确的左右手运动想象脑电信号的识别模型,从而使得左右手运动想象脑电信号识别率高,控制轮椅的准确率更大。

图 9 - 29 为 6 位受试者分别在基于 CSP - A 和 Bagging RCSP 两种方法下控制智能轮椅走出的"8"字形轨迹的耗时对比。从图中可以看出,基于 Bagging RCSP 的控制方案耗时大于基于 CSP - A 的控制方案。这是因为深度学习模型训练好后,里面有大量的参数构成复杂的分类判别式,受试者每次通过想象运动控制轮椅方向,都要通过这个复杂的判别式进行判断,耗时比浅层学习方法高。

综上所述,基于 CSP - A 和基于 Bagging RCSP 的两种控制方案优缺点都比较明显。前者在保持一定的控制准确率前提下,耗时少;后者控制轮椅的准确率更高,但耗时也多。

9.3　信息无障碍社区

9.3.1　信息无障碍社区介绍

信息无障碍社区是在社区内建立一个先进、可靠的网络系统,完成社区内各系统之间的联系,便于社区服务和管理,打造一个高效、舒适、温馨、便利以及安全的居住环境。现代化信息无障碍型社区通过将住户和公共设施形成网络,实现住户、社区的生活设施、服务设施的计算机化管理,特别是从老年人和残疾人的便利和舒适出发,对社区和家居环境的网络化、智能化进行设计,建立信息无障碍社区服务平台。信息无障碍社区服务平台借助无障碍信息家居产品,研发报警、紧急求助、远程监护等残疾人家居服务系统;在公共场所部署磁电感应装置和无线调频系统,提供听力补偿辅助服务;研发便携导盲定位服务,包括支持视觉障碍者的出行导航、远程定位以及紧急求助等出行信息无障碍社区服务;基于残疾人信息无障碍核心服务支撑平台接口和残疾人基础信息资源,开展日常服务,实现与上级残联组织信息管理系统的信息共享。信息无障碍社区服务平台的架构如图 9 - 30 所示。

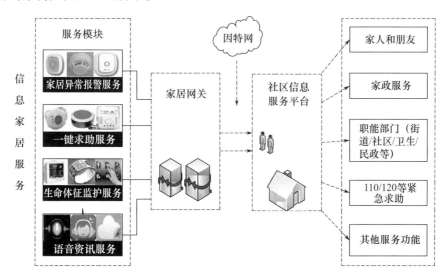

图 9 - 30　信息无障碍社区服务平台架构

智慧社区是一种应用先进物联网技术提升社区服务的全新社区形态,以物联化的形式将社区内的人和物通过网络互联互通,形成现代化、网络化、信息化和智能化的新型社区运行模式,运用智能楼宇、智能家居、智能交通、智能医院、智慧政务以及数字生活等技术手段为居民提供方便、快捷和智能化的服务。智慧社区的建设具有重大的意义,将加强基层社会稳定,提高社区自治能力,提高居民生活质量,并为智慧城市的建设提供了以社区为单元的区域性示范。

智慧社区是集城市管理、公共服务、社会服务、居民自治和互助服务于一体的新技术应用。而物联网技术是智慧社区重要技术之一。物联网能将家庭中的智能家居系统、社区的物联系统和服务整合在一起,使社区管理者、用户和各种智能系统形成各种形式的信息交互,更加方便管理,给用户带来更加舒适的"数字化"生活体验。

依据智慧社区物联网的特点,可将其分为设备层、基本应用层和增值服务层。智慧社区服务系统物联网架构如图 9-31 所示。

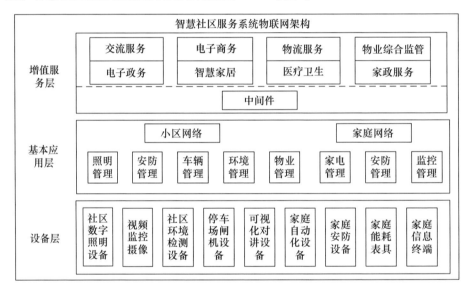

图 9-31   智慧社区服务系统物联网架构

设备层由社区内所有的电器设备和智能家居系统的电器设备共同组成。基本应用层分为小区和家庭两部分。增值服务的提供商可以是物业,也可以是外部的专门提供商,如物流企业、医院、商铺等。

对于行动不便的居民以及空巢老人和残障人士,信息无障碍社区/家居服务平台可以解决他们日常生活中遇到的很多问题。当他们在日常生活中出现安全、健康问题时,能得到医疗帮助或服务。一些自动化、简单的信息化产品,尤其是一站式服务、医疗与紧急求助、养老服务与信息终端、监控、遥控等传感类信息产品,将为他们的生活提供方便。信息无障碍社区/家居服务平台的特点如下:

（1）网络化

随着网络技术和我国第二代互联网技术的发展，必将加强社区网络功能的发展。通过完备的社区局域网络可以实现社区机电设备和家庭住宅的自动化、智能化，以及网络数字化、远程智能化监控。

（2）数字化

数字化技术是社会发展的必然趋势，社区建设也必须走数字之路。社区应用现代数字技术，以及现代传感技术、通信技术、计算机技术、多媒体技术和网络技术，加快了信息传播的速度，提高了信息采集、传播、处理、显示的性能，增强了安全性和抗干扰的能力，以达到最好的效果。数字社区是数字城市的基本单元，数字社区的建设为数字城市的建设创造了条件，为电子商务、物流等现代化技术的应用打下了基础。

（3）集成化

将各离散的子系统进行集成是必然的趋势，也是智能社区的目标。信息无障碍社区/家居提高了智能系统的集成程度，实现了信息和资源的充分共享，提高了系统的稳定度和可靠度。

（4）智能化

利用云计算技术、自动化技术、物联网技术等信息化手段，使社区居民的信息实现集中的数字化管理，通过互联网对家用电器与基础设施进行获取与设备控制，设备与设备之间通过一定的规则协同工作，实现物、事、人等信息的综合处理。社区居民将领略到社区物联网带来的更多智能化、个性化的服务。信息无障碍社区/家居服务平台是社区居民与外界政府、医疗、家政、物流等联系的纽带，应该为社区住户提供一个安全、方便、舒适、智能的社区居住环境。

① 社区安全：对社区周边和社区内重要场所实行电子网予以管制，对重要的物体和社区内重要场所区域通过智能视频技术进行自动监控，实现了无人值守监控。

② 家庭智能化：实现远程控制家用电器、照明等自动化设备，并对社区家庭中所有的管理探测器进行布防，室内预警对可燃气体、入侵、烟雾、紧急按钮等各种情况的实时探测，能够实现警报信号输出，并能与其他系统联动控制。

③ 医疗卫生：实时对老年人或残障人士的身体状况进行监测，及时发现问题，反映到社区服务中心，社区管理人员以及相关医疗机构采取相应措施，实现实时性、智能化。

9.3.2　信息无障碍社区的总体框架

信息无障碍社区总体框架主要包括以政府职能部门为核心服务对象的社区

电子政务系统、以物业公司为核心服务对象的社区物业与综合监管系统、以社区居民为核心服务对象的七大功能业务系统和基于系统集成技术的智能决策支持系统。平台建设总体框架如图 9 - 32 所示。

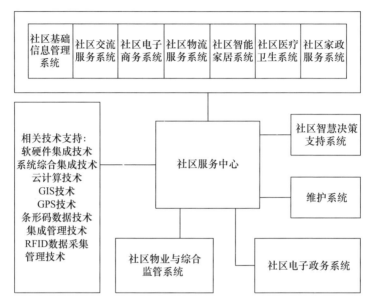

图 9 - 32　信息无障碍社区/家居服务平台总体框架

信息无障碍社区以社区居民为核心服务对象的七大功能业务系统包括社区基础信息管理系统、社区交流服务系统、社区电子商务系统、社区物流服务系统、社区智能家居系统、社区医疗卫生系统、社区家政服务系统;以物业公司为核心服务对象的社区物业与综合监管系统,主要功能体现在对社区综合管理;社区电子政务系统是以政府职能部门为核心,提供社区居民相关政府信息、网上政务系统等;社区智能决策支持系统为社区提供决策支持服务。

9.3.3　信息无障碍社区的物业及监管系统

物业管理是指业主对区域所有建筑物共有部分以及建筑区域内共有建筑物、场所、设施的共同管理或者委托物业服务企业、其他管理人进行管理的活动;物权法规定,业主可以自行管理物业,也可以委托物业服务企业或者其他管理者进行管理。综合监管是指社区相关部门通过摄像监控等措施对社区交通、消防安全、社区治安等方面进行实时监控的过程。

本系统主要服务社区居民和物业管理部门。该系统实现对社区内的建筑、住户、设备、人员等的综合管理,还可以实现各项物业费用缴费通知、费用查询、收取及报表生成等过程的全程信息化管理,极大提高了物业管理部门的工作效率。在安全监管方面,可以通过一卡通服务和视频监控服务等来监控整个社区的安全情况,社区居民也可以通过社区综合监管系统实时查询自己居住单元的安全情况。社区物业及综合监管系统的总体结构如图9-33所示。

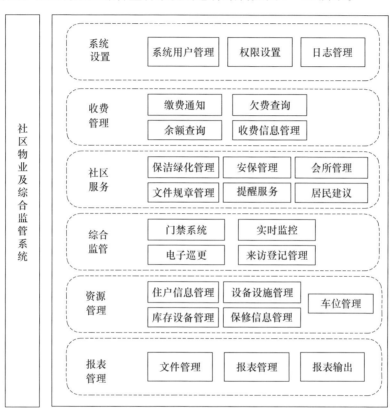

图9-33　社区物业及综合监管系统总体结构

社区物业及综合监管系统分为系统设置、收费管理、社区服务、综合监管、资源管理及报表管理六大功能模块。系统设置功能模块由系统管理员负责,主要完成对系统用户、系统基础信息的管理。收费管理功能模块实现社区的物业收费从缴费通知到费用结算的全程信息化管理,快捷高效。社区服务功能模块对社区绿化、保安巡逻等工作进行管理,居民还可以通过居民建议等模块对社区的物业管理提出建议,提高社区物业管理水平。综合监管模块只要负责通过一卡通服务和视频监控等来监控整个社区安全情况,同时社区居民通过该模块可以实时地查询自己居住单元的安全情况。资源管理模块主要实现对社区住户信息资源及设施设备的管理。报表管理模块对管理过程中的报表进行整理存储,同时也可以根据社区需要进行报表文件的创建、读取、保存和备份管理。

9.3.4 信息无障碍社区的智慧决策支持系统

智慧决策支持系统从数据库中对相关业务数据进行提取与转换,并结合现代管理理论与优化技术,通过对数据进行统计与分析,实现业务报表的展示、业务现状的分析、业务运营质量的估计,以及业务发展趋势的预测,从而为管理人员提供决策支持。

决策支持系统包括统计分析子系统、预测分析子系统、运营分析子系统及商务智能子系统,以此实现对业务的数字化与图形化分析,为管理人员提供报表展示、业务评估及辅助决策等服务,确保各项业务顺利进行。决策支持系统总体结构如图9-34所示。

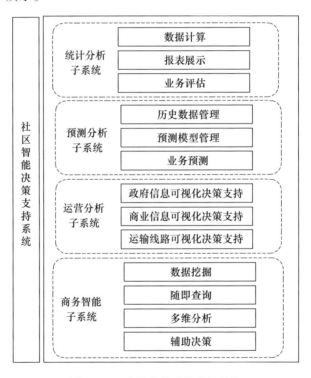

图9-34 决策支持系统总体结构

参 考 文 献

［1］ 王俊卿．服务机器人竞争格局及未来发展趋势［J］．科技传播,2016,02:186－188.

［2］ CRAIG J J．机器人学导论［M］．负超,等译．北京:机械工业出版社,2006.

［3］ Corke P．机器人学、机器视觉与控制:MATLAB 算法基础［M］．刘荣,等译．北京:电子工业出版社,2016.

［4］ SILVA G J , DATTA A , BHATTACHARYYA S P．PID Controllers for Time－delay Systems［M］．Boston:Birkhäuser,2005.

［5］ 西格沃特,诺巴克什,斯卡拉穆扎．自主移动机器人导论:第 2 版［M］．李人厚,宋青松,译．西安:西安交通大学出版社,2013.

［6］ CHATTERJEE A ,RAKSHIT A．基于视觉的自主机器人导航［M］．北京:机械工业出版社,2014.

［7］ 吴玉韶,王莉莉．人口老龄化与信息无障碍［J］．兰州学刊,2013(11):64－70.

［8］ 服务机器人科技发展"十二五"专项规划［J］．机器人技术与应用,2012(3):1－5.

［9］ 胡寿松,王执铨,胡维礼．最优控制理论与系统［M］．北京:科学出版社,2005.

［10］ 孙增圻,邓志东,张再兴．智能控制理论与技术［M］．北京:清华大学出版社,2011.

［11］ 陶永．发展服务机器人,助力智能社会发展［J］．科技导报,2015,33(23):58－65.

［12］ 张世颖．信息无障碍:概念及其实现途径［J］．山东图书馆学刊,2010,(5):37－41.

［13］ 梁荣健,张涛,王学谦．家用服务机器人综述［J］．智慧健康,2016,(2):1－9.

［14］ 于丙超．网站开发:项目规划、设计与实现［M］．北京:电子工业出版社,2004.

［15］ 石良武．计算机网络与应用［M］．北京:清华大学出版社,2011.

［16］ 张培宾．我国信息无障碍建设现状［J］．农业图书情报学刊,2011(7):32－34.

［17］ 赵英,赵媛．信息无障碍支持体系研究［M］．成都:四川大学出版社,2012.

［18］ 唐思慧,邓美维．我国信息无障碍研究综述［J］．档案学通讯,2011(3):83－87.

［19］ 赵英,傅沛蕾．我国信息无障碍研究现状及发展态势分析［J］．情报探索,2015(5).

［20］ KOBAYASHI T. Image processing apparatus for reducing noise from image［J］．Journal of the Acoustical Society of America,2016,8(3):203－208.

［21］ SAEEDI P,LAWRENCE, P D,LOWE D G. Vision－based 3－D trajectory tracking for Unknown environments［J］．IEEE Transaction on Robotics,2006,22(1):119－136.

［22］ MONTEMARLO M. FastSLAM:A factored solution to the simultaneous localization and mapping problem［C］．Proceedings of the AAAI National Conference on Artificial Intelligence, Edmonton,2002.

［23］ TÖRNQVIST D,SCHÖN T B,KARLSSON R,et al. Particle filter SLAM with high dimensional vehicle model［J］．Journal of Intelligent and Robotic Systems,2009,55(5):249－266.

［24］ DOUCET A,FREITAS J,GRODON N. Sequential Monte Carlo methods in practice［M］．New York:Springer－Verlag,2013:158－167.

［25］ KIM C,KIM H,CHUNG W K. Exactly Rao－Blackwellized unscented particle filters for SLAM［C］// Robotics and Automation(ICRA). Shanghai:IEEE Press,2011:3589 – 3594.

[26] CHOI J. Hybrid map – based SLAM using a Velodyne laser scanner[C]// Intelligent Transportation Systems(ITSC). Qingdao:IEEE,2014:3082 – 3087.

[27] KIM C,SAKTHIVEL R,CHUNG W K. Unscented Fast SLAM:a robust and efficient solution to the SLAM problem[J]. Robotics,IEEE Transactions,2008,24(4):808 – 820.

[28] BARRON – GONZALEZ H,DODD T J. RBPF – SLAM based on probabilistic geometric planar constraints [C]// Intelligent Systems(IS). London:IEEE Press,2010:260 – 265.

[29] DOUCET A,FREITAS J,GRODON N. Sequential Monte Carlo methods in practice [M]. New York:Springer – Verlag,2013:158 – 167.

[30] CADENA C,CARLONE L,CARRILLO H,et al. Simultaneous Localization and Mapping:Present,Future, and the Robust – Perception Age[J]. IEEE Transactions on Robotics,2016,32(6).

[31] SUNDERHAUF N,PROTZEL P. Towards a robust back – end for pose graph SLAM[J]. Proceedings – IEEE International Conference on Robotics and Automation, 2012:1254 – 1261.

[32] HUNSAKER C T,GOODCHILD M F,Friedl M A,et al. Spatial Uncertainty in Ecology:Implications for Remote Sensing and GIS Applications[M]. New York:Springer – Verlag,2001.

[33] DE FARIAS C M,BRITO I C,PIRMEZ L,et al. COMFIT:A development environment for the Internet of Things[J]. Future Generation Computer Systems, 2017,75(10):128 – 144.

[34] TANG P,LIN Y E,GUO L P,et al. Composition and Verifying of Internet of Things System[J]. Computer Engineering,2013,39(9)45 – 48

[35] VOIGT C,DOBNER S,FERRI M,et al. Community Engagement Strategies for Crowdsourcing Accessibility Information[M]// Computers Helping People with Special Needs. Springer International Publishing, 2016.

[36] KRYLOVSKIY A,JAHN M,PATTI E. Designing a Smart City Internet of Things Platform with Microservice Architecture[C]// International Conference on Future Internet of Things and Cloud,2015: 25 – 30.

[37] SÁNCHEZ L,LANZA J,SOTRES P,et al. Managing Large Amounts of Data Generated by a Smart City Internet of Things Deployment[J]. International journal on Semantic Web and information systems, 2016, 12(4):22.

[38] SOMOV A,DUPONT C,GIAFFREDA R. Supporting smart – city mobility with cognitive Internet of Things [C]// Future Network and Mobile Summit. IEEE,2013:1 – 10.

[39] JI J M,GE Y P. Research on Smart Community Development Strategy in Shanghai Based on the Next Generation Internet,Internet of Things,Telecommunication Network,and Cloud Computation Technology [J]. Urban Development Studies,2016.

[40] LIU W,LIU Z,FANG L,et al. Research on the Wisdom Campus System of Higher Vocational College Based on Internet of Things Technology[C]// International Symposium on Computational Intelligence and Design, 2015:618 – 621.

[41] YANG W W,TAO J X,YE Z F. Continuous sign language recognition using level building based on fast hidden Markov model[J]. Pattern Recognition Letters,2016,78:28 – 35.

[42] G J,MASIOR M,ZABORSKI M,et al. Inertial Motion Sensing Glove for Sign Language Gesture Acquisition and Recognition[J]. IEEE Sensors Journal,2016,16(16):1 – 1.

322

［43］ PISHARADY P K,SAERBECK M. Recent methods and databases in vision – based hand gesture recognition:A review[J]. Computer Vision & Image Understanding,2015,141(C):152 – 165.

内 容 简 介

本书结合当前国际、国内服务机器人方面的最新进展，系统地阐述了服务机器人与信息无障碍技术的基本原理与关键技术，以及助老助残服务机器人和信息无障碍服务平台的设计知识，并给出了服务机器人和信息无障碍服务系统的应用示例。

本书可用作先进制造技术、人机交互与信息无障碍技术等领域科研工作者和工程技术人员的参考书，也可作为控制科学与工程、机械工程、仪器科学与技术、通信工程和计算机科学与技术等专业的研究生和高年级本科生教材。

Based on the latest development of service robots both at home and abroad, this book systematically expounds the basic principles and key technologies of service robots and information accessibility technology, as well as the design knowledge of service robots and information accessibility service platform for the aged and the disabled, and gives application examples of service robots and information accessibility service system.

This book can be used as a technical reference book for scientific researchers and engineering technicians in the fields of advanced manufacturing technology, human-computer interaction and information accessibility technology. It can also be used as a postgraduate and senior undergraduate teaching for control science and engineering, mechanical engineering, instrument science and technology, communication engineering and computer science and technology.